基礎課程

線形代数

浅芝秀人 著

培風館

序　　文

本書は，線形代数の教科書として執筆したものである．予習，復習で講義の内容が補えるように，細かな注意も入れ，説明も長くした．そのため，自習書として用いることもできる．内容は，著者がこれまで，大阪市立大学と静岡大学で講義してきた講義ノートに基づいている．最初の3章は，半年間の講義で使用される場合を想定している．本書の特色は，新しい概念を学ぶ際にできるだけ心理的負担を少なくしようとした点にある．いわゆる天下り式の定義は記述を簡潔にし講義時間を短縮してくれて便利であるが，学ぶ側からすると，新しい概念を導入する際，そのための動機や理由，名前の由来などが説明されないと，その導入を受け入れたくない，という心理的抵抗が働き，これが理解することを妨げる．普通の行列式の定義のように，その定義の意味がすぐに理解できないような場合，特にその抵抗は大きい．他方，新しく学ぶ事柄のなかにすでに自分の知っていることがみつかり，それとの関連が明らかになれば，心理的な負担は軽減され，理解しやすくなる．そこで，本書の執筆は次の方針で行った．

(1) 解説を入れて，どこに向かって進んでいるかをはっきりさせること．

(2) 長い文章は，箇条書きにして，どの点まで理解できているかを明確にできるようにすること．どの点で理解が止まったかわかるようにすること．

(3) できるだけ具体例から導入すること．

(4) できるだけ天下りの定義を避けること．

(5) すでによくわかっていることをはっきりさせ，これから学ぶ事柄をそれに関連づけること．

(6) 数学を専門としない学生にも理解できるよう，証明は具体例を用いてわかりやすくすること．ただし，そのまま一般化できて本質的な議論をすべて含むようにすること (最初の3章).

(7) 高校での行列の知識を頼りにしないこと．仮定しないこと．

これによって，学ぶ人がいくらかでも心理的負担を少なくして学習できればと願っている．

本書を授業で使用される場合の注意点を述べる．全部を講義すると時間不足の可能性があるため，適宜省略し，復習等に任せるように使われたい．特に，第0節の集合と写像の部分は，講義ではほとんど説明の時間はとれないと思われる．最初の授業で，初めの1, 2ページぐらいを説明するだけにして，残りは各自で読むように指示され，新しい記号は，使い始めるごとに説明し，写像については関数の類似ですませるのがよいと思う．行列式の部分は，天下り式定義を避けるためアルティン流で行っているが，内容が理論的なため，提出用の紙を配り，講義で聴いた証明をまねて，そこに実際に自分で証明を書いてもらうなどの工夫が必要となる．なお，第2章の行列式と第3章の連立1次方程式の順序は，好みで変えられるように，基本行列のところでは行列式を使わない証明をつけた．順序を変える場合は，クラメールの公式 (11c) と問 11.3 を行列式の最後に，正則行列の定義 10.7 と定理 10.8 を逆行列による解法 (11b) の前に，移動されたい．

諸事情により，本文では数ベクトル空間を取り扱い，一般のベクトル空間については明示的に書かなかった．その代わり付録に，数ベクトル空間について行った議論がそのまま一般に成り立つことと，変更すべき点について注意した．また紙幅の関係で，分割行列の部分などで方針 (6) を守ることができなかった．この点をご了承いただきたい．

練習問題は，内容を理解するための簡単なものに限っている．そのため，ほとんどが計算問題で，いくつかの問題にだけヒントをつけた．問* は主に方針 (6) による証明を一般化する問題である．これは具体例を形式化，一般化するよい練習になる．

最後に，執筆の機会を与えていただいた，培風館の斉藤淳氏，ていねいに編集していただいた，培風館の岩田誠司氏，未完成の中間原稿に目を通していただき貴重なご意見を賜った，静岡大学教育学部の大田春外先生と谷本龍二先生，全部の原稿をていねいに読み，練習問題を解きコメントを与えてくれた，妻の浅芝安里に心から感謝の意を表したい．

2012年12月

浅 芝 秀 人

目　　次

0
準　備

0. 集合と写像

0a 集　合

定義 0.1.

- ものの集まりを**1つの対象物**と考えたものを**集合**とよび，そのなかに入っているものをその集合の**元**(げん)とよぶ．
- a というものが集合 A の元であることを，$a \in A$ あるいは $A \ni a$ で表し，"a は A **に含まれている**" ともいう．また元でないことを，$a \notin A$ あるいは $A \not\ni a$ で表す．

例 0.2.

- $\mathbb{N}$:=(自然数 1, 2, 3, ... 全体の集合)[1],
  $\mathbb{Z}$:=(整数全体の集合),
  $\mathbb{Q}$:=(有理数全体の集合),
  $\mathbb{R}$:=(実数全体の集合),
  $\mathbb{C}$:=(複素数全体の集合).
- $\sqrt{2} \in \mathbb{R}$, $\sqrt{2} \notin \mathbb{Q}$.
- 数直線を考えることにより，$\mathbb{R}$ を直線とみなす．

記号 0.3.

- 集合を，その元の全体を中括弧でくくって表示することがある．例えば，元の全体が $1, 2, 3, 4$ である集合は，$\{1, 2, 3, 4\}$ や $\{4, 3, 1, 2\}$ あるいは

1) 記号 $A := B$ や $B =: A$ で,「B を A とおく」ことを表す.

$\{2,1,3,2,1,2,4\}$ などと表示することができる．

- 元の全体を中括弧でくくる表示において，同じ元がただ1つしか現れないとき，その表示は**無駄のない表示**であるという．例えば，

  $\{1,2,3,4\}$，$\{4,3,1,2\}$ は，無駄のない表示．

  $\{2,1,3,2,1,2,4\}$ は，無駄のある表示．

- 集合のもう1つの表示法．条件 P をみたすもの**全体**の集合を次のように表す．

$$\{x \mid x \text{ は条件 } P \text{ をみたす}\} \tag{0.1}$$

例 0.4.

- 上の集合 $\{1,2,3,4\}$ は，$\{x \mid x \in \mathbb{Z} \text{ かつ } 1 \leqq x \leqq 4\}$ とも表される．
- $\mathbb{N} = \{x \mid x \in \mathbb{Z},\ x > 0\}$．

注意 0.5.

- この表示法は，元を書ききれない場合に用いると便利である．
- ここで変数 x は別の変数に変えてもよい．例えば，次のように書くこともできる．

$$\{y \mid y \text{ は条件 } P \text{ をみたす}\}$$

この意味で，上の式 (0.1) には **x は現れていない**といえる．

定義 0.6.

- 元を1つももたない集合，すなわち $\{\ \}$ も考えることにし，これを**空集合**とよび，記号 $\emptyset$ で表す．
- 集合 A が集合 B の**部分集合**であるとは，A の元がすべて B の元にもなっていることである．すなわち，$x \in A$ ならば $x \in B$ となることである．このことを $A \subseteq B$ あるいは $B \supseteq A$ で表す[2)]．例えば，$\mathbb{N} \subseteq \mathbb{Z}$．
- 次のように続けて表すこともある．$\mathbb{Z} \subseteq \mathbb{Q} \subseteq \mathbb{R} \subseteq \mathbb{C}$．
- 集合 A と B が**等しい**とは，$A \subseteq B$ と $B \subseteq A$ がともに成り立つことである．このことを，$A = B$ で表す．すなわち，$A = B$ とは，$x \in A$ と $x \in B$ が同値であることである．例えば，$\{1,2,1,2,4,3,3\} = \{1,2,3,4\}$．
- このことは，後で2つの集合が等しいことを証明するときに用いることになる．

2) 空集合 $\emptyset$ は，どの集合の部分集合にもなっている．

注意 0.7.

(1) 偶数全体の集合は，$\{x \mid x = 2n$ となる $n \in \mathbb{Z}$ が存在する $\}$ とも書ける．これを

$$\{2n \mid n \in \mathbb{Z}\}$$

と略記する．

(2) A を集合とする．“A のどの元 x に対しても” を “どの $x \in A$ に対しても” と略記することがある．

0b 写像の定義

定義 0.8. A, B を集合とする．

- A の元 x と B の元 y をとってきて (x, y) という記号を考える．これを，x と y の**対**(つい)とよぶ．
- **(対の相等)** 他に A の元 x' と B の元 y' をとってきたとき，(x, y) と (x', y') が等しいことを次で定義する[3)]．

$$(x, y) = (x', y') :\Longleftrightarrow x = x',\ y = y'$$

- このような対からなる集合を A から B への**対応表**とよぶ．

例 0.9. $A = \{1, 2, 3, 4\}$, $B = \{a, b, c, d\}$ とする．

- 次は，A から B への対応表の例である．

$$G = \{(1, a), (1, c), (2, b), (2, c), (4, b)\}$$

- この G を次の形に表す．

1	1	2	2	4
a	c	b	c	b

すなわち，$(x, y) \in G$ のとき上の段に x を，そのすぐ下の段に y を書く．

- 今後，対応表は大抵この形で表す．
- 対応表は，集合の表示として無駄のない表示であるとき，**無駄のない対応表**であるという．例えば，上の表は無駄のない対応表で，表

1	1	1	2	2	4
a	a	c	b	c	b

は，無駄のある対応表である．$(1, a)$ が 2 回現れているからである．

---

3) 記号 $P :\Longleftrightarrow Q$ は,「P であることを，条件 Q の成立によって定義する」ことを表す．“:” を「とは」と読むとわかりやすい．

定義 0.10.

- G を A から B への対応表とする．$(x,y) \in G$ のとき，x を y に移す操作を，G で定まる A から B への**対応**とよぶ．
- A, B をそれぞれこの対応の**始域**，**終域**とよぶ．
- 対応表の上の段に現れる元の全体を，対応の**定義域**，下の段に現れる元の全体を，対応の**値域**あるいは**像**とよぶ．
- A のどの元も移り先が 1 つに定まる対応を**写像**とよぶ．
- 終域 B が数の集合であるような写像を**関数**とよぶ．
- f が A から B への写像であることを，次の記号で表す．

$$f\colon A \to B$$

- このとき，A のどの元 x に対してもその移り先はただ 1 つに定まっているので，その移り先を $f(x)$ で表す．

例 0.11. 例 0.9 の対応表で定まる対応を f とおく．

- f の定義域は $\{1,2,4\}$，値域は $\{a,b,c\}$．
- f は，写像ではない．その理由は次のとおりである．
  (i) 1 の移り先は a, c となっていて 1 つに定まっていない (2 でも同様)．
  (ii) 3 の移り先がない．

注意 0.12.

- 対応が写像であるためには，その無駄のない対応表において，上の段に始域の元がすべて 1 回ずつ現れることが必要十分である．
- したがって特に，写像においては，始域と定義域とは一致する．

解説 0.13 (写像の図示). $A := \{1,2,3,4\}$, $B := \{a,b,c\}$ とする．

- 次の (無駄のない) 対応表によって定まる A から B への対応は写像になる (上の段に始域の元がすべて 1 回ずつ現れている)．これを f とおく．

1	2	3	4
c	b	b	c

- f が x を y に移すことを，$x \mapsto y$ のように矢印で結んで表す．

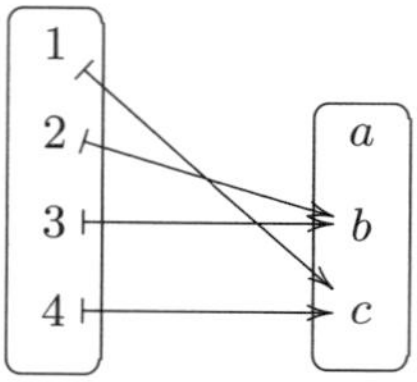

(写像自身を表す矢印 $\to$ と区別して，元から元に移すことを表すのに矢印 $\mapsto$ を用いる．したがって，$\to$ は $\mapsto$ を束ねたものとみることができる．)

定義 0.14 (写像の相等). $f\colon A \to B$, $g\colon C \to D$ を写像とする．

- 次の 2 つの条件が成り立つとき f と g は**等しい**といい，$f = g$ で表す．
  - (i) $A = C$ かつ $B = D$.
  - (ii) A のどの元 x に対しても，$f(x) = g(x)$ (移り先が等しい).

注意 0.15.

- したがって，写像 $f\colon A \to B$ を定めるには，各 $x \in A$ に対して $f(x) \in B$ を定めればよい．
- 例えば，$A = B = \mathbb{R}$ のとき，対応表 $\{(x, 2x) \mid x \in \mathbb{R}\}$ で定まる写像 $f\colon \mathbb{R} \to \mathbb{R}$ は，

$$f(x) := 2x \quad (x \in \mathbb{R})$$

  の形で定義することができる (括弧内はすべての x について，ということを表す)．今後写像の定義には，この形をよく用いる．

例 0.16. $A = \{1, 2, 3\}$, $B = \{2, 4, 6\}$ とする．

- 次の 2 つの対応表で定まる写像は等しい．

$$\frac{1 \quad 2 \quad 3}{2 \quad 4 \quad 6}, \quad \frac{2 \quad 3 \quad 1}{4 \quad 6 \quad 2}.$$

- この写像を $f\colon A \to B$ とおくと，どちらも $f(1) = 2$, $f(2) = 4$, $f(3) = 6$ となるからである．まとめると，$f(x) = 2x$ $(x \in A)$ と書ける．

0c 写像の合成と恒等写像

定義 0.17 (写像の合成). $f\colon A \to B$ と $g\colon C \to D$ を写像とする．

- $B = C$ のとき，f に g を**合成することができる**という[4]．
- このとき，写像 $gf\colon A \to D$ を

$$(gf)(x) := g(f(x)) \quad (x \in A)$$

  で定義する．
- この写像 gf を f と g の**合成写像**とよぶ．

---

4) $B \subseteq C$ のときも合成することができる，ともいえるが，そのときは，$A \xrightarrow{f} B$ と $B \xrightarrow{i} C$ と $C \xrightarrow{g} D$ を合成するとみる．ただしこの i は，$i(x) := x$ $(x \in B)$ で定義される写像である．

注意 0.18. 上において，fg とは書かず，gf と書くことに注意．これは f, g などの写像を元 x の左側に書き，合成の定義を結合法則の形に書くためである．

例 0.19. 解説 0.13 のように図示すると，写像の合成がわかりやすくなる．

- $f\colon A \to B$ を解説 0.13 の写像とし，$g\colon B \to C$ を次の写像とする．

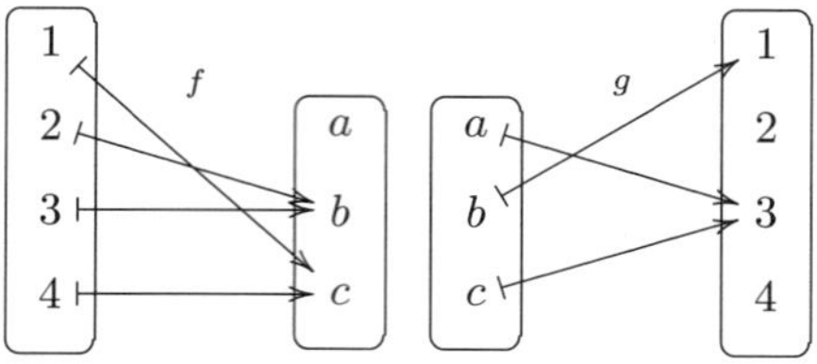

- f のあと g を続けて行うと，合成写像 gf が得られる．

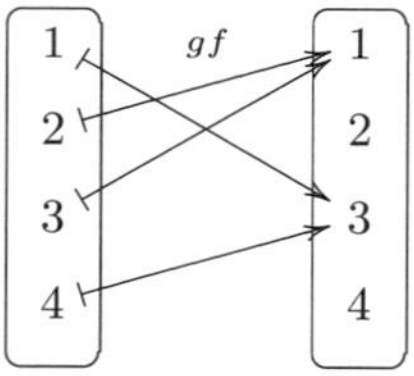

$$\begin{cases} (gf)(1) = g(f(1)) = g(c) = 3, \\ (gf)(2) = g(f(2)) = g(b) = 1, \\ (gf)(3) = g(f(3)) = g(b) = 1, \\ (gf)(4) = g(f(4)) = g(c) = 3. \end{cases}$$

- g のあと f を続けて行うと，合成写像 fg が得られる．

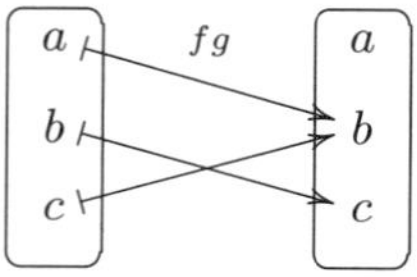

$$\begin{cases} (fg)(a) = f(g(a)) = f(3) = b, \\ (fg)(b) = f(g(b)) = f(1) = c, \\ (fg)(c) = f(g(c)) = f(3) = b. \end{cases}$$

- この例でわかるように，$gf \neq fg$ となることがよくある．

定義 0.20. A を集合とする．このとき，写像 $\mathbb{1}_A\colon A \to A$ を

$$\mathbb{1}_A(x) := x \quad (x \in A)$$

で定義する．これを A の**恒等写像**とよぶ．

命題 0.21. A, B, C, D を集合とし，$f\colon A \to B$, $g\colon B \to C$, $h\colon C \to D$ を写像とするとき，次が成り立つ．

(1) $\mathbb{1}_B f = f = f \mathbb{1}_A$.

(2) $(hg)f = h(gf)$ （結合法則）.

証明. (1) 各元 $x \in A$ に対して，$(\mathbb{1}_B f)(x) = \mathbb{1}_B(f(x)) = f(x)$ より $(\mathbb{1}_B f)(x) = f(x)$．すなわち，$\mathbb{1}_B f = f$ が成り立つ．$f = f\mathbb{1}_A$ も同様にして示される．
(2) 各元 $x \in A$ に対して，$[(hg)f](x) = [h(gf)](x)$ を示せばよい．このことは，次の等式からわかる．

$$\text{左辺} = (hg)(f(x)) = h(g(f(x))),$$
$$\text{右辺} = h((gf)(x)) = h(g(f(x))). \qquad \square$$

注意 0.22. 上のように写像の結合法則は容易に示すことができる．後でみるように，このことから行列の乗法でも結合法則の成り立つことが自然に導かれる．

0d　1 対 1 対応

例 0.23.

- $A := \{1, 2, 3\}, B := \{2, 4, 6\}$ とし，写像 $f\colon A \to B$ を，$f(x) := 2x \ \ (x \in A)$ で定義する．矢印の図で表すと次のようになる．

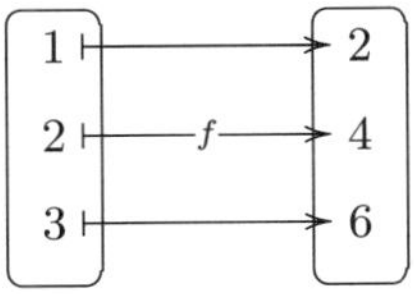

- ここで，写像 $g\colon B \to A$ を $g(x) := \dfrac{x}{2}\ (x \in B)$ で定義すると，次が成り立つ．

$$\begin{cases} gf(x) = x & (x \in A), \\ fg(x) = x & (x \in B). \end{cases}$$

- これは，gf も fg も何も動かさない写像ということだから，どちらも恒等写像ということである．すなわち，

$$gf = \mathbb{1}_A, \qquad fg = \mathbb{1}_B. \tag{0.2}$$

- この性質は，互いに逆数になっている 2 つの数のもつ性質に似ている．例えば，$2 \times \dfrac{1}{2} = 1$, $\dfrac{1}{2} \times 2 = 1$ (数の間には交換法則が成り立っているが，写像の合成では成り立たない (例 0.19 参照) ので，両方の式が必要)．

そこで次のように定義する．

定義 0.24. $f\colon A \to B$ を写像とする.

- 性質 (0.2) をもつ写像 $g\colon B \to A$ のことを写像 f の**逆写像**とよび，記号 f^{-1} で表す.
- f の逆写像が存在するとき，f を **1 対 1 対応** (または**全単射**) とよぶ.

注意 0.25.

(1) f の逆写像は存在しても，ただ 1 つしかない[5)]. このことが成り立つので，f^{-1} という 1 つの記号で逆写像を表しても混乱が起こらない.

(2) f^{-1} の定義より，(0.2) は次のように書ける.

$$f^{-1}f = \mathbb{1}_A, \qquad ff^{-1} = \mathbb{1}_B. \tag{0.3}$$

(3) 写像 $f\colon A \to B$ が 1 対 1 であることを示すには，次のことを確かめればよい.

(0) 写像 $g\colon B \to A$ があり，

(i) $x \in A$ のとき，$g(f(x)) = x$ が成り立ち，

(ii) $y \in B$ のとき，$f(g(y)) = y$ が成り立つ.

命題 0.26. $f\colon A \to B$ が 1 対 1 対応ならば，次が成り立つ.

(1) f は**単射**である. すなわち，$a, a' \in A$ で $f(a) = f(a')$ ならば，$a = a'$ となる.

(2) f は**全射**である. すなわち，どの $b \in B$ をとっても，ある $a \in A$ で $f(a) = b$ となる.

証明. f を 1 対 1 対応とすると，f^{-1} が存在する.

(1) $f(a) = f(a')$ ならば，

$$\begin{aligned}
f^{-1}(f(a)) &= f^{-1}(f(a')),\\
(f^{-1}f)(a) &= (f^{-1}f)(a') \quad (\because \text{ 合成の定義}),\\
\mathbb{1}_A(a) &= \mathbb{1}_A(a') \quad (\because \ (0.3)),\\
a &= a'.
\end{aligned}$$

(2) どの $b \in B$ をとっても，$a := f^{-1}(b)$ ととれば，

$$f(a) = f(f^{-1}(b)) = (ff^{-1})(b) = \mathbb{1}_B(b) = b. \qquad \square$$

---

5) **証明.** g, h ともに f の逆写像とすると，$(gf)h = g(fh)$ で，左辺は $\mathbb{1}_A h = h$，右辺は $g\mathbb{1}_B = g$ より，$g = h$ となって，逆写像はどの 2 つをとっても互いに等しい. つまり 1 つしかない.

注意 0.27. 上の逆も成り立ち (問* 0.2)，写像 f が 1 対 1 対応であるためには，f が全射かつ単射であることが必要十分となる．この意味で，1 対 1 対応のことを全単射ともよぶ．

解説 0.28 (今後の方針).

- よくわからないものの集合 B を研究するにあたって，よくわかっているものの集合 A から B への 1 対 1 対応 $f\colon A \to B$ を作ることができれば，A を用いて B を調べることができるようになる．
- 次の節では，よくわからないものの集合 B として線形写像の全体をとり，よくわかるものの集合 A として行列全体の集合をとり，これらの間に 1 対 1 対応 $f\colon A \to B$ を作る．
- それに続く節では，この 1 対 1 対応をたよりにして，行列の間に乗法を定義し，線形写像のすべての性質を，対応する行列で調べることができるようにする．

練 習 問 題

問 0.1. $A := \{1, 2, 3\}, B := \{a, b, c, d\}$ とする．次の対応表で定まる A から B への対応のうち，写像であるものをあげよ．また，写像でない対応では写像のどの条件がみたされていないか述べよ．

$$(1)\ \frac{1 \quad 1 \quad 2 \quad 3}{a \quad d \quad b \quad c} \qquad (2)\ \frac{3 \quad 1 \quad 2}{a \quad d \quad b} \qquad (3)\ \frac{1 \quad 3}{d \quad b} \quad (4)\ \frac{2 \quad 1 \quad 2}{a \quad b \quad c}$$

問* 0.2. f が全射かつ単射ならば，f は 1 対 1 になることを示せ．

1
線形写像と行列

- まず，比例の復習からはじめ，比例という「性質」が倍関数という「形」で決定されること，および比例と比例定数が 1 対 1 に対応しているところをみる．
- 比例の一般化として，その形に類似した，変数の 1 次式だけで定義された多変数から多変数への関数を考える．ベクトルと行列を導入して，これを行列の左倍写像という比例に似た形で記述する．
- 左倍写像は線形写像という「性質」をもつことを確かめる．
- 逆に，線形写像という「性質」は行列の左倍写像という「形」で決定されることを示し，線形写像と行列とが 1 対 1 に対応しているところをみる．
- この対応で線形写像の合成を行列に運ぶことによって行列の積を定義する．
- これにより，線形写像のすべての性質を行列で調べることができるようになる．

1. 比例の復習

- 実数から実数への関数 $y = f(x)$ が**比例**であるとは，x が 2 倍，3 倍，…，c 倍 ($c \in \mathbb{R}$) となるとき，y の値もそれぞれ 2 倍，3 倍，…，c 倍となることであった．
- すなわち，$f(x) = y$ ならば $f(cx) = cy$ ($c \in \mathbb{R}$) となることであった．1 つの式にして表すと，
$$f(cx) = cf(x) \quad (c, x \in \mathbb{R}) \qquad \textbf{(比例性)}$$
となる．
- 以上のように，比例は，この比例性をみたす関数 $f\colon \mathbb{R} \to \mathbb{R}$ として定義される．

- 比例は，次のように決定される．

定理 1.1. 関数 $f\colon \mathbb{R}\to\mathbb{R}$ に対して次は同値である．

(1) f は比例である．(⋯ **性質**)

(2) $f(x)=ax$ $(x\in\mathbb{R})$ となる定数[1] $a\in\mathbb{R}$ が存在する．(⋯ **形**)

証明.

- (2) ⇒ (1). $f(x)=ax$ (a は定数) と書けていると，

$$\begin{cases} f(cx)=a(cx)=(ac)x, \\ cf(x)=c(ax)=(ca)x \quad (c,x\in\mathbb{R}). \end{cases}$$

- ここで $ac=ca$ より

$$f(cx)=cf(x).$$

  ゆえに関数 f は比例である．
- (1) ⇒ (2). 逆に関数 f が比例であるとする．このとき，$a:=f(1)\in\mathbb{R}$ とおけば，これは定数で，$f(x)=ax$ $(x\in\mathbb{R})$ が成り立つ．
- 実際，

$$f(x)=f(x\cdot 1)=xf(1)=xa=ax. \qquad \square$$

系 1.2. 次の 1 対 1 対応 (定義 0.24) がある．

$$\begin{array}{ccc} (\text{比例 } \mathbb{R}\to\mathbb{R} \text{ の全体}) & \longrightarrow & \mathbb{R} \\ f & \longmapsto & f(1) \\ \ell_a & \longleftarrow\!\shortmid & a \end{array}$$

上において，ℓ_a とは，

$$\ell_a(x):=ax \quad (x\in\mathbb{R})$$

で定義される比例のことである．これを a **倍関数**とよぶ．

証明. 注意 0.25(3) の (i) と (ii) を確かめればよい．

(i) 上の定理 (1)⇒(2) の証明より，f が比例ならば $f(x)=\ell_{f(1)}(x)$ $(x\in\mathbb{R})$. すなわち，$f=\ell_{f(1)}$.

(ii) 逆に，$a\in\mathbb{R}$ ならば，$\ell_a(1)=a\cdot 1=a$. $\square$

---

1) 変数 x に無関係に定まっているという意味．

2. 行　　列

2a　行列の定義

解説 2.1.

- 以上のことを，多変数から多変数への関数に一般化する．すなわち，比例を高次元化する．
- 比例関数の式 $y = ax$ の右辺は x の 1 次式だけからなっていることに注意して，n 変数 $x_1, \ldots, x_n$ から m 変数 $y_1, \ldots, y_m$ への関数でも同じことを考えてみよう．
- 例えば，y_1, y_2 が x_1, x_2, x_3 の 1 次式だけで書けているときは，式を整理すると，

$$\begin{cases} y_1 = 2x_1 - 3x_2 + x_3 \\ y_2 = 5x_1 - x_2 + 3x_3 \end{cases} \tag{2.1}$$

のような形に書ける．

- この 2 個の式を式 $y = ax$ のようにただ 1 つの式で

$$\boldsymbol{y} = A\boldsymbol{x} \tag{2.2}$$

のように表す工夫をする．

- そのために，2 つの数 a, b からなる記号 $\begin{bmatrix} a \\ b \end{bmatrix}$ を用意して，他に同様の記号 $\begin{bmatrix} a' \\ b' \end{bmatrix}$ があるとき，

$$\begin{bmatrix} a \\ b \end{bmatrix} = \begin{bmatrix} a' \\ b' \end{bmatrix} :\Longleftrightarrow \begin{cases} a = a' \\ b = b' \end{cases}$$

と定義する．

- すると上の式は

$$\begin{bmatrix} y_1 \\ y_2 \end{bmatrix} = \begin{bmatrix} 2x_1 - 3x_2 + x_3 \\ 5x_1 - x_2 + 3x_3 \end{bmatrix} \tag{2.3}$$

という 1 つの式で書ける．

- そこで，

$$\boldsymbol{y} := \begin{bmatrix} y_1 \\ y_2 \end{bmatrix}, \qquad A := \begin{bmatrix} 2 & -3 & 1 \\ 5 & -1 & 3 \end{bmatrix}, \qquad \boldsymbol{x} := \begin{bmatrix} x_1 \\ x_2 \\ x_3 \end{bmatrix}$$

という記号を導入して，積 $A\boldsymbol{x}$ を式 (2.3) の右辺によって定義する：

$$\begin{bmatrix} 2 & -3 & 1 \\ 5 & -1 & 3 \end{bmatrix} \begin{bmatrix} x_1 \\ x_2 \\ x_3 \end{bmatrix} := \begin{bmatrix} 2x_1 - 3x_2 + x_3 \\ 5x_1 - x_2 + 3x_3 \end{bmatrix}. \tag{2.4}$$

- 以上のようにすれば，確かに式 (2.1) はただ 1 つの単純な式 (2.2) として表すことができる．
- このように変数や係数をそれぞれひとかたまりにすることで，列ベクトル $\boldsymbol{x}, \boldsymbol{y}$ や行列 A という概念が得られ，これらを用いると，式が簡単になって扱いやすくなる．

定義 2.2. m, n を自然数として，縦に m，横に n 個の点を格子状に並べて合計 mn 個の点の位置

$$\begin{matrix} (1,1) & (1,2) & \cdots & (1,n) \\ (2,1) & (2,2) & \cdots & (2,n) \\ \vdots & \vdots & \ddots & \vdots \\ (m,1) & (m,2) & \cdots & (m,n) \end{matrix} \tag{2.5}$$

を考える (位置は座標で表した)．

(1) それぞれの位置 (i,j) $(1 \leqq i \leqq m,\ 1 \leqq j \leqq n)$ に数 a_{ij} をのせた表

$$\begin{bmatrix} a_{11} & a_{12} & \cdots & a_{1n} \\ a_{21} & a_{22} & \cdots & a_{2n} \\ \vdots & \vdots & \ddots & \vdots \\ a_{m1} & a_{m2} & \cdots & a_{mn} \end{bmatrix}$$

を $\boldsymbol{(m,n)}$ **型行列**という[2]．ひとかたまりであることを表すために全体を角括弧 [ ] でくくっている．いま，これを A とおく．

(2) A において各位置 (i,j) にのっている数 a_{ij} を A の $\boldsymbol{(i,j)}$ **成分**とよぶ．

(3) 行列 A が (m,n) 型であり，その (i,j) 成分 $(1 \leqq i \leqq m,\ 1 \leqq j \leqq n)$ が a_{ij} であることを，

$$A = \Big[a_{ij}\Big]_{i,j}^{(m,n)}$$

で表す．あるいは $\Big[a_{ij}\Big]_{i,j}$, $\Big[a_{ij}\Big]$ などと略記する．

(4) 横の並び

$$\boldsymbol{a}_{(i)} := \begin{bmatrix} a_{i1} & a_{i2} & \cdots & a_{in} \end{bmatrix} \quad (1 \leqq i \leqq m)$$

を A の**第 $\boldsymbol{i}$ 行** (あるいは **$\boldsymbol{i}$ 行目**，**$\boldsymbol{i}$ 行**) とよぶ (成分記号の太文字に丸括弧

---

2) m, n の数え方については，$(1,1)$ から $(m,1)$ を通って (m,n) まで L 字を書くと覚えやすい．

つき添字 (i) をつけて表す). このように横に並べるときは, 丸括弧でくくり成分の間をコンマで区切ることにする：$(a_{i1}, a_{i2}, \dots, a_{in})$.

(5) 縦の並び

$$\boldsymbol{a}_j := \begin{bmatrix} a_{1j} \\ a_{2j} \\ \vdots \\ a_{mj} \end{bmatrix} \quad (1 \leqq j \leqq n)$$

を A の**第 $\boldsymbol{j}$ 列** (あるいは**$\boldsymbol{j}$ 列目**, **$\boldsymbol{j}$ 列**) とよぶ (成分記号の太文字に添字 j をつけて表す).

(6) 行列 A は, $m=1$ のとき, すなわち $(a_1, a_2, \dots, a_n)$ のように 1 つの行からなるとき, **$\boldsymbol{n}$ 次行ベクトル**とよばれる. これを $(a_i)_{i=1}^n$ で表す. あるいは (a_i) と略記するときもある.

(7) 行列 A は, $n=1$ のとき, すなわち $\begin{bmatrix} a_1 \\ a_2 \\ \vdots \\ a_m \end{bmatrix}$ のように 1 つの列からなるとき, **$\boldsymbol{m}$ 次列ベクトル**とよばれる. これを $[a_i]_{i=1}^m$ で表す. あるいは $[a_i]$ と略記するときもある.

(8) 列ベクトルは, 太文字で $\boldsymbol{a} = [a_i]_{i=1}^n$ のように表す. また零ベクトルを $\mathbf{0}$ のように太文字の 0 で表す.

(9) $m = n = 1$ のとき, 行列 $A = \begin{bmatrix} a_{11} \end{bmatrix}$ は数 a_{11} とみなせる.

(10) (m,n) 型行列全体の集合を $\mathrm{Mat}_{m,n}$ で表し[3], (n,n) 型行列全体の集合を Mat_n で表す. また, 行列全体の集合を Mat で表す.

(11) 特に, m 次列ベクトル全体の集合 $\mathrm{Mat}_{m,1}$ を $\mathbb{R}^m$ とおき, **$\boldsymbol{m}$ 次元数ベクトル空間**とよぶ. 例えば,

- $m=1$ のとき $\mathbb{R}^1 := \{[x] \mid x \in \mathbb{R}\}$. これは $\mathbb{R}$ とみなせる.
- $m=2$ のとき $\mathbb{R}^2 := \left\{ \begin{bmatrix} x_1 \\ x_2 \end{bmatrix} \middle| \, x_1, x_2 \in \mathbb{R} \right\}$.
- $\mathbb{R}$ は数直線として "直線", $\mathbb{R}^2 =$ "平面", $\mathbb{R}^3 =$ "空間" とみられる.

3) Matrix (行列) の最初の 3 文字をとった. 成分が実数であることを強調するときは $\mathrm{Mat}_{m,n}(\mathbb{R})$ で表す.

例 2.3. 解説 2.1 の例では，$A := \begin{bmatrix} 2 & -3 & 1 \\ 5 & -1 & 3 \end{bmatrix}$ は $(2,3)$ 型行列で，

$$
\begin{aligned}
&(1,1)\text{ 成分は } 2, \quad (1,2)\text{ 成分は } -3, \quad (1,3)\text{ 成分は } 1, \\
&(2,1)\text{ 成分は } 5, \quad (2,2)\text{ 成分は } -1, \quad (2,3)\text{ 成分は } 3
\end{aligned}
$$

である．また，$\begin{bmatrix} x_1 \\ x_2 \\ x_3 \end{bmatrix}$，$\begin{bmatrix} y_1 \\ y_2 \end{bmatrix}$ はそれぞれ 3 次列ベクトル，2 次列ベクトルである．

注意 2.4.

(1) 記号 $\Big[a_{ij}\Big]_{i,j}^{(m,n)}$ において，i, j を別の記号 k, l に替えて，$\Big[a_{kl}\Big]_{k,l}^{(m,n)}$ と書いても，これらはどちらも同じ行列

$$
\begin{bmatrix}
a_{11} & a_{12} & \cdots & a_{1n} \\
a_{21} & a_{22} & \cdots & a_{2n} \\
\vdots & \vdots & \ddots & \vdots \\
a_{m1} & a_{m2} & \cdots & a_{mn}
\end{bmatrix}
$$

を表している．

(2) 記号 $\Big[a_{ij}\Big]_{i,j}^{(m,n)}$ の角括弧の外側の第 1 添字が行，第 2 添字が列の変数を表す．このことが明確で混乱の起こるおそれがなければ，単に記号 $\Big[a_{ij}\Big]$ を用いる．混乱の起こる例：

$$
\Big[i - j + k\Big]_{i,j}^{(2,2)} = \begin{bmatrix} k & k-1 \\ k+1 & k \end{bmatrix},
$$

$$
\Big[i - j + k\Big]_{i,k}^{(2,2)} = \begin{bmatrix} 2-j & 3-j \\ 3-j & 4-j \end{bmatrix}.
$$

この例では，括弧の外側につける文字によって異なる行列になる．

(3) 行列 $A = \Big[a_{ij}\Big]_{i,j}^{(m,n)}$ は，m 次列ベクトルが横に n 個並んだものとみることもできるし，n 次行ベクトルが縦に m 個並んだものとみることもできる：

$$
A = (\boldsymbol{a}_1, \boldsymbol{a}_2, \ldots, \boldsymbol{a}_n), \quad A = \begin{bmatrix} \boldsymbol{a}_{(1)} \\ \boldsymbol{a}_{(2)} \\ \vdots \\ \boldsymbol{a}_{(m)} \end{bmatrix}.
$$

左の式を，A の**列ベクトル表示**，右の式を A の**行ベクトル表示**という．

定義 2.5. $A = \left[a_{ij}\right]_{i,j}^{(m,n)}$ と $B = \left[b_{ij}\right]_{i,j}^{(p,q)}$ (m, n, p, q は自然数) を 2 つの行列とするとき，$A = B$ であるとは，次の 2 つが成り立つことである．

(1) A と B の型が等しい．すなわち，$(m, n) = (p, q)$．

(2) $(1, 1)$ から (m, n) までのすべての位置 (i, j) で，$a_{ij} = b_{ij}$．

注意 2.6. 上の定義から，行列は，位置の集合 (2.5) から $\mathbb{R}$ への関数とみなすこともできる．

例 2.7.

- $\begin{bmatrix} 1 & 2 & 3 \\ 4 & 5 & 6 \end{bmatrix} \neq \begin{bmatrix} 1 & 4 \\ 2 & 5 \\ 3 & 6 \end{bmatrix}$．これらは型が異なる．
- $\begin{bmatrix} 1 & 2 & 3 \\ 4 & 5 & 6 \end{bmatrix} \neq \begin{bmatrix} 1 & 2 & 3 \\ 4 & 5 & 0 \end{bmatrix}$．これらは型は同じであるが，(2,3) 成分が異なっている．
- 2 つの行列 $\begin{bmatrix} 1 & 2 & 3 \\ 4 & 5 & 6 \end{bmatrix}$ と $\begin{bmatrix} x-2 & 2 & 3 \\ 4 & 1-y & 6 \end{bmatrix}$ が等しいためには，$1 = x - 2$ かつ $5 = 1 - y$ となること，すなわち $x = 3, y = -4$ であることが必要十分である．

2b　行 列 の 例

以下，m, n は自然数とする．

定義 2.8.

(1) 行列の (i, j) 成分は $i = j$ のとき**対角成分**であるという．

(2) すべての成分が 0 であるような (m, n) 型行列を**零行列**とよび，$O_{m,n}$ あるいは略して O で表す．

(3) (n, n) 型行列を $\boldsymbol{n}$ **次正方行列**，略して $\boldsymbol{n}$ **次行列**という．

(4) $A = \left[a_{ij}\right]$ を n 次行列とする．

　(a) $i < j$ でつねに $a_{ij} = 0$ となっているとき，A を**下三角行列**とよぶ．

　(b) $i > j$ でつねに $a_{ij} = 0$ となっているとき，A を**上三角行列**とよぶ．

　(c) $i \neq j$ でつねに $a_{ij} = 0$ となっているとき，A を**対角行列**とよぶ．

　(d) 対角行列のうち，対角成分がすべて等しいものを**スカラー行列**とよぶ．

　(e) スカラー行列のうち，対角成分が 1 であるものを**単位行列**とよび，E で表す．n 次単位行列を E_n で表す．

例 2.9. 上記定義 (4) の (a), (b), (c), (d), (e) の例をこの順にあげる.

$$\begin{bmatrix} 1 & 0 & 0 \\ 3 & 0 & 0 \\ 0 & 2 & 5 \end{bmatrix}, \begin{bmatrix} 1 & 3 & 2 \\ 0 & 0 & 0 \\ 0 & 0 & 5 \end{bmatrix}, \begin{bmatrix} 1 & 0 & 0 \\ 0 & 0 & 0 \\ 0 & 0 & 5 \end{bmatrix}, \begin{bmatrix} 2 & 0 & 0 \\ 0 & 2 & 0 \\ 0 & 0 & 2 \end{bmatrix}, \quad E_3 = \begin{bmatrix} 1 & 0 & 0 \\ 0 & 1 & 0 \\ 0 & 0 & 1 \end{bmatrix}.$$

(a), (b), (c) では, 0 でない成分のありうる位置を, 線で囲んで表した.

記号 2.10. 単位行列 E_n の (i,j) 成分を δ_{ij} で表す $(i,j=1,\ldots,n)$. すなわち,

$$E_n = \Big[\delta_{ij}\Big]_{i,j}^{(n,n)}, \quad \delta_{ij} := \begin{cases} 1 & (i=j) \\ 0 & (i \neq j) \end{cases}.$$

この δ_{ij} を**クロネッカーのデルタ記号**とよぶ.

解説 2.11.

- ふたたび例 2.3 の $(2,3)$ 型行列 $A := \begin{bmatrix} 2 & -3 & 1 \\ 5 & -1 & 3 \end{bmatrix}$ を取り上げ, この行列の対角成分を結ぶ直線を考える.
- A をこの直線で折り返すと, 次の $(3,2)$ 型行列が得られる.

$$\begin{bmatrix} 2 & 5 \\ -3 & -1 \\ 1 & 3 \end{bmatrix}$$

- 位置 $(2,1)$ に A の $(1,2)$ 成分である -3 が移ってきている.
- 一般的に述べると, これは, 位置 (i,j) に A の (j,i) 成分 $(j=1,2,\ i=1,2,3)$ を移してできる行列である. 以下では, この形で一般化する.
- この操作により, A の行と列を取り替えることができる. これは後に, 行と列の関係を調べるときによく用いることになる.

定義 2.12 (転置行列).

- $A = \Big[a_{ij}\Big]_{i,j}^{(m,n)}$ を (m,n) 型行列とする. このとき, A から次のようにして (n,m) 型行列 $B = \Big[b_{ij}\Big]_{i,j}^{(n,m)}$ を作る.

$$b_{ij} := a_{ji} \quad (1 \leqq i \leqq n,\ 1 \leqq j \leqq m)$$

- これを A の**転置行列**とよび, ${}^tA$ で表す[4].

4) 簡単に書くと ${}^t\Big(\big[a_{ij}\big]_{i,j}^{(m,n)}\Big) = \big[a_{ji}\big]_{i,j}^{(n,m)}$. ここでは i,j の順序が重要 (注意 2.4(1) と比較). t は transpose (転置) の頭文字.

注意 2.13.

- $A = \begin{bmatrix} a_{ij} \end{bmatrix}_{i,j}^{(3,3)}$ のとき，${}^tA$ は次のようになる (添字のつけ方に注意).

$$ {}^tA = \begin{bmatrix} a_{11} & a_{21} & a_{31} \\ a_{12} & a_{22} & a_{32} \\ a_{13} & a_{23} & a_{33} \end{bmatrix} $$

- 行ベクトルの転置は列ベクトルになり，列ベクトルの転置は行ベクトルになる．なお，紙面の都合上，列ベクトルを行ベクトルの転置で表すときがある．例えば，$\begin{bmatrix} 1 \\ 2 \\ 0 \end{bmatrix}$ を ${}^t(1,2,0)$ で表示するときがある．

命題 2.14.

(1) 2度転置をとるともとに戻る：

$$ {}^t({}^tA) = A \quad (A \in \mathrm{Mat}_{m,n}). $$

(2) 転置をとる操作は，線形である．すなわち[5]，

$$ {}^t(cA) = c\,{}^tA \quad (c \in \mathbb{R},\ A \in \mathrm{Mat}_{m,n}), $$

$$ {}^t(A+B) = {}^tA + {}^tB \quad (A, B \in \mathrm{Mat}_{m,n}). $$

2c　行列の和とスカラー倍

解説 2.15.

- 2つの行列 $A = \begin{bmatrix} 1 & 2 & 3 \\ 4 & 5 & 6 \end{bmatrix}$ と $B = \begin{bmatrix} -1 & -2 & -3 \\ -4 & -5 & -6 \end{bmatrix}$ は，どちらも同じ $(2,3)$ 型であるので，成分ごとの和を考えることができる：

$$ \begin{bmatrix} 1 & 2 & 3 \\ 4 & 5 & 6 \end{bmatrix} + \begin{bmatrix} -1 & -2 & -3 \\ -4 & -5 & -6 \end{bmatrix} \text{“=”} \begin{bmatrix} 1-1 & 2-2 & 3-3 \\ 4-4 & 5-5 & 6-6 \end{bmatrix} = \begin{bmatrix} 0 & 0 & 0 \\ 0 & 0 & 0 \end{bmatrix}. $$

- また A と数3に対して，A のすべての成分を3倍することによって，A と同じ型の行列ができる：

$$ 3 \begin{bmatrix} 1 & 2 & 3 \\ 4 & 5 & 6 \end{bmatrix} \text{“=”} \begin{bmatrix} 3\times 1 & 3\times 2 & 3\times 3 \\ 3\times 4 & 3\times 5 & 3\times 6 \end{bmatrix} = \begin{bmatrix} 3 & 6 & 9 \\ 12 & 15 & 18 \end{bmatrix}. $$

- 以上の “=” を等号としたいので，以下のように定義する．

---

5) スカラー倍と和の定義については 2c 参照.

定義 2.16.

(1) 型の等しい 2 つの行列 $A = \left[a_{ij}\right]_{i,j}^{(m,n)}$ と $B = \left[b_{ij}\right]_{i,j}^{(m,n)}$ に対して，それらの和 $A + B$ を次で定義する．

$$A + B := \left[a_{ij} + b_{ij}\right]_{i,j}^{(m,n)}$$

(2) 行列 $A = \left[a_{ij}\right]_{i,j}^{(m,n)}$ と数 c に対して，A の c 倍 cA を次で定義する．

$$cA := \left[ca_{ij}\right]_{i,j}^{(m,n)}$$

ベクトルや行列と区別して，普通の数を**スカラー**ともよぶ．それで，このスカラーを掛けることを**スカラー倍**とよぶ．

注意 2.17.

- スカラー行列は，その対角成分が c であれば，単位行列の c 倍と書ける．例えば，

$$\begin{bmatrix} c & 0 & 0 \\ 0 & c & 0 \\ 0 & 0 & c \end{bmatrix} = c \begin{bmatrix} 1 & 0 & 0 \\ 0 & 1 & 0 \\ 0 & 0 & 1 \end{bmatrix} = cE_3.$$

- 解説 2.15 の例からわかるように，(m, n) 型行列 A に対して次が成り立つ．

$$A + (-1)A = O_{m,n}$$

- $-A := (-1)A$ とおき，$B - A := B + (-A)$ $(B \in \mathrm{Mat}_{m,n})$ とおく．

命題 2.18. $A, B, C \in \mathrm{Mat}_{m,n}$ とし，$c, d \in \mathbb{R}$ とするとき，次が成り立つ．

(1) $(A + B) + C = A + (B + C)$,

(2) $A + B = B + A$,

(3) $A + O = A$,

(4) $A - A = O$,

(5) $1A = A$,

(6) $(cd)A = c(dA)$,

(7) $c(A + B) = cA + cB$,

(8) $(c + d)A = cA + dA$.

証明.

- 左辺と右辺の (i, j) 成分 $(1 \leqq i \leqq m,\ 1 \leqq j \leqq n)$ が等しいことを確かめればよい．

- 例えば (7) は，左辺 $= c(a_{ij}+b_{ij})$，右辺 $= ca_{ij}+cb_{ij}$ で，実数の分配法則から左辺 = 右辺．残りも同様に示すことができる． □

練習問題

問 2.1. 次の行列を計算せよ (δ_{ij} については記号 2.10 参照).

(1) $[2]_{i,j}^{(2,3)}$　(2) $[i]_{i,j}^{(3,4)}$　(3) $[j]_{i,j}^{(3,4)}$　(4) $[i-j]_{i,j}^{(2,3)}$　(5) $[i-j]_{j,i}^{(2,3)}$

(6) $[j-i]_{i,j}^{(2,3)}$　(7) $[i-j+k]_{j,k}^{(2,2)}$　(8) $[i-j+k]_{k,j}^{(2,2)}$　(9) $[i-\delta_{ij}]_{i,j}^{(2,2)}$

問 2.2. $A = \begin{bmatrix} 2 & -3 & 1 \\ 3 & -1 & 3 \end{bmatrix}$ とするとき，次を計算せよ．

(1) ${}^tA$　(2) $3A$　(3) ${}^t(3A)$　(4) $3\,{}^tA$

問 2.3. A を前問と同じとし，$B = \begin{bmatrix} 1 & -1 & 2 \\ 0 & 1 & -1 \end{bmatrix}$ とするとき，次を計算せよ．

(1) ${}^tB$　(2) $A+B$　(3) ${}^t(A+B)$　(4) ${}^tA + {}^tB$

問 2.4. x, y を実変数とする．方程式 $\begin{bmatrix} x+y \\ x-y \end{bmatrix} = \begin{bmatrix} 5 \\ 2 \end{bmatrix}$ を解け．

問 2.5. 次を計算せよ．

(1) $\begin{bmatrix} 2 \\ -1 \end{bmatrix} + \begin{bmatrix} -5 \\ 3 \end{bmatrix}$　(2) $3\begin{bmatrix} 3 \\ 4 \end{bmatrix}$　(3) $-2\begin{bmatrix} 2 \\ -4 \end{bmatrix} + 5\begin{bmatrix} 0 \\ 3 \end{bmatrix}$　(4) $a\begin{bmatrix} 1 \\ 0 \end{bmatrix} + b\begin{bmatrix} 0 \\ 1 \end{bmatrix}$

問 2.6. $A = \begin{bmatrix} 2 & -1 & 3 \\ 0 & 2 & 1 \end{bmatrix}$, $B = \begin{bmatrix} 0 & 1 & 2 \\ -1 & 1 & 0 \end{bmatrix}$ とおくとき，次を計算せよ．

(1) $3A$　(2) $-2B$　(3) $3A-2B$　(4) $3(2A+B)-(A-B)$

3. 線形写像

以上の準備のもとに，比例を高次元化する．

3a 線形写像の定義

解説 2.1 の式 (2.4) を次のように一般化する．

定義 3.1. (m,n) 型行列 $A = \begin{bmatrix} a_{ij} \end{bmatrix}$ と n 次列ベクトル $\boldsymbol{x} = [x_i]$ の積 $A\boldsymbol{x}$ を次で定義する．

$$\begin{bmatrix} a_{11} & a_{12} & \cdots & a_{1n} \\ a_{21} & a_{22} & \cdots & a_{2n} \\ \vdots & \vdots & \ddots & \vdots \\ a_{m1} & a_{m2} & \cdots & a_{mn} \end{bmatrix} \begin{bmatrix} x_1 \\ x_2 \\ \vdots \\ x_n \end{bmatrix} := \begin{bmatrix} a_{11}x_1 + a_{12}x_2 + \cdots + a_{1n}x_n \\ a_{21}x_1 + a_{22}x_2 + \cdots + a_{2n}x_n \\ \vdots \\ a_{m1}x_1 + a_{m2}x_2 + \cdots + a_{mn}x_n \end{bmatrix}$$

注意 3.2. 行列の和とスカラー倍の定義を用いると，次の形にも書ける．

$$\begin{bmatrix} a_{11} & a_{12} & \cdots & a_{1n} \\ a_{21} & a_{22} & \cdots & a_{2n} \\ \vdots & \vdots & \ddots & \vdots \\ a_{m1} & a_{m2} & \cdots & a_{mn} \end{bmatrix} \begin{bmatrix} x_1 \\ x_2 \\ \vdots \\ x_n \end{bmatrix} = x_1 \begin{bmatrix} a_{11} \\ a_{21} \\ \vdots \\ a_{m1} \end{bmatrix} + x_2 \begin{bmatrix} a_{12} \\ a_{22} \\ \vdots \\ a_{m2} \end{bmatrix} + \cdots + x_n \begin{bmatrix} a_{1n} \\ a_{2n} \\ \vdots \\ a_{mn} \end{bmatrix}$$

注意 3.3. 上の定義で特に，$m = 1$ のときを考えると，

$$(a_1, a_2, \ldots, a_n) \begin{bmatrix} x_1 \\ x_2 \\ \vdots \\ x_n \end{bmatrix} = a_1x_1 + a_2x_2 + \cdots + a_nx_n = \sum_{i=1}^{n} a_ix_i\,.$$

これを行ベクトル $(a_i)_{i=1}^n$ と列ベクトル $[x_i]_{i=1}^n$ の**積和**[6)]とよぶ．$A\boldsymbol{x}$ の各行は積和となっているので，定義の式は，次のように表すこともできる．

$$\begin{bmatrix} \boldsymbol{a}_{(1)} \\ \boldsymbol{a}_{(2)} \\ \vdots \\ \boldsymbol{a}_{(m)} \end{bmatrix} \boldsymbol{x} = \begin{bmatrix} \boldsymbol{a}_{(1)}\boldsymbol{x} \\ \boldsymbol{a}_{(2)}\boldsymbol{x} \\ \vdots \\ \boldsymbol{a}_{(m)}\boldsymbol{x} \end{bmatrix}$$

解説 3.4. 解説 2.1 を一般化する．

- m 変数 $y_1, y_2, \ldots, y_m$ が n 変数 $x_1, x_2, \ldots, x_n$ の 1 次式だけで書けているとき，式を整理すると，$a_{11}, a_{12}, \ldots, a_{mn}$ を実数として

$$\begin{cases} y_1 = a_{11}x_1 + a_{12}x_2 + \cdots + a_{1n}x_n \\ y_2 = a_{21}x_1 + a_{22}x_2 + \cdots + a_{2n}x_n \\ \quad\vdots \qquad\qquad \vdots \qquad\qquad\qquad \vdots \\ y_m = a_{m1}x_1 + a_{m2}x_2 + \cdots + a_{mn}x_n \end{cases} \tag{3.1}$$

  の形に書ける．このように変数の 1 次式だけからなる式を**同次 1 次式**とよぶ．

- ここで，$\boldsymbol{y} := [y_i]_{i=1}^m$, $A := \Big[a_{ij}\Big]_{i,j}^{(m,n)}$, $\boldsymbol{x} := [x_i]_{i=1}^n$ とおくと，上の式は，定義 3.1 によって，次の形に書ける．

$$\boldsymbol{y} = A\boldsymbol{x} \tag{3.2}$$

6) ここでは，積和とよんでおく．縮約や内積とよばれることもある．

- この式から，n 次列ベクトル $\boldsymbol{x}$ を，m 次列ベクトル $\boldsymbol{y} := A\boldsymbol{x}$ に移す写像が得られる．

定義 3.5. A を (m,n) 型行列とするとき，写像 $\ell_A\colon \mathbb{R}^n \to \mathbb{R}^m$ を次で定義する．

$$\ell_A(\boldsymbol{x}) := A\boldsymbol{x} \quad (\boldsymbol{x} \in \mathbb{R}^n)$$

これを**左 $\boldsymbol{A}$ 倍写像**[7]とよぶ．

命題 3.6. 左 A 倍写像 ℓ_A は，次の 2 つの性質をもっている $(A \in \mathrm{Mat}_{m,n})$[8]．

$$\ell_A(c\boldsymbol{x}) = c\,\ell_A(\boldsymbol{x}) \quad (c \in \mathbb{R},\ \boldsymbol{x} \in \mathbb{R}^n), \qquad \text{(比例性)}$$

$$\ell_A(\boldsymbol{x}+\boldsymbol{x}') = \ell_A(\boldsymbol{x}) + \ell_A(\boldsymbol{x}') \quad (\boldsymbol{x}, \boldsymbol{x}' \in \mathbb{R}^n). \qquad \text{(加法性)}$$

証明.

- $A = \begin{bmatrix} 2 & -3 & 1 \\ 5 & -1 & 3 \end{bmatrix}$ について証明する．一般の場合も同様である．
- (比例性) $\ell_A(c\boldsymbol{x}) = A(c\boldsymbol{x}) = A\,{}^t(cx_1, cx_2, cx_3) = \begin{bmatrix} 2(cx_1) - 3(cx_2) + cx_3 \\ 5(cx_1) - (cx_2) + 3(cx_3) \end{bmatrix}$．

  他方，$c\,\ell_A(\boldsymbol{x}) = c\begin{bmatrix} 2x_1 - 3x_2 + x_3 \\ 5x_1 - x_2 + 3x_3 \end{bmatrix}$．スカラー倍の定義よりこれらは一致する．
- (加法性) $\boldsymbol{x}' := [x_i']_{i=1}^3$ とおく．

$$\begin{aligned} \ell_A(\boldsymbol{x}+\boldsymbol{x}') &= A\,{}^t(x_1+x_1', x_2+x_2', x_3+x_3') \\ &= \begin{bmatrix} 2(x_1+x_1') - 3(x_2+x_2') + (x_3+x_3') \\ 5(x_1+x_1') - (x_2+x_2') + 3(x_3+x_3') \end{bmatrix} \end{aligned}$$

  他方，
$$\ell_A(\boldsymbol{x}) + \ell_A(\boldsymbol{x}') = \begin{bmatrix} 2x_1 - 3x_2 + x_3 \\ 5x_1 - x_2 + 3x_3 \end{bmatrix} + \begin{bmatrix} 2x_1' - 3x_2' + x_3' \\ 5x_1' - x_2' + 3x_3' \end{bmatrix}.$$

  行列の加法の定義と，実数の分配法則よりこれらは一致する． □

左 A 倍写像のもつ上の性質を抜き出して，線形写像を定義する．

定義 3.7. 写像 $f\colon \mathbb{R}^n \to \mathbb{R}^m$ は，2 つの性質

$$f(c\boldsymbol{x}) = cf(\boldsymbol{x}) \quad (c \in \mathbb{R},\ \boldsymbol{x} \in \mathbb{R}^n), \qquad \text{(比例性)}$$

$$f(\boldsymbol{x}+\boldsymbol{x}') = f(\boldsymbol{x}) + f(\boldsymbol{x}') \quad (\boldsymbol{x}, \boldsymbol{x}' \in \mathbb{R}^n) \qquad \text{(加法性)}$$

7) left (左) の頭文字をとった．後でみるように，行列の積では左からの積と右からの積とは異なる．

8) 問 4.3 を参照．

をもつとき，**線形写像**である，あるいは単に**線形**であるという．これら 2 つの性質を，**線形性**と総称する．

解説 3.8. 式の変形の視点からすると，左辺から右辺への変形は，比例性では，共通している c を f の外に “くくりだす” こと，加法性では f を “分配する” こと，とみなせる．

注意 3.9.

- $m = n = 1$ のとき，線形写像は，比例にほかならない．
- 実際，f が線形写像ならば，f は比例性をもつから比例である．
- 逆に，f が比例ならば，その比例定数を a として，$f(x) = ax$ $(x \in \mathbb{R})$ であるから，f の加法性は実数の分配法則によって保証されている．したがって，f は比例性と加法性をもつ．

例 3.10. 命題3.6 より，A が (m, n) 型行列であれば，左 A 倍写像 $\ell_A \colon \mathbb{R}^n \to \mathbb{R}^m$ は線形写像である．

次の定理は線形写像の他の例を与える．

定理 3.11. 原点を中心とする角度 α の回転移動 $r_\alpha \colon \mathbb{R}^2 \to \mathbb{R}^2$ は，線形写像である．

証明. 概略を述べる．

- **(加法性)** $r_\alpha(\boldsymbol{x} + \boldsymbol{x}') = r_\alpha(\boldsymbol{x}) + r_\alpha(\boldsymbol{x}') \quad (\boldsymbol{x}, \boldsymbol{x}' \in \mathbb{R}^2)$.
- これは，平行四辺形が平行四辺形に移されることからわかる．(下の左図参照)
- **(比例性)** $r_\alpha(c\boldsymbol{x}) = cr_\alpha(\boldsymbol{x}) \quad (c \in \mathbb{R},\ \boldsymbol{x} \in \mathbb{R}^2)$.
- これも，原点が動かず，長さと角度が変わらないことからわかる．(下の右図参照)

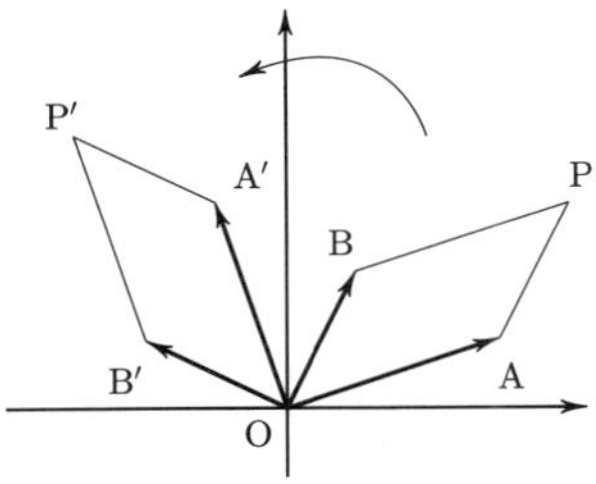

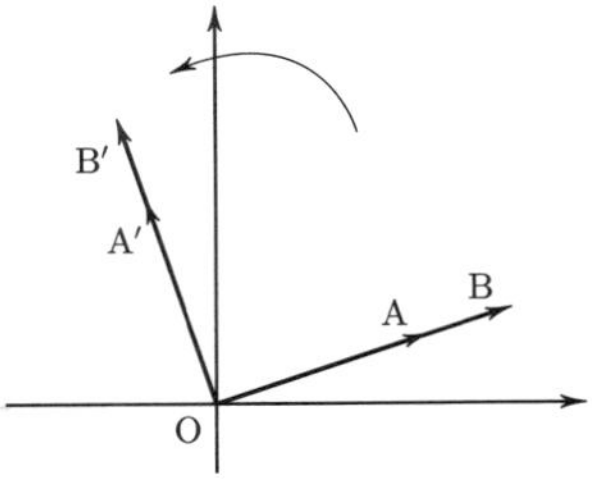

(**注.** 同様に，原点を通る直線に関する対称移動も線形写像である．) □

3b 線形写像と行列

解説 3.12.

- 定理 1.1 より，比例の場合，すべての比例が倍関数で与えられた．
- ここでは，同様のことが線形写像でも成り立つことを示す．

解説 3.13 ($\mathbb{R}$ における 1 の役割).

- どの $x \in \mathbb{R}$ も $x = x \cdot 1$ と書けたように，どのベクトル $\boldsymbol{x} = \begin{bmatrix} x_1 \\ x_2 \end{bmatrix} \in \mathbb{R}^2$ も

$$\boldsymbol{x} = \begin{bmatrix} x_1 \\ x_2 \end{bmatrix} = \begin{bmatrix} x_1 \\ 0 \end{bmatrix} + \begin{bmatrix} 0 \\ x_2 \end{bmatrix} = x_1 \begin{bmatrix} 1 \\ 0 \end{bmatrix} + x_2 \begin{bmatrix} 0 \\ 1 \end{bmatrix}$$

  と書ける．
- $\boldsymbol{e}_1 := \begin{bmatrix} 1 \\ 0 \end{bmatrix}$, $\boldsymbol{e}_2 := \begin{bmatrix} 0 \\ 1 \end{bmatrix}$ とおくと，どのベクトル $\boldsymbol{x} \in \mathbb{R}^2$ もある実数 x_1, x_2 で $\boldsymbol{x} = x_1\boldsymbol{e}_1 + x_2\boldsymbol{e}_2$ と書け，この x_1, x_2 の組は $\boldsymbol{x}$ の座標としてただ 1 つに決まる．
- すなわち，$\mathbb{R}$ での 1 と同じ役割を，組 $\boldsymbol{e}_1, \boldsymbol{e}_2$ が果たしている．
- $\mathbb{R}$ では "1" ひとつだけでよかったが，$\mathbb{R}^2$ では "$\boldsymbol{e}_1, \boldsymbol{e}_2$" と 2 つ必要になることに注意する．

解説 3.14 (比例定数に対応するもの). $f\colon \mathbb{R}^2 \to \mathbb{R}^2$ を線形写像とする．

- f が比例のとき，比例定数とは $f(1)$ のことだったので，比例定数に対応するものとしては $f(\boldsymbol{e}_1)$ と $f(\boldsymbol{e}_2)$ の組 $(f(\boldsymbol{e}_1), f(\boldsymbol{e}_2))$ を考えることができる．
- これは，$\boldsymbol{e}_1$ と $\boldsymbol{e}_2$ の移り先を組にしたものである．
- $f(\boldsymbol{e}_1), f(\boldsymbol{e}_2) \in \mathbb{R}^2$ より，これらは次の形に書ける．

$$f(\boldsymbol{e}_1) = \begin{bmatrix} a_{11} \\ a_{21} \end{bmatrix}, \quad f(\boldsymbol{e}_2) = \begin{bmatrix} a_{12} \\ a_{22} \end{bmatrix} \quad (a_{11}, \ldots, a_{22} \in \mathbb{R})$$

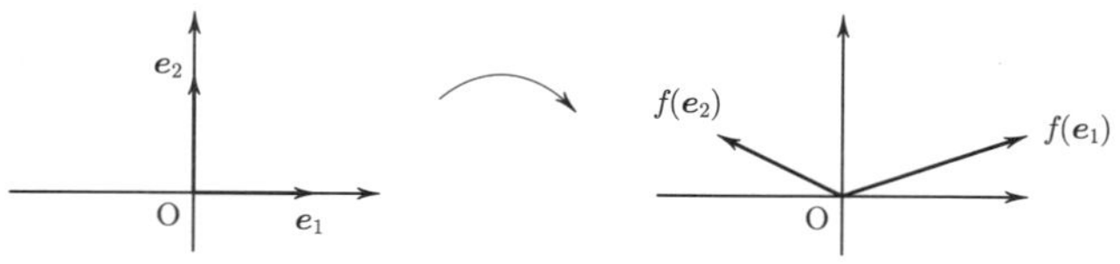

- 以上より，

$$(f(\boldsymbol{e}_1), f(\boldsymbol{e}_2)) = \left(\begin{bmatrix} a_{11} \\ a_{21} \end{bmatrix}, \begin{bmatrix} a_{12} \\ a_{22} \end{bmatrix} \right) = \begin{bmatrix} a_{11} & a_{12} \\ a_{21} & a_{22} \end{bmatrix}.$$

- これを f の行列とよぶ.

例 3.15 (回転移動の行列).

- 原点を中心とする角度 α の回転移動 r_α の行列を求める.
- 図からわかるように,

$$r_\alpha(\boldsymbol{e}_1) = \begin{bmatrix} \cos\alpha \\ \sin\alpha \end{bmatrix},$$

$$r_\alpha(\boldsymbol{e}_2) = \begin{bmatrix} -\sin\alpha \\ \cos\alpha \end{bmatrix}.$$

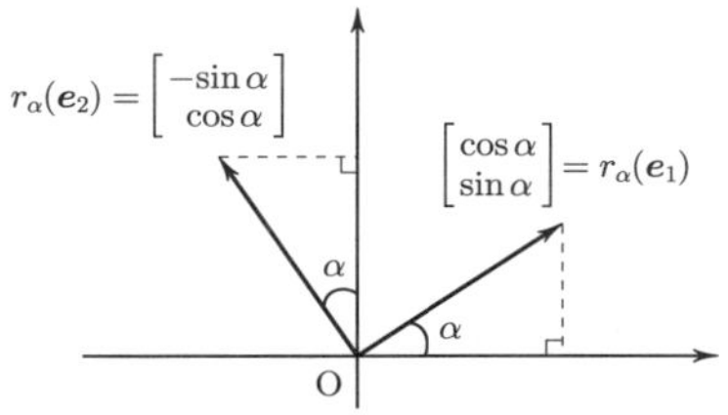

- これより, r_α の行列 $A_\alpha := (r_\alpha(\boldsymbol{e}_1), r_\alpha(\boldsymbol{e}_2))$ は, 次で与えられる.

$$A_\alpha = \begin{bmatrix} \cos\alpha & -\sin\alpha \\ \sin\alpha & \cos\alpha \end{bmatrix} \tag{3.3}$$

定義 3.16 (標準基底). 解説 3.13 を一般化する.

- n を自然数とする. E_n の第 i 行 $(1 \leqq i \leqq n)$ を $\boldsymbol{e}_i$ で, 第 i 列を $\boldsymbol{e}_{(i)}$ で表す (n を区別する必要のあるときは $\boldsymbol{e}_i^{(n)}$, $\boldsymbol{e}_{(i)}^{(n)}$ 等で表す). すなわち,

$$E_n = (\boldsymbol{e}_1, \ldots, \boldsymbol{e}_n) = \begin{bmatrix} \boldsymbol{e}_{(1)} \\ \vdots \\ \boldsymbol{e}_{(n)} \end{bmatrix}.$$

- 具体的な形を書くと,

$$\boldsymbol{e}_1 := {}^t(1,0,0,\cdots,0),\ \boldsymbol{e}_2 := {}^t(0,1,0,\cdots,0),\ \ldots,\ \boldsymbol{e}_n := {}^t(0,0,0,\cdots,1).$$

これらを $\mathbb{R}^n$ の**基本ベクトル**とよぶ. また, 組 $\boldsymbol{e}_1, \boldsymbol{e}_2, \ldots, \boldsymbol{e}_n$ を $\mathbb{R}^n$ の**標準基底**ともよぶ.

- $\mathbb{R}^n$ のどのベクトル $\boldsymbol{x}$ も, 一意的に

$$\boldsymbol{x} = x_1\boldsymbol{e}_1 + x_2\boldsymbol{e}_2 + \cdots + x_n\boldsymbol{e}_n \quad (x_1, x_2, \ldots, x_n \in \mathbb{R})$$

の形に表される. (x_i は $\boldsymbol{x}$ の第 i 成分として定まる $(i = 1, \ldots, n)$.)

定義 3.17 (線形写像の行列). 解説 3.14 を一般化する.

- m, n を任意の自然数として, 線形写像 $f\colon \mathbb{R}^n \to \mathbb{R}^m$ を考える.
- $\mathbb{R}^n$ の標準基底 $\boldsymbol{e}_1, \boldsymbol{e}_2, \ldots, \boldsymbol{e}_n$ の f による像の組 $(f(\boldsymbol{e}_1), f(\boldsymbol{e}_2), \ldots, f(\boldsymbol{e}_n))$ を **f の行列**とよぶ. 各 $f(\boldsymbol{e}_i) \in \mathbb{R}^m$ だから, これは (m, n) 型行列である.

定理 3.18. 写像 $f\colon \mathbb{R}^n \to \mathbb{R}^m$ (m, n は自然数) に対して次は同値である.

(1) f は線形である. ($\cdots$ **性質**)

(2) $f = \ell_A$ となる (m, n) 型行列 A が存在する．すなわち，

$$f(x) = Ax \quad (x \in \mathbb{R}^n) \quad (\cdots \text{ 形}).$$

上の A として f の行列をとることができる．

証明.

- (2) ⇒ (1)．すでに例 3.10 で示されている．
- (1) ⇒ (2)．A を f の行列とする．すなわち，$A := (f(\boldsymbol{e}_1), f(\boldsymbol{e}_2), \ldots, f(\boldsymbol{e}_n))$．このとき $f = \ell_A$ を確かめればよい．
- $\boldsymbol{x} = {}^t(x_1, \ldots, x_n) \in \mathbb{R}^n$ とすると，$\boldsymbol{x} = x_1\boldsymbol{e}_1 + x_2\boldsymbol{e}_2 + \cdots + x_n\boldsymbol{e}_n$.
- f の線形性から，$f(\boldsymbol{x}) = x_1 f(\boldsymbol{e}_1) + x_2 f(\boldsymbol{e}_2) + \cdots + x_n f(\boldsymbol{e}_n) = A\boldsymbol{x}$.
- 上の最後の等式は，注意 3.2 からしたがう． □

例 3.19. 線形写像 $f\colon \mathbb{R}^2 \to \mathbb{R}^2$ が，基本ベクトル $\boldsymbol{e}_1, \boldsymbol{e}_2$ を次のように移せば，f の行列 A は次のようになる．

$$f(\boldsymbol{e}_1) = \begin{bmatrix} 2 \\ -1 \end{bmatrix}, \quad f(\boldsymbol{e}_2) = \begin{bmatrix} 1 \\ 3 \end{bmatrix}, \quad A = \begin{bmatrix} 2 & 1 \\ -1 & 3 \end{bmatrix}.$$

このとき $\boldsymbol{x} = \begin{bmatrix} x \\ y \end{bmatrix} = x\boldsymbol{e}_1 + y\boldsymbol{e}_2 \in \mathbb{R}^2$ は，f で次のように移される．

$$\begin{aligned} f\left(\begin{bmatrix} x \\ y \end{bmatrix}\right) &= f(x\boldsymbol{e}_1 + y\boldsymbol{e}_2) \\ &= xf(\boldsymbol{e}_1) + yf(\boldsymbol{e}_2) = x\begin{bmatrix} 2 \\ -1 \end{bmatrix} + y\begin{bmatrix} 1 \\ 3 \end{bmatrix} = \begin{bmatrix} 2 & 1 \\ -1 & 3 \end{bmatrix}\begin{bmatrix} x \\ y \end{bmatrix} \end{aligned}$$

となり，確かに $f(\boldsymbol{x}) = A\boldsymbol{x}$ $(\boldsymbol{x} \in \mathbb{R}^2)$ となっている．

比例のときと同様に，次の 1 対 1 対応が得られる．

定理 3.20 (線形写像と行列の 1 対 1 対応).

- 線形写像 $\mathbb{R}^n \to \mathbb{R}^m$ 全体の集合を $\mathrm{Hom}_{\mathbb{R}}(\mathbb{R}^n, \mathbb{R}^m)$ とおくと[9]，次の 1 対 1 対応が存在する．

$$\begin{array}{ccc} \mathrm{Hom}_{\mathbb{R}}(\mathbb{R}^n, \mathbb{R}^m) & \longrightarrow & \mathrm{Mat}_{m,n} \\ f & \longmapsto & (f(\boldsymbol{e}_1), f(\boldsymbol{e}_2), \ldots, f(\boldsymbol{e}_n)) \\ \ell_A & \longleftarrow & A \end{array}$$

9) Homomorphism (準同型) の最初の 3 文字.

証明.

- 線形写像 $f\colon \mathbb{R}^n \to \mathbb{R}^m$ に対して $A := (f(\boldsymbol{e}_1), f(\boldsymbol{e}_2), \ldots, f(\boldsymbol{e}_n))$ とおくと，定理 3.18 の証明より $f = \ell_A$．すなわち，$f = \ell_{(f(\boldsymbol{e}_1), f(\boldsymbol{e}_2), \ldots, f(\boldsymbol{e}_n))}$.
- (m, n) 型行列 A に対して，$\ell_A(\boldsymbol{e}_i) = A\boldsymbol{e}_i$ は A の第 i 列 $(i = 1, 2, \ldots, n)$ に等しいから，$(\ell_A(\boldsymbol{e}_1), \ell_A(\boldsymbol{e}_2), \ldots, \ell_A(\boldsymbol{e}_n)) = A$. □

注意 3.21.

- 上の対応により，すべての線形写像が，行列で一意的に表せる．
- このように，行列は線形写像の "比例定数" の役割を果たすことができる．
- 同次 1 次連立式 (3.1) は式 (3.2) と同じことを表しているから，線形写像は，移し方の規則が，同次 1 次連立式で表される写像ということもできる．
- (m, n) 型行列から定義される左倍写像は $\mathbb{R}^n \to \mathbb{R}^m$ となる．この方向は行列の型でみれば，右の n から左の m へ向かうことに注意．

例 3.22. 角度 45° の回転移動 $f\colon \mathbb{R}^2 \to \mathbb{R}^2$ の行列 $A := A_{45^\circ}$ は，(3.3) より，

$$A = \begin{bmatrix} \cos 45^\circ & -\sin 45^\circ \\ \sin 45^\circ & \cos 45^\circ \end{bmatrix} = \begin{bmatrix} \frac{1}{\sqrt{2}} & -\frac{1}{\sqrt{2}} \\ \frac{1}{\sqrt{2}} & \frac{1}{\sqrt{2}} \end{bmatrix} = \frac{1}{\sqrt{2}} \begin{bmatrix} 1 & -1 \\ 1 & 1 \end{bmatrix}.$$

したがって，$f = \ell_A$ であるから，f の具体的な形は次のように求まる．

$$f(\boldsymbol{x}) = A\boldsymbol{x} = \frac{1}{\sqrt{2}} \begin{bmatrix} 1 & -1 \\ 1 & 1 \end{bmatrix} \boldsymbol{x} \quad (\boldsymbol{x} \in \mathbb{R}^2)$$

例えば，点 $\boldsymbol{x} = \begin{bmatrix} 2 \\ -1 \end{bmatrix} \in \mathbb{R}^2$ は，f によって点

$$f\left(\begin{bmatrix} 2 \\ -1 \end{bmatrix}\right) = \frac{1}{\sqrt{2}} \begin{bmatrix} 1 & -1 \\ 1 & 1 \end{bmatrix} \begin{bmatrix} 2 \\ -1 \end{bmatrix} = \frac{1}{\sqrt{2}} \begin{bmatrix} 3 \\ 1 \end{bmatrix} = \begin{bmatrix} \frac{3}{\sqrt{2}} \\ \frac{1}{\sqrt{2}} \end{bmatrix}$$

に移される．

練習問題

問 3.1. 次の各問に答えよ．

(1) 角度 30° の回転移動 $f\colon \mathbb{R}^2 \to \mathbb{R}^2$ の行列 A を求めよ．

(2) 点 $\begin{bmatrix} 1 \\ 2 \end{bmatrix}$ を 30° 回転させるとどの点に移るか．

(3) 上の点をさらに 30° 回転させるとどの点に移るか．

問 3.2. 座標平面における，原点を通る直線に関する対称移動は，線形写像 $\mathbb{R}^2 \to \mathbb{R}^2$ になる．このことを用いて，次の直線に関する対称移動の行列を求めよ．

(1) $y = x$　　(2) $y = -x$　　(3) $y = 0$　　(4) $x = 0$

4. 行列の積

4a　線形写像の合成

解説 4.1.

- 行列 $A = \left[a_{ij}\right]_{i,j}^{(2,2)}$ と $B = \left[b_{ij}\right]_{i,j}^{(2,2)}$ から 2 つの線形写像

$$\mathbb{R}^2 \xrightarrow{\ell_B} \mathbb{R}^2 \xrightarrow{\ell_A} \mathbb{R}^2$$

　が定義される．

- 真ん中の $\mathbb{R}^2$ が共通しているので，これらは合成することができる：

$$\ell_A \circ \ell_B \colon \mathbb{R}^2 \to \mathbb{R}^2,$$
$$\ell_A \circ \ell_B(\boldsymbol{x}) := A(B(\boldsymbol{x})) \quad (\boldsymbol{x} \in \mathbb{R}^2).$$

- この合成写像を計算してみる．$\boldsymbol{x} = {}^t(x_1, x_2)$ とおくと，次のようになる．

$$\begin{aligned}
A(B(\boldsymbol{x})) &= A\left(\begin{bmatrix} b_{11} & b_{12} \\ b_{21} & b_{22} \end{bmatrix}\begin{bmatrix} x_1 \\ x_2 \end{bmatrix}\right) \\
&= A\left(x_1\begin{bmatrix} b_{11} \\ b_{21} \end{bmatrix} + x_2\begin{bmatrix} b_{12} \\ b_{22} \end{bmatrix}\right) \quad (\because \text{ 注意 } 3.2) \\
&= x_1 A\begin{bmatrix} b_{11} \\ b_{21} \end{bmatrix} + x_2 A\begin{bmatrix} b_{12} \\ b_{22} \end{bmatrix} \quad (\because\ \ell_A \text{ の線形性}) \\
&= \left(A\begin{bmatrix} b_{11} \\ b_{21} \end{bmatrix}, A\begin{bmatrix} b_{12} \\ b_{22} \end{bmatrix}\right)\begin{bmatrix} x_1 \\ x_2 \end{bmatrix} \quad (\because \text{ 注意 } 3.2)
\end{aligned}$$

- したがって，この合成写像はまた線形写像となり，その行列は，

$$\begin{aligned}
\left(A\begin{bmatrix} b_{11} \\ b_{21} \end{bmatrix}, A\begin{bmatrix} b_{12} \\ b_{22} \end{bmatrix}\right) &= \left(\begin{bmatrix} a_{11} & a_{12} \\ a_{21} & a_{22} \end{bmatrix}\begin{bmatrix} b_{11} \\ b_{21} \end{bmatrix}, \begin{bmatrix} a_{11} & a_{12} \\ a_{21} & a_{22} \end{bmatrix}\begin{bmatrix} b_{12} \\ b_{22} \end{bmatrix}\right) \\
&= \begin{bmatrix} a_{11}b_{11} + a_{12}b_{21} & a_{11}b_{12} + a_{12}b_{22} \\ a_{21}b_{11} + a_{22}b_{21} & a_{21}b_{12} + a_{22}b_{22} \end{bmatrix}
\end{aligned}$$

　となる．

- これを A と B の積 AB であると決めれば，線形写像の合成を対応する行列の積で調べることができるようになる．

以上のことを一般化する[10]．

10)　以上の方法は，まったくこのまま一般化できる．以下では，線形写像になることと，その行列を求めることとを分けて述べる．

定理 4.2. 線形写像の合成はまた線形写像である．

証明.

- $\mathbb{R}^n \xrightarrow{g} \mathbb{R}^m \xrightarrow{f} \mathbb{R}^l$ を合成できる2つの線形写像とする．合成写像 $f \circ g \colon \mathbb{R}^n \to \mathbb{R}^l$ が線形であることを示す．
- (比例性)　$\boldsymbol{x} \in \mathbb{R}^n, c \in \mathbb{R}$ とする．このとき $(f \circ g)(c\boldsymbol{x}) = c(f \circ g)(\boldsymbol{x})$ を示せばよい．
- f も g も比例性をもつから，

$$\text{左辺} = f(g(c\boldsymbol{x})) = f(cg(\boldsymbol{x})) = cf(g(\boldsymbol{x})) = \text{右辺}.$$

- (加法性)　$\boldsymbol{x}, \boldsymbol{x}' \in \mathbb{R}^n$ とする．このとき $(f \circ g)(\boldsymbol{x} + \boldsymbol{x}') = (f \circ g)(\boldsymbol{x}) + (f \circ g)(\boldsymbol{x}')$ を示せばよい．
- f も g も加法性をもつから，

$$\text{左辺} = f(g(\boldsymbol{x} + \boldsymbol{x}')) = f(g(\boldsymbol{x}) + g(\boldsymbol{x}')) = f(g(\boldsymbol{x})) + f(g(\boldsymbol{x}')) = \text{右辺}.$$

□

定理 4.3. A を (l, p) 型行列，B を (m, n) 型行列とし，$B = (\boldsymbol{b}_1, \ldots, \boldsymbol{b}_n)$ とおく．

(1) $\ell_A \circ \ell_B$ が定義されるための条件は $p = m$ である．

(2) このとき，線形写像 $\ell_A \circ \ell_B$ の行列は，$(A\boldsymbol{b}_1, \ldots, A\boldsymbol{b}_n)$ となる．

証明.

- $\ell_B \colon \mathbb{R}^n \to \mathbb{R}^m$, $\ell_A \colon \mathbb{R}^p \to \mathbb{R}^l$ であるから，(1) は明らか．
- $\ell_A \circ \ell_B \colon \mathbb{R}^n \to \mathbb{R}^l$ が線形写像であることは，前定理で示されている．
- $\ell_A \circ \ell_B$ の行列は，

$$\begin{aligned} ((\ell_A \circ \ell_B)(\boldsymbol{e}_1), \ldots, (\ell_A \circ \ell_B)(\boldsymbol{e}_n)) &= (A(B\boldsymbol{e}_1), \ldots, A(B\boldsymbol{e}_n)) \\ &= (A\boldsymbol{b}_1, \ldots, A\boldsymbol{b}_n). \end{aligned}$$

□

4b　行列の積の定義

以上のことをもとにして，行列の積を次のように定義する．

定義 4.4. A を (l, p) 型行列，B を (m, n) 型行列とし，$B = (\boldsymbol{b}_1, \ldots, \boldsymbol{b}_n)$ とおく．

- $p = m$ のとき，積 AB を次で定義する．

$$AB := (A\boldsymbol{b}_1, \ldots, A\boldsymbol{b}_n) \tag{4.1}$$

- $p \neq m$ のとき，積 AB は定義しない．

定理 4.5. A を (l, m) 型行列，B を (m, n) 型行列とすると，$\ell_A \circ \ell_B = \ell_{AB}$.

証明. 定理 4.3 と定義 4.4 より線形写像 $\ell_A \circ \ell_B$ の行列は AB であるから，定理 3.20 により $\ell_A \circ \ell_B = \ell_{AB}$ となる． □

定理 4.6 (結合法則). A を (l, m) 型行列，B を (m, n) 型行列，C を (n, p) 型行列とすると，$(AB)C = A(BC)$ が成り立つ．

証明.

- $\mathbb{R}^p \xrightarrow{\ell_C} \mathbb{R}^n \xrightarrow{\ell_B} \mathbb{R}^m \xrightarrow{\ell_A} \mathbb{R}^l$ より，$(\ell_A \circ \ell_B) \circ \ell_C$ と $\ell_A \circ (\ell_B \circ \ell_C)$ が定義できる．
- 命題 0.21(2) より，写像の合成は結合法則をみたすので，

$$(\ell_A \circ \ell_B) \circ \ell_C = \ell_A \circ (\ell_B \circ \ell_C).$$

- 左辺 $= \ell_{AB} \circ \ell_C = \ell_{(AB)C}$ で，右辺 $= \ell_A \circ \ell_{BC} = \ell_{A(BC)}$ である．
- したがって，$\ell_{(AB)C} = \ell_{A(BC)}$．定理 3.20 より，$(AB)C = A(BC)$． □

注意 4.7.

- 2つの行列 $A = \begin{bmatrix} a_{ij} \end{bmatrix}_{i,j}^{(l,m)}$，$B = \begin{bmatrix} b_{ij} \end{bmatrix}_{i,j}^{(m,n)}$ の積を注意 3.3 の積和で書き下すと次のようになる．

$$AB = \begin{bmatrix} \boldsymbol{a}_{(1)}\boldsymbol{b}_1 & \boldsymbol{a}_{(1)}\boldsymbol{b}_2 & \ldots & \boldsymbol{a}_{(1)}\boldsymbol{b}_n \\ \boldsymbol{a}_{(2)}\boldsymbol{b}_1 & \boldsymbol{a}_{(2)}\boldsymbol{b}_2 & \ldots & \boldsymbol{a}_{(2)}\boldsymbol{b}_n \\ \vdots & \vdots & \ddots & \vdots \\ \boldsymbol{a}_{(l)}\boldsymbol{b}_1 & \boldsymbol{a}_{(l)}\boldsymbol{b}_2 & \ldots & \boldsymbol{a}_{(l)}\boldsymbol{b}_n \end{bmatrix} \tag{4.2}$$

ここで，

$$\begin{aligned} \boldsymbol{a}_{(i)}\boldsymbol{b}_j &= a_{i1}b_{1j} + a_{i2}b_{2j} + \cdots + a_{im}b_{mj} \\ &= \sum_{k=1}^{m} a_{ik}b_{kj} \quad (1 \leqq i \leqq l,\ 1 \leqq j \leqq n) \end{aligned} \tag{4.3}$$

である．

- 特に，$\boldsymbol{a}_{(i)}B = (\boldsymbol{a}_{(i)}\boldsymbol{b}_1, \boldsymbol{a}_{(i)}\boldsymbol{b}_2, \ldots, \boldsymbol{a}_{(i)}\boldsymbol{b}_n)$ $(1 \leqq i \leqq l)$ となるから，AB は次の形にも書ける．

$$AB = \begin{bmatrix} \boldsymbol{a}_{(1)}B \\ \boldsymbol{a}_{(2)}B \\ \vdots \\ \boldsymbol{a}_{(l)}B \end{bmatrix} \tag{4.4}$$

- 行列の積を求めるとき，次のように右の行列 B を上に上げて書くと計算がみやすくなる．

$$
\begin{array}{c|cccc}
 & \cdots & b_{1j} & \cdots \\
 & \cdots & b_{2j} & \cdots \\
 & \cdots & \vdots & \cdots \\
 & \cdots & b_{mj} & \cdots \\
\hline
\begin{matrix} \vdots & \vdots & \vdots & \vdots \\ a_{i1} & a_{i2} & \cdots & a_{im} \\ \vdots & \vdots & \vdots & \vdots \end{matrix} & & \displaystyle\sum_{k=1}^{m} a_{ik}b_{kj} &
\end{array}
$$

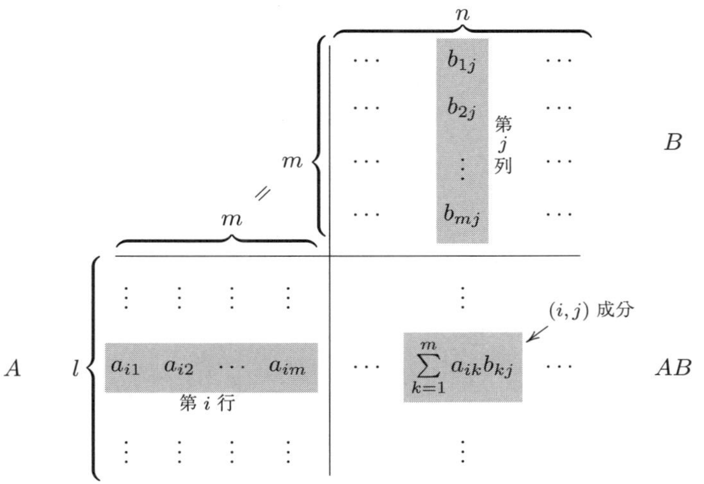

左の行列 A の第 i 行と，右の行列 B の第 j 列の交差する位置 (i,j) に，それらの積和を書けばよい．

例 4.8. (1) 右の行列を上に上げて計算した例：

$$
\begin{array}{c|ccc}
 & a & b & c \\
 & d & e & f \\
\hline
1 \ \ 0 & a & b & c
\end{array}
\qquad
\begin{array}{c|ccc}
 & a & b & c \\
 & d & e & f \\
\hline
0 \ \ 1 & d & e & f
\end{array}
\tag{4.5}
$$

$$
\begin{array}{c|c}
 & 1 \\
 & 0 \\
 & 0 \\
\hline
a \ b \ c & a \\
d \ e \ f & d
\end{array}
\quad
\begin{array}{c|c}
 & 0 \\
 & 1 \\
 & 0 \\
\hline
a \ b \ c & b \\
d \ e \ f & e
\end{array}
\quad
\begin{array}{c|c}
 & 0 \\
 & 0 \\
 & 1 \\
\hline
a \ b \ c & c \\
d \ e \ f & f
\end{array}
\tag{4.6}
$$

$$
\begin{array}{ccc|cccccc}
 & & & 1 & 2 & 3 & 0 & -1 & 3 & -2 \\
 & & & 0 & 0 & 0 & 1 & 2 & 1 & -1 \\
 & & & 0 & 0 & 0 & 0 & 0 & 0 & 0 \\
\hline
1 & 0 & 2 & 1 & 2 & 3 & 0 & -1 & 3 & -2 \\
0 & 1 & -1 & 0 & 0 & 0 & 1 & 2 & 1 & -1 \\
0 & 0 & 3 & 0 & 0 & 0 & 0 & 0 & 0 & 0
\end{array}
$$

(2) 上の計算 (4.5), (4.6) からわかるように，(m,n) 型行列 $A = (\boldsymbol{a}_1, \ldots, \boldsymbol{a}_n)$
$= {}^t(\boldsymbol{a}_{(1)}, \ldots, \boldsymbol{a}_{(m)})$ $(m, n$ は自然数$)$ に対して，次が成り立つ．

$$\boldsymbol{e}_{(i)} A = \boldsymbol{a}_{(i)}, \quad A \boldsymbol{e}_j = \boldsymbol{a}_j \quad (1 \leqq i \leqq n, 1 \leqq j \leqq m) \tag{4.8}$$

すなわち，左から $\boldsymbol{e}_{(i)}$ を掛けることは，第 i 行を取り出すことを意味し，右から $\boldsymbol{e}_j$ を掛けることは，第 j 列を取り出すことを意味する．

命題 4.9 (転置と積). A を (l, m) 型行列，B を (m, n) 型行列とする．このとき次が成り立つ．
$$ {}^t(AB) = {}^tB \, {}^tA \tag{4.9}$$

証明．
- まず，直観的な説明を述べる．

$$\begin{array}{c|c} & B \\ \hline A & AB \end{array} \longrightarrow \begin{array}{c|c} & {}^tA \\ \hline {}^tB & {}^t(AB) \end{array}$$

  左の積の図において，点線部分 (AB の対角成分を結ぶ直線) で折り返すと，右の積の図が得られる．この右の図より ${}^tB \, {}^tA = {}^t(AB)$．
- 次に，正確な証明を述べる．上の直観的な説明を正確に記述すればよい．
- (4.9) は両辺ともに (n, l) 型行列である．
- $1 \leqq i \leqq n, 1 \leqq j \leqq l$ とする．このとき左辺の (i,j) 成分が右辺の (i,j) 成分に等しいことを示せばよい．
- $A = \left[a_{ij} \right]_{i,j}^{(l,m)}$, $B = \left[b_{ij} \right]_{i,j}^{(m,n)}$ とおくと，式 (4.9) において，

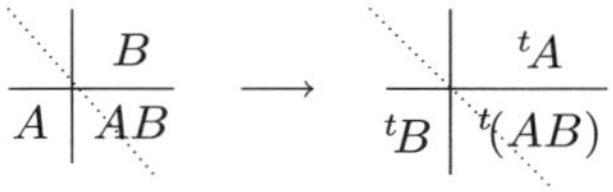

$$\text{左辺の } (i,j) \text{ 成分} = AB \text{ の } (j,i) \text{ 成分} = \boldsymbol{a}_{(j)} \boldsymbol{b}_i,$$

$$\text{右辺の } (i,j) \text{ 成分} = ({}^tB \text{ の } i \text{ 行})({}^tA \text{ の } j \text{ 列}) = {}^t\boldsymbol{b}_i \, {}^t\boldsymbol{a}_{(j)}.$$

- $\boldsymbol{a}_{(j)} = (a_{j1}, \ldots, a_{jm})$, $\boldsymbol{b}_i = {}^t(b_{1i}, \ldots, b_{mi})$ であるから，${}^t\boldsymbol{b}_i = (b_{1i}, \ldots, b_{mi})$, ${}^t\boldsymbol{a}_{(j)} = {}^t(a_{j1}, \ldots, a_{jm})$．これより，

$$\boldsymbol{a}_{(j)} \boldsymbol{b}_i = a_{j1} b_{1i} + \cdots + a_{jm} b_{mi},$$

$$ {}^t\boldsymbol{b}_i \, {}^t\boldsymbol{a}_{(j)} = b_{1i} a_{j1} + \cdots + b_{mi} a_{jm}.$$

- 実数の交換法則からこの 2 つの値は等しい． □

定理 4.10. 次が成り立つ (l, m, n は自然数).
(1) $A(B+C) = AB + AC$ $(A \in \mathrm{Mat}_{l,m}, B, C \in \mathrm{Mat}_{m,n})$
(2) $(A+B)C = AC + BC$ $(A, B \in \mathrm{Mat}_{l,m}, C \in \mathrm{Mat}_{m,n})$

(3) $cA = (cE_m)A = A(cE_n) \quad (c \in \mathbb{R},\ A \in \mathrm{Mat}_{m,n})$

(4) $c(AB) = (cA)B = A(cB) \quad (c \in \mathbb{R},\ A \in \mathrm{Mat}_{l,m},\ B \in \mathrm{Mat}_{m,n})$

証明.

(1) $B = (\boldsymbol{b}_1, \ldots, \boldsymbol{b}_n)$, $C = (\boldsymbol{c}_1, \ldots, \boldsymbol{c}_n)$ と列ベクトル表示しておくと，

$$\begin{aligned}
\text{左辺} &= A(\boldsymbol{b}_1 + \boldsymbol{c}_1, \ldots, \boldsymbol{b}_n + \boldsymbol{c}_n) \quad (\because \text{ 和の定義}) \\
&= (A(\boldsymbol{b}_1 + \boldsymbol{c}_1), \ldots, A(\boldsymbol{b}_n + \boldsymbol{c}_n)) \quad (\because \text{ 積の定義 (4.1)}) \\
&= (A\boldsymbol{b}_1 + A\boldsymbol{c}_1, \ldots, A\boldsymbol{b}_n + A\boldsymbol{c}_n) \quad (\because\ \ell_A \text{ の加法性}) \\
&= (A\boldsymbol{b}_1, \ldots, A\boldsymbol{b}_n) + (A\boldsymbol{c}_1, \ldots, A\boldsymbol{c}_n) \quad (\because \text{ 和の定義}) \\
&= \text{右辺} \quad (\because \text{ 積の定義 (4.1)}).
\end{aligned}$$

(2) 命題 4.9 を用いて，(1) に帰着させる．

$$\begin{aligned}
{}^t((A+B)C) &= {}^tC\,{}^t(A+B) \quad (\because \text{ 命題 4.9}) \\
&= {}^tC\,{}^tA + {}^tC\,{}^tB \quad (\because \text{ (1)}) \\
&= {}^t(AC) + {}^t(BC) \quad (\because \text{ 命題 4.9}) \\
&= {}^t(AC + BC) \quad (\because \text{ 命題 2.14(2)})
\end{aligned}$$

したがって，命題 2.14(1) より，$(A+B)C = AC + BC$.

(3) $A(cE_n) = A(c\boldsymbol{e}_1, \ldots, c\boldsymbol{e}_n) = cA$, $(cE_m)A = {}^t(c\boldsymbol{e}_{(1)}, \ldots, c\boldsymbol{e}_{(m)})A = cA$.

(4) (3) と行列の積の結合法則より，

$$\begin{aligned}
c(AB) &= (cE_l)(AB) = ((cE_l)A)B = (cA)B \\
&= (A(cE_m))B = A((cE_m)B) = A(cB).
\end{aligned}$$

□

4c 行列の演算のまとめ

これまでに得られた，行列の和，スカラー倍，積に関する法則をまとめて，数の演算の法則との類似点と相違点をはっきりさせる．

注意 4.11 (相違点).

- 型の違う行列には和が定義されていない．
- (l,p) 型行列 A と (m,n) 型行列 B について積 AB が定義されるのは $p = m$ のときで，$p \neq m$ のときは定義されない．
- (l,p) 型行列 A と (m,n) 型行列 B について，AB と BA がともに定義されたとしても (すなわち，$p = m$, $n = l$ としても)，これらが等しいとは限らない．すなわち，積の交換法則は成り立たない．例えば，

$$A = \begin{bmatrix} 0 & 1 \\ 0 & 0 \end{bmatrix}, \quad B = \begin{bmatrix} 1 & 0 \\ 0 & 0 \end{bmatrix}$$

のとき，$AB = O$ であるが，$BA = \begin{bmatrix} 0 & 1 \\ 0 & 0 \end{bmatrix} \neq O$ となるので，$AB \neq BA$.

- 上の例のように $A \neq O, B \neq O$ であっても $AB = O$ となることがある．上の A はさらに $A \neq O$ なのに $A^2 = O$ となる例にもなっている．

注意 4.12 (類似点). 次の法則が成り立つ．

和 $(A+B)+C = A+(B+C), \quad A+B = B+A, \quad A+O = A, \quad A-A = O.$

積 $(AB)C = A(BC), \quad AE = A = EA, \quad AO = O = OA.$

スカラー倍 $1A = A, \quad (cd)A = c(dA), \quad 0A = O, \quad c(AB) = (cA)B = A(cB).$

分配法則 $c(A+B) = cA + cB, \quad (c+d)A = cA + dA,$

$A(B+C) = AB + AC, \quad (A+B)C = AC + BC.$

$(A, B, C \in \mathrm{Mat},\ c, d \in \mathbb{R}$, 両辺の演算が定義される場合)

4d　行列の分割

定義 4.13.

- 行列の行と列を次のように分けることによって，行列を小さな行列に分割して，行列を成分とする行列とみることができる．

$$A = \left[\begin{array}{cc|c|c} 1 & 2 & 3 & 4 \\ \hline 5 & 6 & 7 & 8 \\ 9 & 10 & 11 & 12 \\ \hline 13 & 14 & 15 & 16 \end{array}\right] = \begin{bmatrix} A_{11} & A_{12} & A_{13} \\ A_{21} & A_{22} & A_{23} \\ A_{31} & A_{32} & A_{33} \end{bmatrix}$$

- このように分割表示された行列を**分割行列**といい，成分の行列を**ブロック**という．
- 上の例の場合，行は $1+2+1$ に，列は $2+1+1$ に分割されている．これをそれぞれ，A の**行の分割型**，**列の分割型**とよぶ．
- 上の場合，A の**分割型**は，$(1+2+1, 2+1+1)$ であるという．

2 つの分割行列 A, B の各ブロックを数と思って積を計算するとき，計算に現れるどのブロックの積も定義できるならば，そのように計算してよい．式 (4.1) と式 (4.4) もその例である．詳しくいうと次が成り立つ．

定理 4.14. $A = \Big[A_{ij}\Big]_{i,j}^{(r,s)}$, $B = \Big[B_{ij}\Big]_{i,j}^{(s,t)}$ を分割行列とする.

- A の列の分割型と B の行の分割型が等しければ，次が成り立つ ((4.3) と比較).

$$AB = \Big[A_{i1}B_{1j} + \cdots + A_{il}B_{lj}\Big]_{i,j}^{(r,t)} \tag{4.10}$$

- A, B の分割型がそれぞれ

$$(l_1 + \cdots + l_r, m_1 + \cdots + m_s), \qquad (m_1 + \cdots + m_s, n_1 + \cdots + n_t)$$

ならば，式 (4.10) の右辺によって AB も分割行列となり，その分割型は $(l_1 + \cdots + l_r, n_1 + \cdots + n_t)$ となる.

証明.

- l, m, n を自然数として，A, B の分割型がそれぞれ
  (a) $(l_1 + \cdots + l_r, m), (m, n_1 + \cdots + n_t)$ の場合は，式 (4.2) からただちに従い，
  (b) $(l, m_1 + \cdots + m_s), (m_1 + \cdots + m_s, n)$ の場合も，容易にわかる.
- 一般の場合はこの 2 つを組み合わせて，まず $m = m_1 + \cdots + m_s$ として (a) を用い (これで AB の分割型も決まる)，次に，$l = l_i$, $n = n_j$ ($i = 1, \ldots, r$, $j = 1, \ldots, t$) として (b) を用いればよい. □

例 4.15. A, A' を m 次行列，B, B' を n 次行列，C, C' を (m, n) 型行列とすると，$(m+n)$ 次行列 $\begin{bmatrix} A & C \\ O & B \end{bmatrix}$, $\begin{bmatrix} A' & C' \\ O & B' \end{bmatrix}$ はともに $(m+n, m+n)$ を分割型とする分割行列で，

$$\begin{bmatrix} A & C \\ O & B \end{bmatrix} \begin{bmatrix} A' & C' \\ O & B' \end{bmatrix} = \begin{bmatrix} AA' & AC' + CB' \\ O & BB' \end{bmatrix}.$$

4e 応用：回転移動の合成 (三角関数の加法定理)

- 角度 α の回転と角度 β の回転の合成は，角度 $\alpha + \beta$ の回転であるから，

$$r_{\alpha+\beta} = r_\alpha r_\beta.$$

両辺の行列をとると，右辺で，合成の行列は行列の積[11)]だから，

$$A_{\alpha+\beta} = A_\alpha A_\beta$$

となる.

11) $r_\alpha r_\beta = \ell_{A_\alpha} \ell_{A_\beta} = \ell_{A_\alpha A_\beta}$ の行列は $A_\alpha A_\beta$.

この式の具体的な形を書くと，次が得られる．

定理 4.16.

$$\begin{bmatrix}\cos(\alpha+\beta) & -\sin(\alpha+\beta)\\ \sin(\alpha+\beta) & \cos(\alpha+\beta)\end{bmatrix} = \begin{bmatrix}\cos\alpha & -\sin\alpha\\ \sin\alpha & \cos\alpha\end{bmatrix}\begin{bmatrix}\cos\beta & -\sin\beta\\ \sin\beta & \cos\beta\end{bmatrix}$$

系 4.17 (cos と sin **の加法定理**)**.**

$$\cos(\alpha+\beta) = \cos\alpha\cos\beta - \sin\alpha\sin\beta$$
$$\sin(\alpha+\beta) = \sin\alpha\cos\beta + \cos\alpha\sin\beta$$

証明. (1,1) 成分の相等から cos の加法定理が得られ，(2,1) 成分の相等から sin の加法定理が得られる． □

練 習 問 題

問 4.1. 次を計算せよ．行列の積の計算では，最初に積の行列の型を調べよ．

(1) $\begin{bmatrix}2 & -1\\ 1 & 0\\ 1 & 3\end{bmatrix}\begin{bmatrix}a & c & e\\ b & d & f\end{bmatrix}$　(2) $(2,3,4)\begin{bmatrix}a\\ b\\ c\end{bmatrix}$　(3) $\begin{bmatrix}2\\ 3\\ 4\end{bmatrix}(a,b,c)$

(4) $\begin{bmatrix}-1 & 2 & 3\\ 5 & 4 & 3\\ 2 & 1 & 1\end{bmatrix}\begin{bmatrix}0\\ 1\\ 0\end{bmatrix}$　(5) $\begin{bmatrix}-1 & 2 & 3\\ 5 & 4 & 3\\ 2 & 1 & 1\end{bmatrix}\begin{bmatrix}0 & 0\\ 0 & 0\\ 0 & 1\end{bmatrix}$　(6) $\begin{bmatrix}0 & 0 & 0\\ 1 & 0 & 0\end{bmatrix}\begin{bmatrix}-1 & 2 & 3\\ 5 & 4 & 3\\ 2 & 1 & 1\end{bmatrix}$

(7) $\begin{bmatrix}-1 & 2 & 3 & 4\\ 5 & 4 & 3 & 2\\ 2 & 0 & 1 & -3\end{bmatrix}\begin{bmatrix}x_1\\ x_2\\ x_3\\ x_4\end{bmatrix}$　(8) $\left((x,y)\begin{bmatrix}a & b\\ b & c\end{bmatrix}\right)\begin{bmatrix}x\\ y\end{bmatrix}$　(8′) $(x,y)\left(\begin{bmatrix}a & b\\ b & c\end{bmatrix}\begin{bmatrix}x\\ y\end{bmatrix}\right)$

(9) $2\begin{bmatrix}a & b & c\\ d & e & f\end{bmatrix}$　(9′) $\begin{bmatrix}2 & 0\\ 0 & 2\end{bmatrix}\begin{bmatrix}a & b & c\\ d & e & f\end{bmatrix}$　(9″) $\begin{bmatrix}a & b & c\\ d & e & f\end{bmatrix}\begin{bmatrix}2 & 0 & 0\\ 0 & 2 & 0\\ 0 & 0 & 2\end{bmatrix}$

問 4.2. $A = \begin{bmatrix}2 & -3 & 1\\ 5 & -1 & 3\end{bmatrix}$, $B = \begin{bmatrix}1 & 0\\ 0 & -1\\ 1 & 1\end{bmatrix}$ とするとき，次を計算せよ．

(1) AB　(2) ${}^tB$　(3) ${}^tB\,{}^tA$　(4) ${}^t(AB)$

問 4.3. $A = \begin{bmatrix}2 & -3 & 1\\ 5 & -1 & 3\end{bmatrix}$, $\boldsymbol{a} = \begin{bmatrix}a\\ b\\ c\end{bmatrix}$, $\boldsymbol{b} = \begin{bmatrix}d\\ e\\ f\end{bmatrix}$ とするとき，次を計算せよ．

(1) $A(3\boldsymbol{a})$　(2) $3A\boldsymbol{a}$　(3) $A(\boldsymbol{a}+\boldsymbol{b})$　(4) $A\boldsymbol{a}+A\boldsymbol{b}$

問 4.4. $A = \begin{bmatrix}0 & 1\\ 0 & 0\end{bmatrix}$, $B = \begin{bmatrix}0 & 0\\ 1 & 0\end{bmatrix}$ のとき，AB と BA を計算し，$AB \neq BA$ となることを確かめよ．

問 4.5. 次の分割行列の分割型を与え，積 AB を公式 (4.10) を用いて計算し，その分割型も与えよ．

$$A = \left[\begin{array}{cc|cc} 1 & 0 & 0 & 1 \\ 2 & 3 & 1 & 0 \\ \hline 0 & 0 & 1 & 1 \\ 0 & 0 & 1 & 1 \end{array}\right], \quad B = \left[\begin{array}{cc|cc|c} 1 & 2 & 1 & 0 & 1 \\ 3 & 1 & 0 & 1 & 2 \\ \hline 0 & 0 & 1 & 1 & 1 \\ 0 & 0 & 0 & 1 & 0 \end{array}\right]$$

問 4.6. 次の分割行列の積を求めよ．(太文字は列ベクトルを表す．)

(1) $(\boldsymbol{a}_1, \boldsymbol{a}_2, \boldsymbol{a}_3, \boldsymbol{a}_4)\begin{bmatrix} 1 \\ -1 \\ 2 \\ 3 \end{bmatrix}$ (2) $(\boldsymbol{a}_1, \boldsymbol{a}_2, \boldsymbol{a}_3, \boldsymbol{a}_4)\begin{bmatrix} 0 & 1 & 1 & 2 \\ 1 & 0 & -2 & 1 \\ 1 & 1 & 0 & 1 \\ 0 & 2 & -1 & 0 \end{bmatrix}$

(3) $\begin{bmatrix} E_3 & A \\ O_{2,3} & B \end{bmatrix}\begin{bmatrix} 2E_3 & 3E_3 & O_{3,2} \\ O_{2,3} & O_{2,3} & O_{2,2} \end{bmatrix}$ (A は (3,2) 型，B は (2,2) 型)

2
行 列 式

5. 2 次行列の行列式

解説 5.1 (導入：比例の場合).

- a を実数とし，a 倍で与えられる比例を $f\colon \mathbb{R} \to \mathbb{R}$ とする．また，L を数直線 $\mathbb{R}$ 上の線分とし，p, q $(p < q)$ をその端点とする．
- このとき L の f による移り先 $f(L)$ は，$f(p), f(q)$ を端点とする線分になり，

$$|f(q) - f(p)| = |f(q - p)| = |a| \cdot |q - p|.$$

- したがって，f は，L の長さを $|a|$ 倍に拡大する．
- また a の符号は，f が数直線を原点を中心として "裏返す" かどうかを表している (正ならば裏返さない，負ならば裏返す)．
- このことから，a は，f の**符号つき拡大率**とみなすことができる．
- この章では，このことを正方行列 A で与えられる線形写像に一般化し，その符号つき拡大率を調べる．これは以下で A の**行列式**とよばれ

$$\det(A)$$

で表される[1]．
- 上のことから $(1, 1)$ 型行列 $\begin{bmatrix} a \end{bmatrix}$ に対しては，$\det\begin{bmatrix} a \end{bmatrix} = a$ となる．

まず，2 次行列の場合を調べ，それを一般化する．

---

1) determinant (行列式) の最初の 3 文字．

5a　2 次行列の行列式

解説 5.2 (平行四辺形).

- $A = \begin{bmatrix} a_1 & b_1 \\ a_2 & b_2 \end{bmatrix}$ を 2 次行列とし，これで定まる線形写像 $f\colon \mathbb{R}^2 \to \mathbb{R}^2$, $f(\boldsymbol{x}) := A\boldsymbol{x}$ を考える．
- f は，平面 $\mathbb{R}^2$ に描かれた図形 D を平面 $\mathbb{R}^2$ の図形 $f(D)$ に移すが，このとき $f(D)$ の面積は D の面積の何倍になるのかを調べる．これを D に対する f の**拡大率**とよぶ．
- 比例のときと同様に，f が平面を "裏返す" とき (-1) 倍することにより，符号つき拡大率を考える．
- まず，D が最も基本的な図形である場合を考える．すなわち，D が 4 点 $\begin{bmatrix} 0 \\ 0 \end{bmatrix}, \begin{bmatrix} 1 \\ 0 \end{bmatrix}, \begin{bmatrix} 0 \\ 1 \end{bmatrix}, \begin{bmatrix} 1 \\ 1 \end{bmatrix}$ を頂点とする単位面積の正方形である場合を考える．
- 一般の場合は，この場合に帰着される (解説 8.19 参照[2])．比例でも，一般の場合が $p = 0$, $q = 1$ に帰着されることと類似している．
- この正方形 D は，2 本の基本ベクトル $\boldsymbol{e}_1 := \begin{bmatrix} 1 \\ 0 \end{bmatrix}$ と $\boldsymbol{e}_2 := \begin{bmatrix} 0 \\ 1 \end{bmatrix}$ で**決まる**平行四辺形である (残り 2 点が，$\boldsymbol{e}_1 + \boldsymbol{e}_2 = \begin{bmatrix} 1 \\ 1 \end{bmatrix}$ を座標とする点と原点ということ)．
- 移り先 $f(D)$ は，2 本のベクトル $\begin{bmatrix} a_1 \\ a_2 \end{bmatrix} = f\left(\begin{bmatrix} 1 \\ 0 \end{bmatrix}\right)$, $\begin{bmatrix} b_1 \\ b_2 \end{bmatrix} = f\left(\begin{bmatrix} 0 \\ 1 \end{bmatrix}\right)$ で決まる平行四辺形になる (残り 2 点は，$\begin{bmatrix} a_1 + b_1 \\ a_2 + b_2 \end{bmatrix}$ を座標とする点と原点)．
- D の面積は 1 であるから，この平行四辺形の面積が，求めようとしている D に対する f の拡大率になる．
- 正方形 D が "裏返し" に移されたとき，(-1) 倍することにより，符号つき面積を考える．
- 原点を中心として，ベクトル $\begin{bmatrix} 1 \\ 0 \end{bmatrix}$ からベクトル $\begin{bmatrix} 0 \\ 1 \end{bmatrix}$ に (小さいほうの角を通って) 回転すると左回りになるから，裏返しにされたということは，ベクトル $\begin{bmatrix} a_1 \\ a_2 \end{bmatrix}$ からベクトル $\begin{bmatrix} b_1 \\ b_2 \end{bmatrix}$ に回転するとき，逆の右回りになるという

---

2)　より一般の場合については，多重積分の変数変換公式に登場するヤコビアンを参照．

ことでわかる.

以上の考察をもとに，次のように行列式を定義する.

定義 5.3 (2次行列の行列式).

- $A = \begin{bmatrix} a_1 & b_1 \\ a_2 & b_2 \end{bmatrix}$ を2次行列とし，A の第1列，第2列を $\boldsymbol{a} = \begin{bmatrix} a_1 \\ a_2 \end{bmatrix}$, $\boldsymbol{b} = \begin{bmatrix} b_1 \\ b_2 \end{bmatrix}$ とおく．$\boldsymbol{a}, \boldsymbol{b}$ は，2次元数ベクトル空間 $\mathbb{R}^2$ の2つのベクトルである.
- $\mathbb{R}^2$ を平面とみなすとき，4つのベクトル $\mathbf{0}, \boldsymbol{a}, \boldsymbol{b}, \boldsymbol{a}+\boldsymbol{b}$ を座標とする4点をそれぞれ O, P, Q, R とおき，平行四辺形 OPRQ の面積を $S(A)$ とおく.

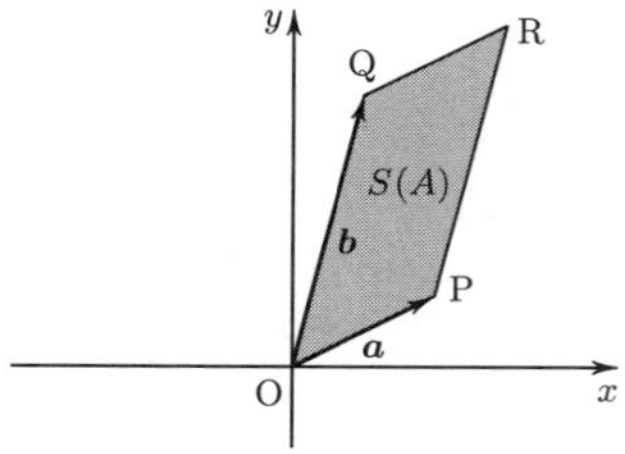

- $S(A) \neq 0$ のとき，$S(A)$ に次のようにして符号 $\epsilon(A)$ をつける．O を中心としてベクトル $\overrightarrow{\mathrm{OP}}$ から $\overrightarrow{\mathrm{OQ}}$ に (小さいほうの角度を通って) 回転するとき,

$$\epsilon(A) := \begin{cases} +1 & (\text{回転が左回り}) \\ -1 & (\text{回転が右回り}). \end{cases}$$

($S(A) = 0$ のときは，便宜上 $\epsilon(A) = 0$ としておく．)

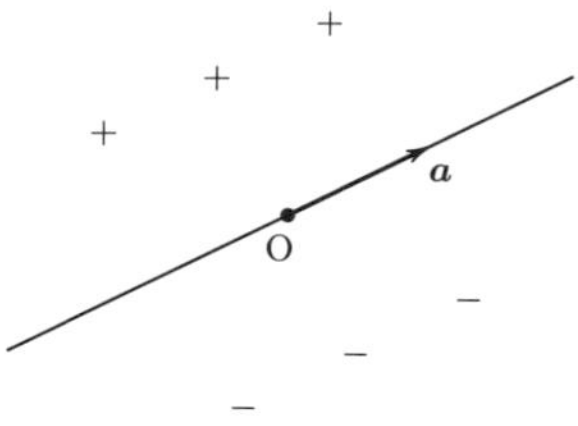

$\boldsymbol{b}$ の位置による符号 $\epsilon(\boldsymbol{a}, \boldsymbol{b})$ の分布

- $\epsilon(A)$ は，$\sin(\angle\mathrm{POQ})$ の符号と同じであることに注意する.
- 以上のようにして $S(A)$ に符号をつけたものを A $(= (\boldsymbol{a}, \boldsymbol{b}))$ の**行列式**とよび，$\det(A)$ や $\det(\boldsymbol{a}, \boldsymbol{b})$ で表す：

$$\det(A) := \epsilon(A)S(A).$$

- これを用いると，平行四辺形 OPRQ の面積 $S(A)$ は，

$$S(A) = |\det(A)|$$

で与えられる．

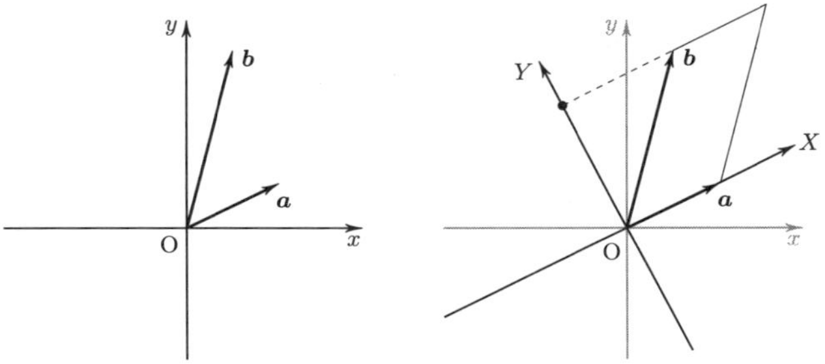

図 5.1 座標の回転

注意 5.4. 座標を回転させてみやすくする．

- 原点を中心とする座標の回転によって，平行四辺形の面積 $S(A)$ も，符号 $\epsilon(A)$ も変わらないから，$\det(\boldsymbol{a}, \boldsymbol{b})$ は不変である．
- そこで，xy 座標を回転させて，XY 座標をつくり，X 軸の正の向きをベクトル $\boldsymbol{a}$ に重ねる．
- すると，($\boldsymbol{a}$ の X 座標) $=$ (底辺の長さ), ($\boldsymbol{b}$ の Y 座標) $= \pm$(高さ) であるから，

$$\det(\boldsymbol{a}, \boldsymbol{b}) = (\boldsymbol{a} \text{ の } X \text{ 座標})(\boldsymbol{b} \text{ の } Y \text{ 座標}). \tag{5.1}$$

- この式は符号も込めて成立していることに注意する．この重ね方では，($\boldsymbol{a}$ の X 座標) はつねに 0 以上で，$\det(\boldsymbol{a}, \boldsymbol{b})$ と ($\boldsymbol{b}$ の Y 座標) の符号は等しい．
- 式 (5.1) は，Y 軸の正の向きを $\boldsymbol{b}$ に重ねる回転においても成立していることに注意．

解説 5.5 (今後の方針).

- 当面の目標は，$\det(A)$ を A の成分 a_1, a_2, b_1, b_2 を用いて表すことである．
- いろいろな求め方があるが，ここでは，そのまま一般の n 次行列にも適用できるような方法とる．
- それはまず，$\det(A)$ のもつ性質を調べ，それを用いて，$\det(A)$ の計算を単純な A の場合に帰着させる，という方法である．

5b 性　質

定義 5.6 (関数 $\det(\text{-},\boldsymbol{b})$ と $\det(\boldsymbol{a},\text{-})$). 行列式 $\det(\boldsymbol{a},\boldsymbol{b})$ を用いて，次の 2 つの関数が定義できる．

- 各 $\boldsymbol{b}\in\mathbb{R}^2$ に対して，関数 $\det(\text{-},\boldsymbol{b})\colon \mathbb{R}^2\to\mathbb{R}$ を次で定義する．

$$\det(\text{-},\boldsymbol{b})(\boldsymbol{x}) := \det(\boldsymbol{x},\boldsymbol{b}) \quad (\boldsymbol{x}\in\mathbb{R}^2)$$

- 各 $\boldsymbol{a}\in\mathbb{R}^2$ に対して，関数 $\det(\boldsymbol{a},\text{-})\colon \mathbb{R}^2\to\mathbb{R}$ を次で定義する．

$$\det(\boldsymbol{a},\text{-})(\boldsymbol{x}) := \det(\boldsymbol{a},\boldsymbol{x}) \quad (\boldsymbol{x}\in\mathbb{R}^2)$$

定理 5.7 (行列式の性質). 次が成り立つ[3]．

(C1) $\det(\boldsymbol{e}_1,\boldsymbol{e}_2)=1$.

(C2) $\det(\boldsymbol{a},\boldsymbol{a})=0 \quad (\boldsymbol{a}\in\mathbb{R}^2)$.

(C3) $\det(\text{-},\boldsymbol{b})$ も $\det(\boldsymbol{a},\text{-})$ も線形である $(\boldsymbol{a},\boldsymbol{b}\in\mathbb{R}^2)$．すなわち

$$\text{(C3-1)}\ \begin{cases}\text{(i)}\ \det(c\boldsymbol{a},\boldsymbol{b})=c\det(\boldsymbol{a},\boldsymbol{b})\ (c\in\mathbb{R},\ \boldsymbol{a}\in\mathbb{R}^2).\\ \text{(ii)}\ \det(\boldsymbol{a}+\boldsymbol{a}',\boldsymbol{b})=\det(\boldsymbol{a},\boldsymbol{b})+\det(\boldsymbol{a}',\boldsymbol{b})\ (\boldsymbol{a},\boldsymbol{a}'\in\mathbb{R}^2).\end{cases}$$

$$\text{(C3-2)}\ \begin{cases}\text{(i)}\ \det(\boldsymbol{a},c\boldsymbol{b})=c\det(\boldsymbol{a},\boldsymbol{b})\ (c\in\mathbb{R},\ \boldsymbol{b}\in\mathbb{R}^2).\\ \text{(ii)}\ \det(\boldsymbol{a},\boldsymbol{b}+\boldsymbol{b}')=\det(\boldsymbol{a},\boldsymbol{b})+\det(\boldsymbol{a},\boldsymbol{b}')\ (\boldsymbol{b},\boldsymbol{b}'\in\mathbb{R}^2).\end{cases}$$

証明.

- (C1) 左辺は単位正方形の面積であるから，これは 1 に等しい．
- (C2) 平行四辺形がつぶれて面積が 0 になるから明らかである．
- (C3-2) (i) 注意 5.4 のように xy 座標を回転して XY 座標を作り，X 軸の正の向きをベクトル $\boldsymbol{a}$ に重ねる (図 5.1 参照)．このとき，$P :=$ ($\boldsymbol{a}$ の X 座標), $Q :=$ ($\boldsymbol{b}$ の Y 座標) とおくと，($c\boldsymbol{b}$ の Y 座標) $= cQ$ であるから，式 (5.1) より，

$$\begin{aligned}\det(\boldsymbol{a},c\boldsymbol{b}) &= (\boldsymbol{a}\text{ の }X\text{ 座標})(c\boldsymbol{b}\text{ の }Y\text{ 座標})\\ &= P(cQ)=c(PQ)=c\det(\boldsymbol{a},\boldsymbol{b}).\end{aligned}$$

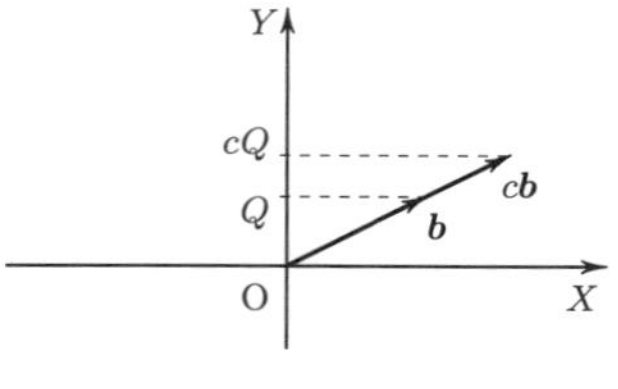

---

3) C は column (列) の頭文字.

- (C3-2) (ii) 上と同様に X 軸を $\boldsymbol{a}$ に重ねる．$Q' :=$ ($\boldsymbol{b}'$ の Y 座標) とおくと，($\boldsymbol{b}+\boldsymbol{b}'$ の Y 座標) $= Q+Q'$ であるから，式 (5.1) より，

$$\begin{aligned}\det(\boldsymbol{a}, \boldsymbol{b}+\boldsymbol{b}') &= (\boldsymbol{a} \text{ の } X \text{ 座標})(\boldsymbol{b}+\boldsymbol{b}' \text{ の } Y \text{ 座標}) \\ &= P(Q+Q') = PQ + PQ' = \det(\boldsymbol{a}, \boldsymbol{b}) + \det(\boldsymbol{a}, \boldsymbol{b}').\end{aligned}$$

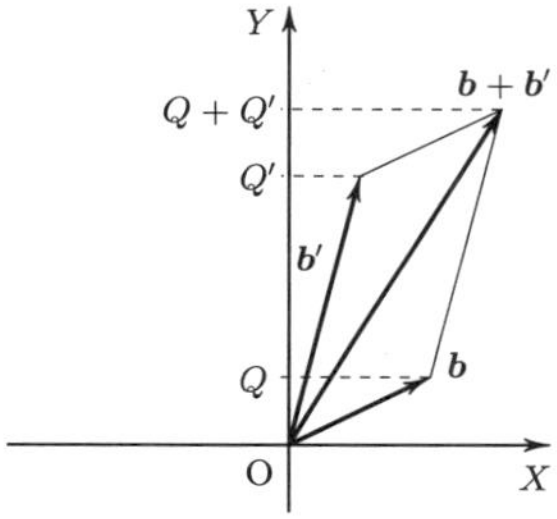

- (C3-1) xy 座標を回転して XY 座標を作り，Y 軸の正の向きをベクトル $\boldsymbol{b}$ に重ねることにより，上とまったく同様にして示すことができる． □

系 5.8 (行列式の性質 (続き))． 次が成り立つ．

(C4) $\det(\boldsymbol{b}, \boldsymbol{a}) = -\det(\boldsymbol{a}, \boldsymbol{b})$ $(\boldsymbol{a}, \boldsymbol{b} \in \mathbb{R}^2)$.

証明．

- $\boldsymbol{a}$ と $\boldsymbol{b}$ の位置を交換すると，右回りと左回りが交代するから，符号が替わる．このことから明らかである．
- (C2) と (C3) からも次のようにして導かれる．

$$\begin{aligned}0 = \det(\boldsymbol{a}+\boldsymbol{b}, \boldsymbol{a}+\boldsymbol{b}) &= \det(\boldsymbol{a}, \boldsymbol{a}) + \det(\boldsymbol{a}, \boldsymbol{b}) + \det(\boldsymbol{b}, \boldsymbol{a}) + \det(\boldsymbol{b}, \boldsymbol{b}) \\ &= \det(\boldsymbol{a}, \boldsymbol{b}) + \det(\boldsymbol{b}, \boldsymbol{a})\end{aligned}$$

□

5c 具体的な形

定理 5.9. $A = \begin{bmatrix} a_1 & b_1 \\ a_2 & b_2 \end{bmatrix}$ を 2 次行列とすると，次が成り立つ．

$$\det(A) = a_1 b_2 - a_2 b_1$$

証明． A の第 1 列，第 2 列を $\boldsymbol{a} = \begin{bmatrix} a_1 \\ a_2 \end{bmatrix}$, $\boldsymbol{b} = \begin{bmatrix} b_1 \\ b_2 \end{bmatrix}$ とおくと，

$$\begin{cases} \boldsymbol{a} = a_1 \boldsymbol{e}_1 + a_2 \boldsymbol{e}_2 \\ \boldsymbol{b} = b_1 \boldsymbol{e}_1 + b_2 \boldsymbol{e}_2. \end{cases}$$

これを代入すると，

$$
\begin{aligned}
\det(A) = \det(\boldsymbol{a}, \boldsymbol{b}) &= \det(a_1\boldsymbol{e}_1 + a_2\boldsymbol{e}_2, b_1\boldsymbol{e}_1 + b_2\boldsymbol{e}_2) \\
&\overset{\text{(C3)(i)}}{=} \det(a_1\boldsymbol{e}_1, b_1\boldsymbol{e}_1) + \det(a_1\boldsymbol{e}_1, b_2\boldsymbol{e}_2) \\
&\qquad + \det(a_2\boldsymbol{e}_2, b_1\boldsymbol{e}_1) + \det(a_2\boldsymbol{e}_2, b_2\boldsymbol{e}_2) \\
&\overset{\text{(C3)(ii)}}{=} a_1b_1\det(\boldsymbol{e}_1, \boldsymbol{e}_1) + a_1b_2\det(\boldsymbol{e}_1, \boldsymbol{e}_2) \\
&\qquad + a_2b_1\det(\boldsymbol{e}_2, \boldsymbol{e}_1) + a_2b_2\det(\boldsymbol{e}_2, \boldsymbol{e}_2) \\
&\overset{\text{(C2)}}{=} a_1b_2\det(\boldsymbol{e}_1, \boldsymbol{e}_2) + a_2b_1\det(\boldsymbol{e}_2, \boldsymbol{e}_1) \\
&\overset{\text{(C4)}}{=} a_1b_2\det(\boldsymbol{e}_1, \boldsymbol{e}_2) - a_2b_1\det(\boldsymbol{e}_1, \boldsymbol{e}_2) \\
&\overset{\text{(C1)}}{=} a_1b_2 - a_2b_1.
\end{aligned}
$$

□

例 5.10. $\boldsymbol{a} := \begin{bmatrix} 1 \\ 3 \end{bmatrix}$, $\boldsymbol{b} := \begin{bmatrix} 2 \\ 1 \end{bmatrix}$ で決まる平行四辺形の面積 S は次のように求まる．

$$\det\begin{bmatrix} 1 & 2 \\ 3 & 1 \end{bmatrix} = 1 \times 1 - 3 \times 2 = 1 - 6 = -5$$

より，

$$S = \left|\det\begin{bmatrix} 1 & 2 \\ 3 & 1 \end{bmatrix}\right| = |-5| = 5.$$

記号 5.11. 混乱のおそれがなければ，2 次行列 A に対して，$\det(A)$ を $|A|$ と書く．また，$\det\begin{bmatrix} a_1 & b_1 \\ a_2 & b_2 \end{bmatrix}$ を $\begin{vmatrix} a_1 & b_1 \\ a_2 & b_2 \end{vmatrix}$ と略記する．この記号を使うと，性質 (C1), (C2), (C3-1) は次のように書ける (変数はすべて実数とする).

(C1) $\begin{vmatrix} 1 & 0 \\ 0 & 1 \end{vmatrix} = 1$

(C2) $\begin{vmatrix} a_1 & a_1 \\ a_2 & a_2 \end{vmatrix} = 0$

(C3-1) $\begin{cases} \text{(i)} & \begin{vmatrix} ca_1 & b_1 \\ ca_2 & b_2 \end{vmatrix} = c\begin{vmatrix} a_1 & b_1 \\ a_2 & b_2 \end{vmatrix} \\ \text{(ii)} & \begin{vmatrix} a_1 + a_1' & b_1 \\ a_2 + a_2' & b_2 \end{vmatrix} = \begin{vmatrix} a_1 & b_1 \\ a_2 & b_2 \end{vmatrix} + \begin{vmatrix} a_1' & b_1 \\ a_2' & b_2 \end{vmatrix} \end{cases}$

注意 5.12 (平面ベクトルの“1 次独立性” を知っている読者へ).

- $\mathbb{R}^2$ の 2 つのベクトル $\boldsymbol{a} = \begin{bmatrix} a_1 \\ a_2 \end{bmatrix}$ と $\boldsymbol{b} = \begin{bmatrix} b_1 \\ b_2 \end{bmatrix}$ が 1 次独立であることは，これらが同一直線上にないことと同値であった.
- このことは，符号つき面積 $\det(\boldsymbol{a}, \boldsymbol{b})$ が 0 でないことと同値である[4].
- このように行列式を用いて 1 次独立性を判定することができる (系 14.25 参照).

解説 5.13.

- 以上のようにして，平行四辺形の符号つき面積という**意味**からその**性質** (C1), (C2), (C3) を抜き出し，性質からその具体的な**形**を導くことができた.
- したがって，3 つの性質 (C1), (C2), (C3) は，平行四辺形の符号つき面積 (対応する線形写像の拡大率) を完全に決定している，といえる.
- 3 次元以上についても，もしこれら 3 つの性質を自然に一般化した性質をみたすものがあれば，それは平行四辺形の符号つき面積を 3 次元以上に一般化したものであることが期待できる.

練 習 問 題

問 5.1. (1) 原点，$\begin{bmatrix} -1 \\ 3 \end{bmatrix}, \begin{bmatrix} 2 \\ 4 \end{bmatrix}, \begin{bmatrix} 1 \\ 7 \end{bmatrix} \left(= \begin{bmatrix} -1 \\ 3 \end{bmatrix} + \begin{bmatrix} 2 \\ 4 \end{bmatrix} \right)$ を 4 頂点とする平行四辺形の面積 S を行列式を用いて求めよ.

(2) 原点，$\begin{bmatrix} -1 \\ 3 \end{bmatrix}, \begin{bmatrix} 2 \\ 4 \end{bmatrix}$ の 3 点を頂点とする三角形の面積 S' を行列式を用いて求めよ.

(3) $\begin{bmatrix} 1 \\ 1 \end{bmatrix}, \begin{bmatrix} 5 \\ 2 \end{bmatrix}, \begin{bmatrix} 4 \\ -1 \end{bmatrix}$ を 3 頂点とする三角形の面積 T を行列式を用いて求めよ.

問 5.2. 記号 5.11 の略記法を使って，行列式の性質 (C3-2), (C4) を表せ.

問 5.3. 定理 5.9 の証明をまねて，$A = \begin{bmatrix} 2 & 3 \\ 4 & 5 \end{bmatrix}$ の行列式を計算せよ.

6. 一般の行列の行列式

6a 行列式の定義

解説 6.1.

- これまで 2 次行列 A に対して，その行列式として実数 $\det(A)$ を定義した. すなわち det 自身は関数

4) 同一直線上にあれば面積は 0 で，同一直線上になければ面積は 0 でない.

$$\det\colon \mathrm{Mat}_2 \to \mathbb{R}$$

とみることができる.

- n 次行列全体の集合を Mat_n とおく (n は自然数) と，どの正方行列も，どれか 1 つだけの Mat_n に入っている.
- したがって，どの正方行列 A にも $\det(A)$ の値を定義するということは，どの自然数 n に対しても，Mat_n から $\mathbb{R}$ への関数

$$\det\colon \mathrm{Mat}_n \to \mathbb{R}$$

を定義する，ということである.
- 平行四辺形の符号つき面積がもっている性質を，次のように一般化する.

(C1) $\det(E_n) = 1$ (E_n は n 次単位行列).

(C2) n 次行列 A の隣り合う列が等しければ，$\det(A) = 0$.

(C3) $A = (\boldsymbol{a}_1, \ldots, \boldsymbol{a}_n)$ を n 次行列とすると，どの $i = 1, \ldots, n$ に対しても，次で定義される関数 $\det_i^A\colon \mathbb{R}^n \to \mathbb{R}$ は線形である.

$$\det{}_i^A(\boldsymbol{x}) := \det(\boldsymbol{a}_1, \ldots, \boldsymbol{a}_{i-1}, \boldsymbol{x}, \boldsymbol{a}_{i+1}, \ldots, \boldsymbol{a}_n) \quad (\boldsymbol{x} \in \mathbb{R}^n)$$

このことを det は**各列に対して線形**であるという.

- これらの性質をもつように関数 det を定義したい.
- 次に，これらの性質だけから関数 det の具体的な形を導く．これによって，これらの性質をもつような関数は det ただ 1 つしかないことがわかる.

注意 6.2. $n = 3$ のとき，関数 $\det_1^A$ が線形であることを具体的に成分で表すと次のようになる.

(i) $$\det\begin{bmatrix} ca_{11} & a_{12} & a_{13} \\ ca_{21} & a_{22} & a_{23} \\ ca_{31} & a_{32} & a_{33} \end{bmatrix} = c\det\begin{bmatrix} a_{11} & a_{12} & a_{13} \\ a_{21} & a_{22} & a_{23} \\ a_{31} & a_{32} & a_{33} \end{bmatrix}$$

(ii) $$\det\begin{bmatrix} a_{11}+a'_{11} & a_{12} & a_{13} \\ a_{21}+a'_{21} & a_{22} & a_{23} \\ a_{31}+a'_{31} & a_{32} & a_{33} \end{bmatrix} = \det\begin{bmatrix} a_{11} & a_{12} & a_{13} \\ a_{21} & a_{22} & a_{23} \\ a_{31} & a_{32} & a_{33} \end{bmatrix} + \det\begin{bmatrix} a'_{11} & a_{12} & a_{13} \\ a'_{21} & a_{22} & a_{23} \\ a'_{31} & a_{32} & a_{33} \end{bmatrix}$$

- (i) は，第 1 列の共通因子が外に “くくり出せる” ということを意味している．同じことは他の列についてもいえる．これは，行列式の因数分解に用いることができる.
- (ii) は，“分配法則” が成り立つことを意味している.

解説 6.3 (2 次行列の行列式の観察).

- 解説 5.1 より，$(1,1)$ 型行列 $\begin{bmatrix} a \end{bmatrix}$ の行列式は $\det\begin{bmatrix} a \end{bmatrix} := a$ であるので，定理 5.9 で得られた公式は次のように変形できる．

$$\begin{aligned} \det\begin{bmatrix} a_{11} & a_{12} \\ a_{21} & a_{22} \end{bmatrix} &= a_{11}a_{22} - a_{12}a_{21} \\ &= a_{11}\det[a_{22}] - a_{12}\det[a_{21}] \\ &= a_{11}\det\begin{bmatrix} a_{11} & a_{12} \\ a_{21} & a_{22} \end{bmatrix} - a_{12}\det\begin{bmatrix} a_{11} & a_{12} \\ a_{21} & a_{22} \end{bmatrix} \qquad (6.1) \end{aligned}$$

(消し線 ═ はその部分を消すことを意味する．)

- この右辺を，左辺の **1 行展開**とよぶが，これは次のようにして得られる．
  - 行列の 1 行目に注目し，符号は順に $+,-$ とつける：$\begin{bmatrix} \overset{+}{a_{11}} & \overset{-}{a_{12}} \\ a_{21} & a_{22} \end{bmatrix}$.
  - a_{11} を含む行と列 (第 1 行と第 1 列) を取り除いた行列式を a_{11} に掛け，
  - a_{12} を含む行と列 (第 1 行と第 2 列) を取り除いた行列式を a_{12} に掛け，
  - それぞれに符号をつけてこれらの和をとる．

例 6.4. ここでは，関数 det の定義を任意の正方行列に一般化するためのアイデアを述べる．

- 上の 2 次行列の場合をまねて，3 次行列 $A = \begin{bmatrix} 2 & 3 & 4 \\ 1 & -1 & 2 \\ 2 & 2 & 1 \end{bmatrix}$ に対して，その行列式 $\det(A)$ を次のように 1 行展開として定義しよう．
- $\begin{bmatrix} \overset{+}{2} & \overset{-}{3} & \overset{+}{4} \\ 1 & -1 & 2 \\ 2 & 2 & 1 \end{bmatrix}$ とみて，

$$\begin{aligned} \det(A) &:= 2\det\begin{bmatrix} 2 & 3 & 4 \\ 1 & -1 & 2 \\ 2 & 2 & 1 \end{bmatrix} - 3\det\begin{bmatrix} 2 & 3 & 4 \\ 1 & -1 & 2 \\ 2 & 2 & 1 \end{bmatrix} + 4\det\begin{bmatrix} 2 & 3 & 4 \\ 1 & -1 & 2 \\ 2 & 2 & 1 \end{bmatrix} \\ &= 2\det\begin{bmatrix} -1 & 2 \\ 2 & 1 \end{bmatrix} - 3\det\begin{bmatrix} 1 & 2 \\ 2 & 1 \end{bmatrix} + 4\det\begin{bmatrix} 1 & -1 \\ 2 & 2 \end{bmatrix} \qquad (6.2) \end{aligned}$$

と定義する．

- 2 次行列の det の値は定義されている (定理 5.9) ので，

$$\begin{aligned} &= 2((-1)\times 1 - 2\times 2) - 3(1\times 1 - 2\times 2) + 4(1\times 2 - 2\times(-1)) \\ &= 2\times(-5) - 3\times(-3) + 4\times 4 = 15 \end{aligned}$$

として $\det(A)$ の数値を定めることができる．

- 同様に 4 次行列に対しては，1 行展開して 3 次行列の行列式のスカラー倍の和として det の値を定める．
- このようにすれば，何次の行列に対しても帰納的に det の値を定めることができ，こうして定義された関数が性質 (C1), (C2), (C3) をもっていることが期待できる．

このアイデアを実行にうつしやすいように，次の記号を導入する．

定義 6.5. $A = \left[a_{ij}\right]$ を n 次行列 (n は自然数) とし，$1 \leqq i, j \leqq n$ とする．A からその第 i 行と第 j 列を取り除いた行列を A_{ij} とおく．これは $(n-1)$ 次行列である．例えば，

$$A_{12} = \begin{bmatrix} \cancel{a_{11}} & \cancel{a_{12}} & \cancel{a_{13}} & \cancel{\cdots} & \cancel{a_{1n}} \\ a_{11} & \cancel{a_{12}} & a_{13} & \cdots & a_{1n} \\ \vdots & \cancel{\vdots} & \vdots & \ddots & \vdots \\ a_{11} & \cancel{a_{12}} & a_{13} & \cdots & a_{1n} \end{bmatrix} = \begin{bmatrix} a_{11} & a_{13} & \cdots & a_{1n} \\ \vdots & \vdots & \ddots & \vdots \\ a_{11} & a_{13} & \cdots & a_{1n} \end{bmatrix}.$$

注意 6.6. この記号を使うと，式 (6.2) は，規則的に

$$2(-1)^{1+1}\det(A_{11}) + 3(-1)^{1+2}\det(A_{12}) + 4(-1)^{1+3}\det(A_{13})$$

と書けることに注意．さらに $\Delta_{11}(A) := (-1)^{1+1}\det(A_{11})$ などとおくと，

$$2\Delta_{11}(A) + 3\Delta_{12}(A) + 4\Delta_{13}(A) \tag{6.3}$$

という形に整理できる．

定義 6.7 (行列式関数 det). 以上のアイデアのもとに，各自然数 n に対して，

$$\det\colon \mathrm{Mat}_n \to \mathbb{R}$$

を次のように定義する．

- n に関する数学的帰納法によって定義する．
- <u>$n = 1$ のとき</u>．解説 5.1 のように，$\det\colon \mathrm{Mat}_1 \to \mathbb{R}$ を

$$\det[x] := x \quad (x \in \mathbb{R})$$

  で定める．
- <u>$n \geqq 2$ のとき</u>．

  $(*)$ 関数 $\det\colon \mathrm{Mat}_{n-1} \to \mathbb{R}$ が定義されていると仮定する．
- このとき，式 (6.3) をまねて，$\det\colon \mathrm{Mat}_n \to \mathbb{R}$ を次で定義する．

$$\det(A) := a_{11}\Delta_{11}(A)+a_{12}\Delta_{12}(A)+\cdots+a_{1n}\Delta_{1n}(A) \quad (A \in \mathrm{Mat}_n) \quad (6.4)$$

ただし，

$$\Delta_{ij}(A) := (-1)^{i+j}\det(A_{ij}) \quad (i,j=1,\ldots,n) \qquad (6.5)$$

とする．

- $\det(A)$ を A の**行列式**とよび，式 (6.4) を $\det(A)$ の **1 行展開**とよぶ．また，$\Delta_{ij}(A)$ を A の $\boldsymbol{(i,j)}$ **余因子**とよぶ (問 6.1 参照).
- ここで，各 A_{ij} は Mat_{n-1} に入っているから，仮定 $(*)$ によって式 (6.4) の右辺の値は定まっていることに注意.
- さらに，(i,j) が $(1,1),(1,2),\ldots,(1,n)$ と動いていくと，符号 $(-1)^{i+j}$ は $+,-,+,-$ と交互に変わることにも注意.

問 6.1(2) の計算を一般化して次が得られる (問 6.1 参照).

命題 6.8. 次の公式が成り立つ.

(1) $$\det\left[\begin{array}{c|ccc} a_1 & 0 & \cdots & 0 \\ \hline a_2 & & & \\ \vdots & & B & \\ a_n & & & \end{array}\right] = a_1\det(B)$$

(2) $$\det\begin{bmatrix} a_{11} & 0 & 0 & \cdots & 0 \\ a_{21} & a_{22} & 0 & \cdots & 0 \\ \vdots & \vdots & \ddots & \ddots & \vdots \\ \vdots & \vdots & & \ddots & 0 \\ a_{n1} & a_{n2} & \cdots & \cdots & a_{nn} \end{bmatrix} = a_{11}a_{22}\cdots a_{nn}$$

証明. (1) この行列を A とおくと,

$$\text{左辺} = a_1\det(B) + 0\Delta_{12}(A) + 0\Delta_{13}(A) + \cdots + 0\Delta_{1n}(A) = \text{右辺}.$$

(2) 上の (1) を $(n-1)$ 回適用すればよい. □

6b　行列式の基本性質

定理 6.9. 関数 det は性質 (C1), (C2), (C3) をもっている.

証明. n に関する数学的帰納法で示す.

- <u>$n=1$ のとき</u>. $\det\colon \mathrm{Mat}_1 \to \mathbb{R}$ は $\det[x] := x\ (x \in \mathbb{R})$ と定義されている. 明らかにこれは (C1), (C3) をみたす. (C2) はこの場合，列が 1 つしかないので，自明に成り立つ.

- $n \geqq 2$ のとき.
  (*) $\det\colon \mathrm{Mat}_{n-1} \to \mathbb{R}$ が (C1), (C2), (C3) をみたすと仮定する.
- $n = 3$ の場合を例にとって証明する．一般の場合もまったく同様に証明できる．($n = 2$ の場合，式 (6.4) が (6.1) と一致するから主張の成立はすでにわかっている．)
- わかりやすくするために，考えている 3 次行列を次の形に書き，1 行目に注目して，符号を順に $+, -$ と**交互**につける：

$$\begin{bmatrix} \overset{+}{a_1} & \overset{-}{b_1} & \overset{+}{c_1} \\ a_2 & b_2 & c_2 \\ a_3 & b_3 & c_3 \end{bmatrix}.$$

これを見ながら書けば，式 (6.4) は書きやすい．

$$\det(A) = a_1 \det \begin{bmatrix} a_1 & b_1 & c_1 \\ a_2 & b_2 & c_2 \\ a_3 & b_3 & c_3 \end{bmatrix} - b_1 \det \begin{bmatrix} a_1 & b_1 & c_1 \\ a_2 & b_2 & c_2 \\ a_3 & b_3 & c_3 \end{bmatrix} + c_1 \det \begin{bmatrix} a_1 & b_1 & c_1 \\ a_2 & b_2 & c_2 \\ a_3 & b_3 & c_3 \end{bmatrix}$$

$$= a_1 \det \begin{bmatrix} b_2 & c_2 \\ b_3 & c_3 \end{bmatrix} - b_1 \det \begin{bmatrix} a_2 & c_2 \\ a_3 & c_3 \end{bmatrix} + c_1 \det \begin{bmatrix} a_2 & b_2 \\ a_3 & b_3 \end{bmatrix}$$

- (C1) $A = E_3$ のとき，$a_1 = b_2 = c_3 = 1$ でその他は 0 であるから，$\det E_3 = a_1 \det \begin{bmatrix} b_2 & c_2 \\ b_3 & c_3 \end{bmatrix} = \det E_2 = 1$. よって (C1) は成り立つ.
- (C2) A の第 1 列と第 2 列が等しいとき，$\det(A)$ は次の形となる.

$$a_1 \det \begin{bmatrix} a_2 & c_2 \\ a_3 & c_3 \end{bmatrix} - a_1 \det \begin{bmatrix} a_2 & c_2 \\ a_3 & c_3 \end{bmatrix} + c_1 \det \begin{bmatrix} a_2 & a_2 \\ a_3 & a_3 \end{bmatrix}$$

  第 1 項と第 2 項は打ち消し合い，第 3 項は $(n-1)$ 次における (C2) のおかげで 0 になる．したがって $\det(A) = 0$ となる．残りの場合も同様である (問 6.2 参照).
- (C3) 第 1 列が 1 つのベクトルの c 倍 ($c \in \mathbb{R}$) $\boldsymbol{a} = c\boldsymbol{x}$ ならば，その成分 $a_i = cx_i$ $(i = 1, 2, 3)$ を代入すると，$\det(A) = \det_1^A(c\boldsymbol{x})$ は次の形となる.

$$(cx_1) \det \begin{bmatrix} b_2 & c_2 \\ b_3 & c_3 \end{bmatrix} - b_1 \det \begin{bmatrix} cx_2 & c_2 \\ cx_3 & c_3 \end{bmatrix} + c_1 \det \begin{bmatrix} cx_2 & b_2 \\ cx_3 & b_3 \end{bmatrix}$$

  第 1 項は結合法則で，第 2 項と第 3 項は $(n-1)$ 次における (C3) でそれぞれ c 倍の形になるので，c でくくると，$\det_1^A(\boldsymbol{x})$ の c 倍になる．すなわち，

$\det_1^A(c\boldsymbol{x}) = c\det_1^A(\boldsymbol{x})$ $(\boldsymbol{x} \in \mathbb{R}^n)$ が成り立つ．($\det_1^A$ は (C3) で $D = \det$ としたものである．) 残りの場合も同様である (問 6.3 参照).

- 第 1 列が 2 つのベクトルの和 $\boldsymbol{a} = \boldsymbol{x} + \boldsymbol{x}'$ ならば，その成分 $a_i = x_i + x'_i$ $(i = 1, 2, 3)$ を代入すると，$\det(A) = \det_1^A(\boldsymbol{x} + \boldsymbol{x}')$ は次の形となる．

$$(x_1 + x'_1)\det\begin{bmatrix} b_2 & c_2 \\ b_3 & c_3 \end{bmatrix} - b_1\det\begin{bmatrix} x_2 + x'_2 & c_2 \\ x_3 + x'_3 & c_3 \end{bmatrix} + c_1\det\begin{bmatrix} x_2 + x'_2 & b_2 \\ x_3 + x'_3 & b_3 \end{bmatrix}$$

第 1 項は分配法則で，第 2 項と第 3 項は $(n-1)$ 次における (C3) で，それぞれ 2 つずつの和に書かれる．この式を整理すると，$\det_1^A(\boldsymbol{x} + \boldsymbol{x}') = \det_1^A(\boldsymbol{x}) + \det_1^A(\boldsymbol{x}')$ となる．残りの場合も同様である (問 6.4 参照). □

練習問題

問 6.1. 次を計算せよ．

(1) $\det\begin{bmatrix} 1 & 0 & 0 & 1 \\ 1 & 1 & 0 & 0 \\ 0 & 1 & 1 & 0 \\ 0 & 0 & -1 & 1 \end{bmatrix}$ (2) $\det\begin{bmatrix} 5 & 0 & 0 & 0 \\ a & 2 & 0 & 0 \\ b & d & 3 & 0 \\ c & e & f & 4 \end{bmatrix}$

問 6.2. 定理 6.9 の証明での (C2) の確認で，A の第 2 列と第 3 列が等しいとき，すなわち $b_i = c_i$ $(i = 1, 2, 3)$ のとき，

$$\det(A) = a_1\det\begin{bmatrix} b_2 & c_2 \\ b_3 & c_3 \end{bmatrix} - b_1\det\begin{bmatrix} a_2 & c_2 \\ a_3 & c_3 \end{bmatrix} + c_1\det\begin{bmatrix} a_2 & b_2 \\ a_3 & b_3 \end{bmatrix} \tag{6.6}$$

が 0 になることを，2 次行列における (C2) (定理 5.7 の (C2)) を用いて確かめよ．

問 6.3. 定理 6.9 の証明での (C3) の確認で，A の第 2 列が 1 つのベクトルの c 倍 $(c \in \mathbb{R})$ $\boldsymbol{b} = c\boldsymbol{x}$ であるとき，その成分 $b_i = cx_i$ $(i = 1, 2, 3)$ を式 (6.6) に代入して，$\det{}_2^A(c\boldsymbol{x}) = c\det{}_2^A(\boldsymbol{x})$ $(\boldsymbol{x} \in \mathbb{R}^3)$，すなわち

$$\det\begin{bmatrix} a_1 & cx_1 & c_1 \\ a_2 & cx_2 & c_2 \\ a_3 & cx_3 & c_3 \end{bmatrix} = c\det\begin{bmatrix} a_1 & x_1 & c_1 \\ a_2 & x_2 & c_2 \\ a_3 & x_3 & c_3 \end{bmatrix}$$

が成り立つことを確かめよ．

問 6.4. 定理 6.9 の証明における (C3) の確認で，A の第 2 列が 2 つのベクトルの和 $\boldsymbol{b} = \boldsymbol{x} + \boldsymbol{x}'$ であるとき，その成分 $b_i = x_i + x'_i$ $(i = 1, 2, 3)$ を式 (6.6) に代入して，$\det{}_2^A(\boldsymbol{x} + \boldsymbol{x}') = \det{}_2^A(\boldsymbol{x}) + \det{}_2^A(\boldsymbol{x}')$ $(\boldsymbol{x} \in \mathbb{R}^3)$，すなわち

$$\det\begin{bmatrix} a_1 & x_1 + x'_1 & c_1 \\ a_2 & x_2 + x'_2 & c_2 \\ a_3 & x_3 + x'_3 & c_3 \end{bmatrix} = \det\begin{bmatrix} a_1 & x_1 & c_1 \\ a_2 & x_2 & c_2 \\ a_3 & x_3 & c_3 \end{bmatrix} + \det\begin{bmatrix} a_1 & x'_1 & c_1 \\ a_2 & x'_2 & c_2 \\ a_3 & x'_3 & c_3 \end{bmatrix}$$

が成り立つことを確かめよ．

問* 6.5. 一般の $n \geqq 2$ の場合について，定理 6.9 の証明を与えよ．

7. 行列式の列変形

定理 7.1. 関数 det の性質 (C2), (C3) から次が成り立つ．A を n 次行列 (n は自然数)，$\boldsymbol{a}_i$ を A の第 i 列 $(i = 1, \ldots, n)$ とするとき，

(C2′) A の 2 つの列が等しければ (すなわち $\boldsymbol{a}_i = \boldsymbol{a}_j$ $(i \neq j)$ ならば)，$\det(A) = 0$.

(C4) A の隣り合う列を入れ替えた行列 B とすると，$\det(B) = -\det(A)$.

(C4′) A の 2 つの列 $(\boldsymbol{a}_i, \boldsymbol{a}_j$ $(i \neq j))$ を入れ替えた行列を B とすると，$\det(B) = -\det(A)$.

(C5) A のある列 $\boldsymbol{a}_i$ が零ベクトル $\mathbf{0}$ ならば，$\det(A) = 0$.

(C6) A の第 j 列の c 倍 $(c \in \mathbb{R})$ を第 i 列 $(i \neq j)$ に加えた行列を B とすると，$\det(B) = \det(A)$.

証明.

(C4) 系 5.8 の証明と同様である．(詳しくは脚注[5]参照．)

(C2′) $\boldsymbol{a}_i = \boldsymbol{a}_j$ $(i \neq j)$ とする．隣り合う列の入れ替えを何度か繰り返して $\boldsymbol{a}_i$ と $\boldsymbol{a}_j$ を隣り合うようにした行列を B とすると，(C2) より $\det(B) = 0$ であり，各入れ替えで行列式は符号を変えるだけなので，$\det(B) = \pm\det(A)$. ゆえに $\det(A) = 0$.

(C4′) (C4) の証明と同様に，(C2′), (C3) から (C4′) が証明できる．

(C5) $\boldsymbol{a}_i = \mathbf{0}$ とすると，$\det(A) = \det_i^A(\mathbf{0})$ であり，(C3) より

$$\det_i^A(\mathbf{0}) = \det_i^A(\mathbf{0} + \mathbf{0}) = \det_i^A(\mathbf{0}) + \det_i^A(\mathbf{0}).$$

よって $0 = \det_i^A(\mathbf{0}) = \det(A)$.

(C6) (C3) より，

$$\det(B) = \det_i^A(\boldsymbol{a}_i + c\boldsymbol{a}_j) = \det_i^A(\boldsymbol{a}_i) + c\det_i^A(\boldsymbol{a}_j) = \det(A) + c\det_i^A(\boldsymbol{a}_j).$$

(C2′) より $\det_i^A(\boldsymbol{a}_j) = 0$ (第 i 列と第 j 列が等しいから)．以上より，$\det(B) = \det(A)$. □

記号 7.2. (C6) で，第 j 列の c 倍を第 i 列に加える操作を，曲がった矢印

$$j\,列 \overset{c}{\longrightarrow} i\,列$$

5) 隣り合う i 列と $i+1$ 列を入れ替えたとする $(i = 1, \ldots, n-1)$．このとき，$D(\boldsymbol{x}, \boldsymbol{y}) := \det(\boldsymbol{a}_1, \ldots, \boldsymbol{a}_{i-1}, \boldsymbol{x}, \boldsymbol{y}, \boldsymbol{a}_{i+2}, \ldots, \boldsymbol{a}_n)$ とおくと (C2), (C3) より，

$$\begin{aligned} 0 &= D(\boldsymbol{a}_i + \boldsymbol{a}_{i+1}, \boldsymbol{a}_i + \boldsymbol{a}_{i+1}) \\ &= D(\boldsymbol{a}_i, \boldsymbol{a}_i) + D(\boldsymbol{a}_i, \boldsymbol{a}_{i+1}) + D(\boldsymbol{a}_{i+1}, \boldsymbol{a}_i) + D(\boldsymbol{a}_{i+1}, \boldsymbol{a}_{i+1}) \\ &= D(\boldsymbol{a}_i, \boldsymbol{a}_{i+1}) + D(\boldsymbol{a}_{i+1}, \boldsymbol{a}_i) \\ &= \det(A) + \det(B). \end{aligned}$$

で図示することにする．

例 7.3. 以上の性質を用いると，行列式の計算が楽になる．

(1) (C6) を用いて (C5) が使える形にする：

$$\det\begin{bmatrix} 10 & \overset{-1}{\curvearrowright} 13 & 16 \\ 11 & 14 & 17 \\ 12 & 15 & 18 \end{bmatrix} = \det\begin{bmatrix} 10 & 3 & \overset{-1}{\curvearrowright} 16 \\ 11 & 3 & 17 \\ 12 & 3 & 18 \end{bmatrix} = \det\begin{bmatrix} 10 & 3 & \overset{-2}{\curvearrowright} 6 \\ 11 & 3 & 6 \\ 12 & 3 & 6 \end{bmatrix}$$

$$= \det\begin{bmatrix} 10 & 3 & 0 \\ 11 & 3 & 0 \\ 12 & 3 & 0 \end{bmatrix} \overset{\text{(C5)}}{=} 0. \qquad \left(\det\begin{bmatrix} 10 & 13 & \overset{1}{\curvearrowright} 16 \\ 11 & 14 & \overset{-2}{\curvearrowright} 17 \\ 12 & 15 & 18 \end{bmatrix} \text{でもよい} \right)$$

(2) (C5) が何度も使える状況：

$$\det\begin{bmatrix} \overset{+}{a_1} & \overset{-}{b_1} & \overset{+}{c_1} \\ 0 & b_2 & c_2 \\ 0 & b_3 & c_3 \end{bmatrix} = a_1 \det\begin{bmatrix} b_2 & c_2 \\ b_3 & c_3 \end{bmatrix} - b_1 \det\begin{bmatrix} 0 & c_2 \\ 0 & c_3 \end{bmatrix} + c_1 \det\begin{bmatrix} 0 & b_2 \\ 0 & b_3 \end{bmatrix}$$

$$\overset{\text{(C5)}}{=} a_1 \det\begin{bmatrix} b_2 & c_2 \\ b_3 & c_3 \end{bmatrix}.$$

(3) 1 行展開しやすいように，(C6) を用いて 0 をたくさん作る：

2 を“掃き出す”　3 を掃き出す　これを目指していた

$$\det\begin{bmatrix} 1 & \overset{-2}{\curvearrowright} 2 & 3 \\ -3 & 2 & 7 \\ 0 & 5 & 9 \end{bmatrix} = \det\begin{bmatrix} 1 & 0 & \overset{-3}{\curvearrowright} 3 \\ -3 & 8 & 7 \\ 0 & 5 & 9 \end{bmatrix} = \det\begin{bmatrix} 1 & \boxed{0 \quad 0} \\ -3 & 8 & 16 \\ 0 & 5 & 9 \end{bmatrix}$$

16 を掃き出す

$$\overset{1\text{ 行展開}}{=} \det\begin{bmatrix} 8 & \overset{-2}{\curvearrowright} 16 \\ 5 & 9 \end{bmatrix} = \det\begin{bmatrix} 8 & 0 \\ 5 & -1 \end{bmatrix} = -8.$$

命題 7.4. 次の公式が成り立つ．

(1) $$\det\left[\begin{array}{c|ccc} a_1 & a_2 & \cdots & a_n \\ \hline 0 & & & \\ \vdots & & B & \\ 0 & & & \end{array}\right] = a_1 \det(B)$$

$$(2)\quad \det\begin{bmatrix} a_{11} & a_{12} & \cdots & \cdots & a_{1n} \\ 0 & a_{22} & \cdots & \cdots & a_{2n} \\ 0 & 0 & \ddots & & \vdots \\ \vdots & \vdots & \ddots & \ddots & \vdots \\ 0 & 0 & \cdots & 0 & a_{nn} \end{bmatrix} = a_{11}a_{22}\cdots a_{nn}$$

証明. (1) 例 7.3 (2) の計算と同様.
(2) 上の (1) を $(n-1)$ 回適用すればよい. □

練習問題

問 7.1. 次の行列の行列式を，(C6) などの性質を用いて計算せよ.

(1) $\begin{bmatrix} 1 & 0 & 2 \\ 3 & -1 & 7 \\ -1 & 5 & -3 \end{bmatrix}$ (2) $\begin{bmatrix} -1 & 1 & -2 \\ 11 & -3 & 4 \\ 10 & -2 & 5 \end{bmatrix}$ (3) $\begin{bmatrix} 3 & 2 & -3 & 0 \\ 4 & 3 & 0 & 2 \\ 6 & 1 & 1 & 2 \\ 5 & 2 & 1 & 3 \end{bmatrix}$

(4)[6] $\begin{bmatrix} x & 2 & 2 & 2 \\ 2 & x & 2 & 2 \\ 2 & 2 & x & 2 \\ 2 & 2 & 2 & x \end{bmatrix}$ (5)[7] $\begin{bmatrix} 1 & 1 & 1 \\ a & b & c \\ a^2 & b^2 & c^2 \end{bmatrix}$ (6) $\begin{bmatrix} 1 & 1 & 1 \\ a & b & c \\ bc & ca & ab \end{bmatrix}$

8. 行列式の形

8a 順列の符号

以下，n は自然数とする.

解説 8.1 (次の目標).

- 正方行列 A に対して $\det(A)$ の具体的な形を A の成分による計算式として与える．その際，性質 (C1), (C2), (C3) が成り立つという仮定だけを用いる.
- そのため，まず単位行列 $E_n = (\boldsymbol{e}_1, \ldots, \boldsymbol{e}_n)$ の列を並べ替えて得られる行列 A について $\det(A)$ の値を調べる．一般の正方行列の行列式の計算は，(C3), (C2) によって最終的にこれらの $\det(A)$ の計算に帰着されるからである (定理 5.9 の証明参照).

---

6) ヒント：i 列 $\xrightarrow{1}$ 1 列 $(i=2,3,4)$ のあと $(x+6)$ をくくり出す.

7) ヒント：1 列 $\xrightarrow{-1}$ i 列 $(i=2,3)$ で 1 行目を $(1,0,0)$ に変形してから 1 行展開し，共通因子をくくり出す.

定義 8.2 (順列).

- 数列 $(1, 2, \ldots, n)$ を並べ替えて得られる数列 $p = (p(1), p(2), \ldots, p(n))$ を n **次順列**という．
- 詳しく述べると，この数列が順列であるとは，次の 2 つが成り立つことである．
  (1) どの $p(i)$ も $1, \ldots, n$ のどれかであり，
  (2) どの $p(i)$ も互いに異なっている ($i \neq j$ ならば $p(i) \neq p(j)$).

例 8.3. $p = (2, 3, 1, 5, 4)$ は 5 次順列である．

定義 8.4. 順列 $(1, 2, \ldots, n)$ を**標準順列**とよぶ．順列の 2 つの数を入れ替えることを**互換**という．2 つの数 i, j の互換を $(i\ j)$ で表す．

例 8.5.

$$(2,3,1,5,4) \xrightarrow{(1\ 2)} (1,3,2,5,4) \xrightarrow{(2\ 3)} (1,2,3,5,4) \xrightarrow{(4\ 5)} (1,2,3,4,5)$$

注意 8.6. 上のようにすると，どのような n 次順列も，何度か互換を行うと標準順列に戻すことができる．

定義 8.7. $p = (p(1), p(2), \ldots, p(n))$ を n 次順列とする．このとき

$$\mathrm{sgn}(p) := \det(\boldsymbol{e}_{p(1)}, \boldsymbol{e}_{p(2)}, \ldots, \boldsymbol{e}_{p(n)})$$

とおき[8)]，これを p の**符号**とよぶ．

例 8.8. 行列式の定義にしたがって，5 次順列 $(2, 3, 1, 5, 4)$ の符号を計算してみる．

$$\mathrm{sgn}(2,3,1,5,4) = \det(\boldsymbol{e}_2, \boldsymbol{e}_3, \boldsymbol{e}_1, \boldsymbol{e}_5, \boldsymbol{e}_4) = \det\begin{bmatrix} \overset{+}{0} & \overset{-}{0} & \overset{+}{1} & \overset{-}{0} & \overset{+}{0} \\ 1 & 0 & 0 & 0 & 0 \\ 0 & 1 & 0 & 0 & 0 \\ 0 & 0 & 0 & 0 & 1 \\ 0 & 0 & 0 & 1 & 0 \end{bmatrix}$$

$$= \det\begin{bmatrix} \overset{+}{1} & \overset{-}{0} & \overset{+}{0} & \overset{-}{0} \\ 0 & 1 & 0 & 0 \\ 0 & 0 & 0 & 1 \\ 0 & 0 & 1 & 0 \end{bmatrix} = \det\begin{bmatrix} \overset{+}{1} & \overset{-}{0} & \overset{+}{0} \\ 0 & 0 & 1 \\ 0 & 1 & 0 \end{bmatrix} = \det\begin{bmatrix} \overset{+}{0} & \overset{-}{1} \\ 1 & 0 \end{bmatrix} = -1$$

8) sgn は sign (または signature, signum) (符号) の省略形.

定理 8.9. n 次順列 p に互換を t 回行って標準順列に戻れば,

$$\operatorname{sgn}(p) = (-1)^t$$

となる．特に，$\operatorname{sgn}(p)$ の値は ±1 である．

証明. 行列式の定義の代わりに性質 (C2′) を使って変形するだけである．

- 例 8.3 の例について確認する．一般の証明もこれと同様である．
- 例 8.5 での変形にしたがって標準順列に戻すと，行列式の値は次のように変化する．

$$\begin{aligned}\operatorname{sgn}(2,3,1,5,4) &= \det(\boldsymbol{e}_2, \boldsymbol{e}_3, \boldsymbol{e}_1, \boldsymbol{e}_5, \boldsymbol{e}_4) \\ &= (-1)^1 \det(\boldsymbol{e}_1, \boldsymbol{e}_3, \boldsymbol{e}_2, \boldsymbol{e}_5, \boldsymbol{e}_4) \\ &= (-1)^2 \det(\boldsymbol{e}_1, \boldsymbol{e}_2, \boldsymbol{e}_3, \boldsymbol{e}_5, \boldsymbol{e}_4) \\ &= (-1)^3 \det(\boldsymbol{e}_1, \boldsymbol{e}_2, \boldsymbol{e}_3, \boldsymbol{e}_4, \boldsymbol{e}_5) \\ &\overset{\text{(C1)}}{=} (-1)^3\end{aligned}$$

□

系 8.10.

- n 次順列 p に互換を t 回行って標準順列に戻るとき，この t が奇数であるか，偶数であるかは，その変形法によらず p によって決まっている．
- そこで，t が奇数【偶数】であるとき，p を**奇順列【偶順列】**という．

証明. “t が偶数” $\iff$ “ $(-1)^t = 1$” $\iff$ “$\operatorname{sgn}(p) = 1$”. □

注意 8.11. このことから，順列 p の符号は，関数 det を用いなくても次の式で求まる．

$$\operatorname{sgn}(p) = \begin{cases} 1 & (p \text{ が偶順列}) \\ -1 & (p \text{ が奇順列}) \end{cases}$$

定理 8.12. $\boldsymbol{a}_1, \boldsymbol{a}_2, \ldots, \boldsymbol{a}_n$ を n 次列ベクトルとし，p を n 次順列とすると，次が成り立つ．

$$\det(\boldsymbol{a}_{p(1)}, \boldsymbol{a}_{p(2)}, \ldots, \boldsymbol{a}_{p(n)}) = \operatorname{sgn}(p) \det(\boldsymbol{a}_1, \boldsymbol{a}_2, \ldots, \boldsymbol{a}_n)$$

証明. p に互換を t 回行って標準順列に戻るとする．定理 8.9 の証明と同様にして，(C2) を t 回適用すると，

$$\text{左辺} = (-1)^t \det(\boldsymbol{a}_1, \boldsymbol{a}_2, \ldots, \boldsymbol{a}_n) = \text{右辺}.$$

□

8b　行列式の形と乗法公式

この節の目的は，次の定理を証明することである．

定理 8.13. n を自然数，A, B を n 次行列とし，$A = \begin{bmatrix} a_{ij} \end{bmatrix}$ とおくと，次が成り立つ．

(1) $\det(A) = \sum_{p:\ n \text{ 次順列}} \operatorname{sgn}(p)\, a_{p(1)1} a_{p(2)2} \cdots a_{p(n)n}$

(2) $\det(AB) = \det(A)\det(B)$　**(乗法公式)**

証明. 簡単のため $n = 3$ の場合について証明する．一般の場合もまったく同様に証明することができる．

- 証明は，定理 5.9 の証明とまったく同じように行うことができ，最後の部分で，定理 8.12 を使う．
- 証明をみやすくするため，$A = \begin{bmatrix} a_{ij} \end{bmatrix} = \begin{bmatrix} 11 & 12 & 13 \\ 21 & 22 & 23 \\ 31 & 32 & 33 \end{bmatrix}$ の場合を考える．
  一般の場合の証明は，12, 23 などを a_{12}, a_{23} とおけば得られる．
- $B = (b_{ij})$ とおき，その第 i 列を $\boldsymbol{b}_i$ とおく．すると，$B = (\boldsymbol{b}_1, \boldsymbol{b}_2, \boldsymbol{b}_3)$.
- BA を計算すると次のようになる．

$$\begin{aligned} BA &= (\boldsymbol{b}_1, \boldsymbol{b}_2, \boldsymbol{b}_3) \begin{bmatrix} 11 & 12 & 13 \\ 21 & 22 & 23 \\ 31 & 32 & 33 \end{bmatrix} \\ &= (11\boldsymbol{b}_1 + 21\boldsymbol{b}_2 + 31\boldsymbol{b}_3, 12\boldsymbol{b}_1 + 22\boldsymbol{b}_2 + 32\boldsymbol{b}_3, 13\boldsymbol{b}_1 + 23\boldsymbol{b}_2 + 33\boldsymbol{b}_3) \end{aligned}$$

- この行列の行列式が (C3), (C2′) でどこまで簡単にされるか観察し，次に定理 8.12 と (C1) を適用する (定理 5.9 の証明を参照).
- まず，$\det(BA)$ は (C3) で次のように変形される．

$$\begin{aligned} \det(BA) &= \det(11\boldsymbol{b}_1 + 21\boldsymbol{b}_2 + 31\boldsymbol{b}_3, 12\boldsymbol{b}_1 + 22\boldsymbol{b}_2 + 32\boldsymbol{b}_3, 13\boldsymbol{b}_1 + 23\boldsymbol{b}_2 + 33\boldsymbol{b}_3) \\ &= \det(11\boldsymbol{b}_1, 12\boldsymbol{b}_1, 13\boldsymbol{b}_1) + \cdots + \det(31\boldsymbol{b}_3, 32\boldsymbol{b}_3, 33\boldsymbol{b}_3) \text{ (全部で 27 項)} \\ &= 11 \cdot 12 \cdot 13 \det(\boldsymbol{b}_1, \boldsymbol{b}_1, \boldsymbol{b}_1) + \cdots + 31 \cdot 32 \cdot 33 \det(\boldsymbol{b}_3, \boldsymbol{b}_3, \boldsymbol{b}_3) \text{ (同上)} \end{aligned}$$

- 次に (C2′) を適用する．等しい列が 2 つあると行列式の値は 0 だから，各項の $\det(\boldsymbol{b}_i, \boldsymbol{b}_j, \boldsymbol{b}_k)$ のうち，どの i, j, k も互いに異なるものだけが残る．いい換えれば，(i, j, k) が 3 次順列になっているものだけが残る．その項数は，$3! = 6$ である．したがって，

$$\begin{aligned}\det(BA) &= 11\cdot 22\cdot 33\det(\boldsymbol{b}_1,\boldsymbol{b}_2,\boldsymbol{b}_3) + 11\cdot 32\cdot 23\det(\boldsymbol{b}_1,\boldsymbol{b}_3,\boldsymbol{b}_2)\\ &\quad + 21\cdot 12\cdot 33\det(\boldsymbol{b}_2,\boldsymbol{b}_1,\boldsymbol{b}_3) + 21\cdot 32\cdot 13\det(\boldsymbol{b}_2,\boldsymbol{b}_3,\boldsymbol{b}_1)\\ &\quad + 31\cdot 12\cdot 23\det(\boldsymbol{b}_3,\boldsymbol{b}_1,\boldsymbol{b}_2) + 31\cdot 22\cdot 13\det(\boldsymbol{b}_3,\boldsymbol{b}_2,\boldsymbol{b}_1).\end{aligned}$$

- 定理 8.12 を使うと，残っている det をすべて $\det(\boldsymbol{b}_1,\boldsymbol{b}_2,\boldsymbol{b}_3)$ に変形することができる：

$$\begin{aligned}\det(BA) = \{&\mathrm{sgn}(1,2,3)11\cdot 22\cdot 33 + \mathrm{sgn}(1,3,2)11\cdot 32\cdot 23\\ &+ \mathrm{sgn}(2,1,3)21\cdot 12\cdot 33 + \mathrm{sgn}(2,3,1)21\cdot 32\cdot 13\\ &+ \mathrm{sgn}(3,1,2)31\cdot 12\cdot 23 + \mathrm{sgn}(3,2,1)31\cdot 22\cdot 13\}\det(\boldsymbol{b}_1,\boldsymbol{b}_2,\boldsymbol{b}_3).\end{aligned} \tag{8.1}$$

- ここで特に，$B = E_3 = (\boldsymbol{e}_1,\boldsymbol{e}_2,\boldsymbol{e}_3)$ のときを考えると，$BA = A$ で，(C1) より $\det(\boldsymbol{e}_1,\boldsymbol{e}_2,\boldsymbol{e}_3) = 1$ であるから，$\det(A)$ が A の成分の式として表される：

$$\begin{aligned}\det(A) &= \mathrm{sgn}(1,2,3)11\cdot 22\cdot 33 + \mathrm{sgn}(1,3,2)11\cdot 32\cdot 23\\ &\quad + \mathrm{sgn}(2,1,3)21\cdot 12\cdot 33 + \mathrm{sgn}(2,3,1)21\cdot 32\cdot 13\\ &\quad + \mathrm{sgn}(3,1,2)31\cdot 12\cdot 23 + \mathrm{sgn}(3,2,1)31\cdot 22\cdot 13.\end{aligned}$$

  最後に得られた式を一般の形で書くと，

$$\det(A) = \sum_{p:\,3\text{ 次順列}} \mathrm{sgn}(p)\, a_{p(1)1}a_{p(2)2}a_{p(3)3}\,.$$

  これで (1) が示された．

- この結果を式 (8.1) に代入すると，$\det(\boldsymbol{b}_1,\boldsymbol{b}_2,\boldsymbol{b}_3) = \det(B)$ であるから，

$$\det(BA) = \det(A)\det(B) = \det(B)\det(A).$$

  最後の等式は，実数の交換法則による．

- この等式はすべての 3 次行列 A, B に対して成り立つから，A, B の代わりに B, A を代入すると，

$$\det(AB) = \det(A)\det(B)$$

  となり，(2) が示された． □

例 8.14. $A = \begin{bmatrix}1 & 2\\ 3 & 4\end{bmatrix}$, $B = \begin{bmatrix}-2 & -1\\ 1 & 3\end{bmatrix}$ のとき，$AB = \begin{bmatrix}0 & 5\\ -2 & 9\end{bmatrix}$ であり，$\det(A) = -2$, $\det(B) = -5$, $\det(AB) = 10$ であるから，この場合も確かに $\det(AB) = \det(A)\det(B)$ が成り立っている．

定理 8.15. 正方行列全体の集合 Mat から $\mathbb{R}$ への関数 D: Mat $\to \mathbb{R}$ が性質 (C2), (C3) をもてば，

$$D(A) = \det(A)\, D(E_n) \quad (A \in \mathrm{Mat}_n,\ n \text{ は自然数})$$

が成り立つ．したがって，D がさらに性質 (C1) ももてば，$D = \det$．すなわち，

$$D(A) = \det(A) \quad (A \in \mathrm{Mat}).$$

いい換えれば，性質 (C1), (C2), (C3) をもつ関数は，行列式関数 det ただ 1 つしかない．

証明. A を n 次行列とする．定理 7.1 より，式 (8.1) は，関数 det の性質 (C2), (C3) から導かれていることがわかる．したがって，式 (8.1) の det を D に換えた式が成り立つ．$B = E_n$ をその式に代入すると，定理 8.13(1) より $D(A) = \det(A)D(E_n)$. □

注意 8.16. 定理 8.13(1) で与えられている $\det(A)$ の具体的な形は，$n \geqq 3$ の場合，値を手で計算するときにはあまり用いることはない．

定理 8.15 の最初の応用として次を証明する．

系 8.17. A を m 次行列，B を n 次行列，C を (m, n) 型行列とする (m, n は自然数)．このとき，次が成り立つ．

$$\det \begin{bmatrix} A & C \\ 0 & B \end{bmatrix} = \det(A)\det(B)$$

証明. 行列 B, C を固定して，上の左辺の式を A の関数とみなす．

- すなわち，次で定義される関数 D: $\mathrm{Mat}_m \to \mathbb{R}$ を考える．

$$D(X) := \det \begin{bmatrix} X & C \\ 0 & B \end{bmatrix} \quad (X \in \mathrm{Mat}_m)$$

- すると，det の性質から，この D も性質 (C2), (C3) をもつ．
- したがって，定理 8.15 より，

$$D(A) = \det(A)D(E_m).$$

- ここで，$D(E_m) = \det \begin{bmatrix} E_m & C \\ 0 & B \end{bmatrix}$ に定理 7.4(1) を何度か適用すると，

$$D(E_m) = \det \begin{bmatrix} E_m & C \\ 0 & B \end{bmatrix} = 1 \cdot 1 \cdots 1 \det(B) = \det(B).$$

- したがって，$D(A) = \det(A)\det(B)$． □

例 8.18. $\det \begin{bmatrix} 2 & 1 & 8 & 9 \\ -1 & 1 & 12 & 21 \\ 0 & 0 & 3 & 1 \\ 0 & 0 & 4 & 1 \end{bmatrix} = \det \begin{bmatrix} 2 & 1 \\ -1 & 1 \end{bmatrix} \det \begin{bmatrix} 3 & 1 \\ 4 & 1 \end{bmatrix} = 3 \times (-1) = -3.$

解説 8.19 (拡大率について).

- A を 2 次行列として，これで定まる線形写像 $\ell_A \colon \mathbb{R}^2 \to \mathbb{R}^2$，$\ell_A(\boldsymbol{x}) := A\boldsymbol{x}$ を考える．
- $\mathbb{R}^2$ の 2 つのベクトル $\boldsymbol{a}, \boldsymbol{b}$ で定まる平行四辺形を $\square(\boldsymbol{a}, \boldsymbol{b})$ で表す．
- この平行四辺形は，ℓ_A で平行四辺形 $\square(A\boldsymbol{a}, A\boldsymbol{b})$ に移される．
- これらの符号つき面積は，それぞれ $\det(\boldsymbol{a}, \boldsymbol{b}), \det(A\boldsymbol{a}, A\boldsymbol{b})$ である．
- 定理 8.13(2) より，

$$\det(A\boldsymbol{a}, A\boldsymbol{b}) = \det(A(\boldsymbol{a}, \boldsymbol{b})) = \det(A)\det(\boldsymbol{a}, \boldsymbol{b})$$

である．

- したがって，ℓ_A は $\square(\boldsymbol{a}, \boldsymbol{b})$ の符号つき面積を $\det(A)$ 倍することがわかる．
- すなわち，$\det(A)$ は，ℓ_A の**拡大率**とみることができる．
- 2 以上の n についても，n 次行列 A と $\mathbb{R}^n$ の n 個のベクトル $\boldsymbol{a}_1, \boldsymbol{a}_2, \ldots, \boldsymbol{a}_n$ に対して，これらで定まる "n 次元平行四辺形" の "n 次元符号つき面積" が $\det(\boldsymbol{a}_1, \boldsymbol{a}_2, \ldots, \boldsymbol{a}_n)$ であると考えればよい．
- やはり定理 8.13(2) より，

$$\det(A\boldsymbol{a}_1, A\boldsymbol{a}_2, \ldots, A\boldsymbol{a}_n) = \det(A(\boldsymbol{a}_1, \boldsymbol{a}_2, \ldots, \boldsymbol{a}_n))$$
$$= \det(A)\det(\boldsymbol{a}_1, \boldsymbol{a}_2, \ldots, \boldsymbol{a}_n)$$

であるから，$\det(A)$ は，ℓ_A の拡大率とみることができる．

練習問題

問 8.1. $p = (5, 4, 3, 2, 1)$ を 5 次順列とする．
 (1) 定義にしたがって，行列式によって $\mathrm{sgn}(p)$ を求めよ．
 (2) 互換を繰り返して p を標準順列に変形せよ．その際の互換の回数 t も求めよ．
 (3) $(-1)^t$ を求めよ．これが問 (1) で求めた $\mathrm{sgn}(p)$ の値と等しいことを確かめよ．

問 8.2. $A = (\boldsymbol{a}_1, \boldsymbol{a}_2, \boldsymbol{a}_3, \boldsymbol{a}_4)$ を 4 次行列とし，A の列ベクトルを用いて 4 次行列 $B = (\boldsymbol{a}_1 + \boldsymbol{a}_2, \boldsymbol{a}_2 + \boldsymbol{a}_3, \boldsymbol{a}_3 + \boldsymbol{a}_4, \boldsymbol{a}_4 + c\boldsymbol{a}_1)$ を作る．このとき，
 (1) $B = AC$ となる 4 次行列 C を求めよ．
 (2) $\det(B)$ を c と $\det(A)$ で表せ．
 (3) $\det(A) \neq 0$ のとき，$\det(B) = 0$ となる c を求めよ．

問* 8.3. 注意 8.6 の主張を証明せよ．

問* 8.4. 系 8.17 の関数 D が性質 (C2), (C3) をもつことを $X \in \mathrm{Mat}_3, B \in \mathrm{Mat}_2$ について確かめよ．

問 8.5. 次の行列の行列式を求めよ．

$$\begin{bmatrix} 1 & 2 & 18 & 19 \\ 3 & 4 & 23 & 24 \\ 0 & 0 & 1 & -1 \\ 0 & 0 & 2 & 1 \end{bmatrix}$$

9. 転置行列と行に関する性質

この節では，det を n 個の行ベクトルから実数への関数とみる．まず (C1), (C2), (C3) で，列を行に置き換えた性質を調べる．

定理 9.1. 行列式関数 det は次の 3 つの性質をもつ[9)](n は自然数)．

(R1) $\det({}^t\!E_n) = 1$.

(R2) n 次行列 A の隣り合う行が等しければ，$\det(A) = 0$.

(R3) det は各行に対して線形である．すなわち，どの n 次行列 A に対しても関数

$$\det{}^A_{(i)} \colon \mathrm{Mat}_{1,n}(\mathbb{R}) \to \mathbb{R}, \quad \det{}^A_{(i)}(\boldsymbol{x}) := \det \begin{bmatrix} \boldsymbol{a}_{(1)} \\ \vdots \\ \boldsymbol{a}_{(i-1)} \\ \boldsymbol{x} \\ \boldsymbol{a}_{(i+1)} \\ \vdots \\ \boldsymbol{a}_{(1)} \end{bmatrix} \qquad (\boldsymbol{x} \in \mathrm{Mat}_{1,n})$$

は線形写像である ($i = 1, \ldots, n$)．ただし，$\boldsymbol{a}_{(j)}$ は A の第 j 行である ($j = 1, \ldots, n$)．

証明.

(R1) ${}^t\!E_n = E_n$ であるから，これは (C1) によって成り立つ．

(R2) $n = 3$ で，第 1 行と第 2 行が等しいときを考える．そのときは，A は

$$A = \begin{bmatrix} a_1 & a_2 & a_3 \\ a_1 & a_2 & a_3 \\ c_1 & c_2 & c_3 \end{bmatrix}$$ の形になっている．

---

9) R は row (行) の頭文字．

- これは次のように変形できる．

$$\begin{bmatrix} a_1 & a_2 & a_3 \\ a_1 & a_2 & a_3 \\ c_1 & c_2 & c_3 \end{bmatrix} = \begin{bmatrix} 1 & 0 & 0 \\ 1 & 0 & 0 \\ 0 & 0 & 1 \end{bmatrix} \begin{bmatrix} a_1 & a_2 & a_3 \\ a_1 & a_2 & a_3 \\ c_1 & c_2 & c_3 \end{bmatrix}$$

- 右辺の左側の行列を B とおくと，第2列は零ベクトルなので，$\det(B) = 0$．よって，定理 8.13(2) より，$\det(A) = \det(B)\det(A) = 0$．その他の場合もまったく同様である．

(R3) $n = 3$ で $i = 1$ の場合について確かめる．その他の場合もまったく同様である．この場合，$A = \begin{bmatrix} a_{ij} \end{bmatrix}$ とおくと，

$$\begin{aligned} \det(A) &= \mathrm{sgn}(1,2,3)a_{11} \cdot a_{22} \cdot a_{33} + \mathrm{sgn}(1,3,2)a_{11} \cdot a_{32} \cdot a_{23} \\ &\quad + \mathrm{sgn}(2,1,3)a_{21} \cdot a_{12} \cdot a_{33} + \mathrm{sgn}(2,3,1)a_{21} \cdot a_{32} \cdot a_{13} \\ &\quad + \mathrm{sgn}(3,1,2)a_{31} \cdot a_{12} \cdot a_{23} + \mathrm{sgn}(3,2,1)a_{31} \cdot a_{22} \cdot a_{13} \\ &= \sum_{p:\ 3\ \text{次順列}} \mathrm{sgn}(p)\, a_{p(1)1} a_{p(2)2} a_{p(3)3}. \end{aligned}$$

- A の第 1 行にベクトル $\boldsymbol{x} = (x_1, x_2, x_3)$ を代入すると，$a_{1j} = x_j$ $(j = 1, 2, 3)$ で，このとき $\det(A)$ は $\det{}^{A}_{(1)}(\boldsymbol{x})$ に置き換わる．
- どの 3 次順列 p についても，$p(j) = 1$ となる $j = 1, 2, 3$ はただ 1 つしかなく，この j に対する a_{1j} が x_j に置き換わる．
- 例えば $p = (2, 1, 3)$ については，$j = 2$ で，そのとき項

$$\mathrm{sgn}(p)\, a_{p(1)1} a_{p(2)2} a_{p(3)3} = \mathrm{sgn}(p)\, a_{21} a_{12} a_{33} = \mathrm{sgn}(p)\, a_{21} x_2 a_{33}$$

は変数 $x_j = x_2$ の定数倍となっている．

- 他の項について同様であるので，$\det{}^{A}_{(1)}(\boldsymbol{x})$ は x_1 の定数倍，x_2 の定数倍，x_3 の定数倍を足しあわせた形に書けることがわかる：

$$\det{}^{A}_{(1)}(\boldsymbol{x}) = c_1 x_1 + c_2 x_2 + c_3 x_3 \quad (c_1, c_2, c_3 \in \mathbb{R}\ \text{は定数}). \tag{9.1}$$

- この形から，関数 $\det{}^{A}_{(1)}$ は線形である[10]．実際，

$$\begin{aligned} \det{}^{A}_{(1)}(c\boldsymbol{x}) &= c_1(cx_1) + c_2(cx_2) + c_3(cx_3) \\ &= c(c_1x_1) + c(c_2x_2) + c(c_3x_3) = c\det{}^{A}_{(1)}(\boldsymbol{x}) \quad (c \in \mathbb{R}) \end{aligned}$$

で，

$$\det{}^{A}_{(1)}(\boldsymbol{x} + \boldsymbol{x}') = \det{}^{A}_{(1)}(\boldsymbol{x}) + \det{}^{A}_{(1)}(\boldsymbol{x}') \quad (\boldsymbol{x}' = (x_1', x_2', x_3') \in \mathrm{Mat}_{1,3})$$

10) 別解法：$C := (c_1, c_2, c_3)$ とおくと式 (9.1) の右辺は $\ell_C({}^t\boldsymbol{x})$ と書け，転置行列をとる写像も ℓ_C も線形であるから，それらの合成写像として関数 $\det{}^{A}_{(1)}$ も線形である．

も同様に確かめられる. □

定理 9.2. 任意の正方行列 A に対して, $\det({}^tA) = \det(A)$ が成り立つ.

証明.

- 関数 $D\colon \mathrm{Mat} \to \mathbb{R}$ を $D(A) := \det({}^tA)$ $(A \in \mathrm{Mat})$ で定義する.
- これが (C1), (C2), (C3) をみたすことを確かめれば, 定理 8.15 から $D = \det$, すなわち $\det({}^tA) = D(A) = \det(A)$ $(A \in \mathrm{Mat})$ となって証明が終わる. 以下, n を自然数とする.

(C1) これは (R1) によって成り立つ.

(C2) n 次行列 A の隣り合う列が等しいとすると, ${}^tA$ の隣り合う行が等しいので, (R2) より $D(A) = \det({}^tA) = 0$.

(C3) n 次行列 A と $i = 1, \ldots, n$ に対して, 関数 $D_i^A\colon \mathbb{R}^n \to \mathbb{R}$ を $D_i^A(\boldsymbol{x}) := D(\boldsymbol{a}_1, \ldots, \boldsymbol{a}_{i-1}, \boldsymbol{x}, \boldsymbol{a}_{i+1} \ldots, \boldsymbol{a}_n)$ で定義すると, D の定義より, この右辺は

$$\det \begin{bmatrix} {}^t\boldsymbol{a}_1 \\ \vdots \\ {}^t\boldsymbol{a}_{i-1} \\ {}^t\boldsymbol{x} \\ {}^t\boldsymbol{a}_{i+1} \\ \vdots \\ {}^t\boldsymbol{a}_n \end{bmatrix} \qquad ({}^t\boldsymbol{x} \in \mathrm{Mat}_{1,n})$$

に等しい. (R3) よりこれは線形である. □

この定理により, (C4), (C5) などの列の性質からそれに対応する行の性質が得られる.

定理 9.3. A を n 次行列 (n は自然数), $\boldsymbol{a}_{(i)}$ を A の第 i 行 $(i = 1, \ldots, n)$ とすると, 次が成り立つ.

(R2′) A の 2 つの行が等しければ (すなわち $\boldsymbol{a}_{(i)} = \boldsymbol{a}_{(j)}$ $(i \neq j)$ ならば), $\det(A) = 0$.

(R4) A の隣り合う行を入れ替えた行列を B とすると, $\det(B) = -\det(A)$.

(R4′) A の 2 つの行 $(\boldsymbol{a}_{(i)}, \boldsymbol{a}_{(j)}$ $(i \neq j))$ を入れ替えた行列を B とすると, $\det(B) = -\det(A)$.

(R5) A のある行 $\boldsymbol{a}_{(i)}$ が零ベクトルならば, $\det(A) = 0$.

(R6) A の第 j 行の c 倍 $(c \in \mathbb{R})$ を第 i 行 $(i \neq j)$ に加えた行列を B とすると, $\det(B) = \det(A)$.

証明. (R6) だけを示す．残りもまったく同様に示される．B を上のとおりとすると，${}^tB$ は，${}^tA$ の第 j 列の c 倍を第 i 列に加えた行列となるから，(C6) より，$\det({}^tB) = \det({}^tA)$．定理 9.2 より，左辺は $\det(B)$ に，右辺は $\det(A)$ に等しいから，$\det(B) = \det(A)$ が得られる． □

練習問題

問 9.1. $A = \left[a_{ij}\right]_{i,j}^{(3,3)}$ の第 2 行 (a_{21}, a_{22}, a_{23}) に $\boldsymbol{x} = (x_1, x_2, x_3)$ を代入して次を計算し，$c_1x_1 + c_2x_2 + c_3x_3$ (c_1, c_2, c_3 は定数) の形になることを確かめよ．

$$\begin{aligned}\det(A) &= \operatorname{sgn}(1,2,3)a_{11}\cdot a_{22}\cdot a_{33} + \operatorname{sgn}(1,3,2)a_{11}\cdot a_{32}\cdot a_{23}\\ &\quad + \operatorname{sgn}(2,1,3)a_{21}\cdot a_{12}\cdot a_{33} + \operatorname{sgn}(2,3,1)a_{21}\cdot a_{32}\cdot a_{13}\\ &\quad + \operatorname{sgn}(3,1,2)a_{31}\cdot a_{12}\cdot a_{23} + \operatorname{sgn}(3,2,1)a_{31}\cdot a_{22}\cdot a_{13}\end{aligned}$$

問 9.2. 行列式の行に関する性質 (R1)〜(R6) と命題 7.4 の公式 (1) を用いて，次の行列の行列式を計算せよ．

(1) $\begin{bmatrix} 3 & 4 & 6 & 5 \\ 2 & 3 & 1 & 2 \\ -3 & 0 & 1 & 1 \\ 0 & 2 & 2 & 3 \end{bmatrix}$　　(2) $\begin{bmatrix} 1 & bc & b+c \\ 1 & ca & c+a \\ 1 & ab & a+b \end{bmatrix}$　　(3) $\begin{bmatrix} 1 & x & x^3 \\ 1 & y & y^3 \\ 1 & z & z^3 \end{bmatrix}$

10. 行列式の展開と余因子行列

10a 行列式の展開

この節では，1 行展開と同様の展開を，どの行ででも，どの列ででもできるようにする (余因子の定義 (6.5) を参照)．

定理 10.1. $A = \left[a_{ij}\right]_{i,j}$ を n 次行列 (n は自然数) とすると次が成り立つ．

(1) $\det(A) = a_{i1}\Delta_{i1} + a_{i2}\Delta_{i2} + \cdots + a_{in}\Delta_{in}\quad (i = 1, 2, \ldots, n)$.

(2) $0 = a_{j1}\Delta_{i1} + a_{j2}\Delta_{i2} + \cdots + a_{jn}\Delta_{in}\quad (i \neq j)$.

ただし，簡単のため $\Delta_{ij} := \Delta_{ij}(A)$ $(i, j = 1, \ldots, n)$ とおいた．この式 (1) を A の行列式の i **行展開**とよぶ．

証明.

(1) 右辺を $D(A)$ とおいて関数 $D\colon \mathrm{Mat}_n \to \mathbb{R}$ を定義すると，定理 6.9 の証明とまったく同様にして，D が性質 (C2), (C3) をもつことがわかる．

- $A = E_n$ のとき，$a_{ii} = 1$, $a_{ij} = 0$ $(i, j = 1, \ldots, n\ (i \neq j))$ より，

$$D(E_n) = \Delta_{ii}(E_n) = (-1)^{i+i}\det((E_n)_{ii}) = \det(E_{n-1}) = 1$$

となって，D は (C1) もみたす.

- したがって，定理 8.15 より，$D(A) = \det(A)$ $(A \in \mathrm{Mat}_n)$.

(2) A の第 i 行に第 j 行を代入した行列を B とすると，$\Delta_{i1}, \Delta_{i2}, \ldots, \Delta_{in}$ の計算では，第 i 行を取り除くので，これらの値は A と B で一致している.

- したがって，(1) より $\det(B)$ を i 行展開すると，$\det(B)$ は (2) の右辺に等しくなる.
- 他方，B の 2 つの行は等しいので (R2$'$) より $\det(B) = 0$. □

定理 10.2. $A = \begin{bmatrix} a_{ij} \end{bmatrix}_{i,j}$ を n 次行列 (n は自然数) とすると次が成り立つ.

(1) $\det(A) = a_{1i}\Delta_{1i} + a_{2i}\Delta_{2i} + \cdots + a_{ni}\Delta_{ni}$ $(i = 1, 2, \ldots, n)$.

(2) $0 = a_{1j}\Delta_{1i} + a_{2j}\Delta_{2i} + \cdots + a_{nj}\Delta_{ni}$ $(i \neq j)$.

ただし，簡単のため $\Delta_{ij} := \Delta_{ij}(A)$ $(i, j = 1, \ldots, n)$ とおいた．この式 (1) を A の行列式の i **列展開**とよぶ.

証明.

- ${}^tA = (b_{ij})_{i,j}$ とおくと，$b_{ij} = a_{ji}$ $(i, j = 1, \ldots, n)$.
- また，転置してから i 行 j 列を取り除くことは，j 行 i 列を取り除いてから転置をすることと同じであるから，$({}^tA)_{ij} = {}^t(A_{ji})$．よって，

$$\Delta_{ij}({}^tA) = (-1)^{i+j} \det(({}^tA)_{ij}) = (-1)^{i+j} \det({}^t(A_{ji})) = \Delta_{ji}.$$

(1) したがって，定理 9.2 と定理 10.1 より，

$$\begin{aligned}\det(A) = \det({}^tA) &= b_{i1}\Delta_{i1}({}^tA) + b_{i2}\Delta_{i2}({}^tA) + \cdots + b_{in}\Delta_{in}({}^tA) \\ &= a_{1i}\Delta_{1i} + a_{2i}\Delta_{2i} + \cdots + a_{ni}\Delta_{ni}.\end{aligned}$$

(2) 前定理の (2) と同様にして上の (1) から得られる. □

注意 10.3. これ以降，正方行列 A の行列式 $\det(A)$ を $|A|$ で表すこともある．成分を実際に書くときは，A の括弧を省略する．例えば，

$$\det \begin{bmatrix} 1 & 2 & 3 \\ 4 & 5 & 6 \\ 7 & 8 & 9 \end{bmatrix} = \left| \begin{bmatrix} 1 & 2 & 3 \\ 4 & 5 & 6 \\ 7 & 8 & 9 \end{bmatrix} \right| = \begin{vmatrix} 1 & 2 & 3 \\ 4 & 5 & 6 \\ 7 & 8 & 9 \end{vmatrix}.$$

ただし，A が 1 次行列のときは絶対値と混同するので，この記号は使わないことにする．例えば，$\det(-2) = -2$ であるが，$|-2| = 2$.

例 10.4. 行展開と列展開の実際の計算では符号の分布に注意する．

(1) $$\begin{vmatrix} 2 & 5 & 6 \\ \underset{-}{} & \underset{+}{} & \underset{-}{} \\ \boxed{0 \quad 3 \quad 0} & & \\ -1 & 4 & 2 \end{vmatrix} \overset{2\text{行}}{=} 3\begin{vmatrix} 2 & 6 \\ -1 & 2 \end{vmatrix} = 3(4+6) = 30.$$

(2) $$\begin{vmatrix} 4 & -1 & {}^{+}\,0 & 3 \\ a & b & {}^{-}\,2 & c \\ 5 & 1 & {}^{+}\,0 & 3 \\ 0 & 1 & {}^{-}\,0 & 2 \end{vmatrix} \overset{3\text{列}}{=} (-1)\cdot 2\begin{vmatrix} 4 & -1 & 3 \\ 5 & 1 & 3 \\ 0 & \boxed{1} & 2 \end{vmatrix} \overset{-2}{=} -2\begin{vmatrix} 4 & -1 & 5 \\ 5 & 1 & 1 \\ \underset{+}{0} & \underset{-}{1} & \underset{+}{0} \end{vmatrix}$$

$$\overset{3\text{行}}{=} (-2)\cdot(-1)\cdot 1\begin{vmatrix} 4 & 5 \\ 5 & 1 \end{vmatrix}$$

$$= 2\cdot(4-25) = -42.$$

(2) では，3 列展開したとき文字 a, b, c が消えるので，この行列式の値は，これらの文字の値によらない一定値になっている．

10b 余因子行列

定義 10.5. A を n 次行列とする (n は自然数)．次の行列を A の**余因子行列**とよぶ．

$$\widetilde{A} := {}^t(\Delta_{ij}(A))_{i,j} = \begin{bmatrix} \Delta_{11}(A) & \Delta_{21}(A) & \cdots & \Delta_{n1}(A) \\ \Delta_{12}(A) & \Delta_{22}(A) & \cdots & \Delta_{n2}(A) \\ \vdots & \vdots & \ddots & \vdots \\ \Delta_{1n}(A) & \Delta_{2n}(A) & \cdots & \Delta_{nn}(A) \end{bmatrix}$$

例 10.6. 2 次行列 $A = \begin{bmatrix} a & b \\ c & d \end{bmatrix}$ の余因子行列を求める．

- $\Delta_{11} = (-1)^{1+1}\det(A_{11}) = d,\quad \Delta_{12} = (-1)^{1+2}\det(A_{12}) = -c,$
  $\Delta_{21} = (-1)^{2+1}\det(A_{21}) = -b,\quad \Delta_{22} = (-1)^{2+2}\det(A_{22}) = a$
  より，
  $$\widetilde{A} = {}^t\begin{bmatrix} d & -c \\ -b & a \end{bmatrix} = \begin{bmatrix} d & -b \\ -c & a \end{bmatrix}. \tag{10.1}$$
- これは A から次のようにして得られる．
  - 副対角線 (b, c を結ぶ線) で折り返し，
  - 副対角線上の成分の符号を換える．

行展開と列展開の公式をまとめると，次の定理が得られる．

定理 10.7. n 次行列 A について次が成り立つ (n は自然数).

$$A\widetilde{A} = \det(A)E_n = \widetilde{A}A$$

証明. $A = \begin{bmatrix} a_{ij} \end{bmatrix}_{i,j}$, $\Delta_{ij} := \Delta_{ij}(A)$ $(i,j = 1,\ldots,n)$ とおく.

- 定理 10.1 より,

$$a_{j1}\Delta_{i1} + a_{j2}\Delta_{i2} + \cdots + a_{jn}\Delta_{in} = \begin{cases} \det(A) & (i = j) \\ 0 & (i \neq j). \end{cases}$$

- この左辺は,

$$(a_{j1}, a_{j2}, \ldots, a_{jn}) \begin{bmatrix} \Delta_{i1} \\ \Delta_{i2} \\ \vdots \\ \Delta_{in} \end{bmatrix}$$

と書けるが, これは A の第 j 行と $\widetilde{A}$ の第 i 列の積になっている. すなわちこれは $A\widetilde{A}$ の (j,i) 成分である.

- したがって[11],

$$A\widetilde{A} = \begin{bmatrix} \det(A) & & & \text{\Large 0} \\ & \det(A) & & \\ & & \ddots & \\ \text{\Large 0} & & & \det(A) \end{bmatrix} = \det(A)E_n.$$

- 定理 10.2 より同様にして, $\widetilde{A}A = \det(A)E_n$ が得られる. □

例 10.8. $A = \begin{bmatrix} 2 & -1 \\ 3 & 4 \end{bmatrix}$ のとき, $\det(A) = 8 + 3 = 11$ で, 公式 (10.1) より,
$\widetilde{A} = \begin{bmatrix} 4 & 1 \\ -3 & 2 \end{bmatrix}$ であり, $\widetilde{A}A = \begin{bmatrix} 8+3 & -4+4 \\ -6+6 & 3+8 \end{bmatrix} = \begin{bmatrix} 11 & 0 \\ 0 & 11 \end{bmatrix} = \det(A)E_2$.

10c 正 則 行 列

定義 10.9. A, X を n 次行列とする (n は自然数).

- $AX = E_n$ かつ $XA = E_n$ のとき, X を A の**逆行列**とよぶ.
- A の逆行列が存在するとき, A を**正則行列**とよぶ.

11) ここで大きな 0 は対角成分以外がすべて 0 であることを表す.

定理 10.10. n 次行列 A, B について次が成り立つ (n は自然数).

(1) A が正則であるとき，その逆行列はただ1つしかない．そこでこれを A^{-1} と書く．このとき定義から次が成り立つ．

$$AA^{-1} = E_n \quad \text{かつ} \quad A^{-1}A = E_n. \tag{10.2}$$

(2) A が正則ならば，A^{-1} も正則で，$(A^{-1})^{-1} = A$.

(3) A, B ともに正則ならば，AB も正則で，$(AB)^{-1} = B^{-1}A^{-1}$.

証明.

(1) n 次行列 X と Y をともに A の逆行列とする．このとき $X = Y$ を示せばよい．

- 結合法則より，

$$X(AY) = (XA)Y.$$

ここで，左辺 $= XE_n = X$, 右辺 $= E_nY = Y$ であるから，$X = Y$.

(2) A が正則ならば，その逆行列 A^{-1} が存在して，式 (10.2) が成り立つ．

- この式を A^{-1} の側からみれば，A は A^{-1} の逆行列となっている．すなわち，$A = (A^{-1})^{-1}$.

(3) A, B ともに正則ならば，A^{-1}, B^{-1} がともに存在する．このとき，

$$(AB)(B^{-1}A^{-1}) = A(BB^{-1})A^{-1} = AE_nA^{-1} = AA^{-1} = E_n,$$

$$(B^{-1}A^{-1})(AB) = B^{-1}(A^{-1}A)B = B^{-1}E_nB = B^{-1}B = E_n$$

より，$B^{-1}A^{-1}$ は AB の逆行列となる． □

定理 10.11 (逆行列の求め方その 1).

- A が正則であるためには，$\det(A) \neq 0$ となることが必要十分である．
- そのとき A^{-1} は，次で求められる．

$$A^{-1} = \frac{1}{\det(A)}\widetilde{A}$$

証明. A を n 次行列とする (n は自然数).

($\Rightarrow$) A が正則ならば，A^{-1} が存在して，$AA^{-1} = E_n$.

- 乗法公式より，$\det(A)\det(A^{-1}) = 1$．よって，$\det(A) \neq 0$.

($\Leftarrow$) $\det(A) \neq 0$ ならば，定理 10.7 より，

$$A\left(\frac{1}{\det(A)}\widetilde{A}\right) = E_n = \left(\frac{1}{\det(A)}\widetilde{A}\right)A.$$

- よって，A は逆行列 $\dfrac{1}{\det(A)}\widetilde{A}$ をもち，正則である． □

例 10.12. 2次行列 $A = \begin{bmatrix} a & b \\ c & d \end{bmatrix}$ の逆行列を求める．公式 (10.1) より，$\det(A) = ad - bc \neq 0$ のとき，A^{-1} は次で与えられる．

$$A^{-1} = \frac{1}{ad - bc} \begin{bmatrix} d & -b \\ -c & a \end{bmatrix} \tag{10.3}$$

注意 10.13 (計算量について).

- 定理 10.11 で逆行列を計算するには，$(n-1)$ 次行列の行列式を n^2 回計算する必要がある．
- $n = 2$ のように n が小さい値のときは，上のようにたいした計算ではないが，n が少しでも大きくなると，計算量はかなり増える．
- 実際に逆行列を計算するときは，掃き出し法を用いるほうが楽なときが多い．
- この定理は主に理論計算で用いられる．

系 10.14. n 次行列 A に対して (n は自然数)，次は同値である．

(1) A は正則である．

(2) $XA = E_n$ となる n 次行列 X が存在する．

(3) $AY = E_n$ となる n 次行列 Y が存在する．

証明.

- (1) ⇒ (2), (3) は自明である．
- (2) ⇒ (1)．(2) が成り立っているとすると，両辺の行列式をとって，$\det(X)\det(A) = 1$．これより，$\det(A) \neq 0$.
- したがって，定理 10.11 より A は正則である．
- (3) ⇒ (1)．上と同様． □

練 習 問 題

問 10.1. (1), (2) は 1 列展開，(3) は 3 行展開して，次の行列式を計算せよ．

(1) $\begin{vmatrix} x & -1 & 0 \\ 0 & x & -1 \\ a_2 & a_1 & a_0 \end{vmatrix}$ (2) $\begin{vmatrix} x & -1 & 0 & 0 \\ 0 & x & -1 & 0 \\ 0 & 0 & x & -1 \\ a_3 & a_2 & a_1 & a_0 \end{vmatrix}$ (3) $\begin{vmatrix} 2 & 25 & 4 \\ -3 & 16 & 5 \\ 0 & 2 & 0 \end{vmatrix}$

問 10.2. 行列 $A = \begin{bmatrix} 1 & 2 & 2 \\ 1 & 1 & 3 \\ 2 & 1 & 1 \end{bmatrix}$ について以下の問いに答えよ．

(1) A の余因子行列 $\widetilde{A}$ を求めよ．

(2) $\det(A)$ を計算し A が正則であることを確かめよ．

(3) $A\widetilde{A}$ を計算せよ．

(4) A^{-1} を求めよ．

問 10.3. 公式 (10.3) を利用して，次の行列の逆行列を求めよ．

(1) $\begin{bmatrix} 1 & -1 \\ 2 & 3 \end{bmatrix}$ (2) $\begin{bmatrix} 1 & 2 \\ 1 & 1 \end{bmatrix}$

問 10.4. m 次正則行列 A，n 次正則行列 B，(m,n) 型行列 C に対して，$(m+n)$ 次行列 $\begin{bmatrix} A & C \\ O & B \end{bmatrix}$ も正則であり，次が成り立つことを示せ[12]．(例 4.15 参照．)

$$\begin{bmatrix} A & C \\ O & B \end{bmatrix}^{-1} = \begin{bmatrix} A^{-1} & -A^{-1}CB^{-1} \\ O & B^{-1} \end{bmatrix}$$

問 10.5. 上の問いを利用して，次の行列の逆行列を求めよ．

(1) $\begin{bmatrix} 2 & 5 \\ 0 & 1 \end{bmatrix}$ (2) $\begin{bmatrix} 1 & 2 & 4 \\ 0 & 2 & 5 \\ 0 & 0 & 1 \end{bmatrix}$ (3) $\begin{bmatrix} -1 & 3 & 2 & 3 \\ 0 & 1 & 2 & 4 \\ 0 & 0 & 2 & 5 \\ 0 & 0 & 0 & 1 \end{bmatrix}$ (4) $\begin{bmatrix} 1 & 0 & 0 & 1 \\ 1 & 1 & 1 & 0 \\ 0 & 0 & 1 & 1 \\ 0 & 0 & 1 & 2 \end{bmatrix}$

問 10.6. A が正則行列であるとき，次が成り立つことを示せ[13]．

(1) ${}^{t}A$ も正則行列であり，$({}^{t}A)^{-1} = {}^{t}(A^{-1})$.

(2) A が対称行列ならば，A^{-1} も対称行列である．

12) ヒント：分割行列の積を用いて，この $(m+n)$ 次行列と，右辺との積が単位行列になることを確かめる．

13) ヒント：(1) ${}^{t}A$ に右辺を掛けたものが単位行列になることを確かめる．

3
連立 1 次方程式

11. 行列表示とクラメールの公式

11a 連立 1 次方程式の行列表示

例 11.1. 次の連立 1 次方程式を考えよう．

$$\begin{cases} 2x+3y-z=2 \\ -x+2y+3z=6 \end{cases}$$

これをベクトルの記号で 1 つの式で書くと，

$$\begin{bmatrix} 2x+3y-z \\ -x+2y+3z \end{bmatrix} = \begin{bmatrix} 2 \\ 6 \end{bmatrix} \tag{11.1}$$

あるいは，次のようにも書ける．

$$\begin{bmatrix} 2 \\ -1 \end{bmatrix} x + \begin{bmatrix} 3 \\ 2 \end{bmatrix} y + \begin{bmatrix} -1 \\ 3 \end{bmatrix} z = \begin{bmatrix} 2 \\ 6 \end{bmatrix} \tag{11.2}$$

式 (11.1) の左辺ををさらに行列の積で書くと，

$$\begin{bmatrix} 2 & 3 & -1 \\ -1 & 2 & 3 \end{bmatrix} \begin{bmatrix} x \\ y \\ z \end{bmatrix} = \begin{bmatrix} 2 \\ 6 \end{bmatrix}. \tag{11.3}$$

以下では，連立 1 次方程式を式 (11.2) や (11.3) の形で表示する．

解説 11.2. 一般の場合，m 式，n 変数の連立 1 次方程式 (m, n は自然数) は，次の形に整理することができる．

$$\begin{cases} a_{11}x_1 + a_{12}x_2 & + \cdots + a_{1n}x_n = b_1 \\ a_{21}x_1 + a_{22}x_2 & + \cdots + a_{2n}x_n = b_2 \\ \quad \vdots & \quad \vdots \qquad\qquad \vdots \\ a_{m1}x_1 + a_{m2}x_2 & + \cdots + a_{mn}x_n = b_m \end{cases} \tag{11.4}$$

これは，式 (11.2) や (11.3) のように，次の形で表示することができる．

$$x_1 \begin{bmatrix} a_{11} \\ a_{21} \\ \vdots \\ a_{m1} \end{bmatrix} + x_2 \begin{bmatrix} a_{12} \\ a_{22} \\ \vdots \\ a_{m2} \end{bmatrix} + \cdots + x_n \begin{bmatrix} a_{1n} \\ a_{2n} \\ \vdots \\ a_{mn} \end{bmatrix} = \begin{bmatrix} b_1 \\ b_2 \\ \vdots \\ b_m \end{bmatrix} \tag{11.5}$$

$$\begin{bmatrix} a_{11} & a_{12} & \cdots & a_{1n} \\ a_{21} & a_{22} & \cdots & a_{2n} \\ \vdots & \vdots & \ddots & \vdots \\ a_{m1} & a_{m2} & \cdots & a_{mn} \end{bmatrix} \begin{bmatrix} x_1 \\ x_2 \\ \vdots \\ x_n \end{bmatrix} = \begin{bmatrix} b_1 \\ b_2 \\ \vdots \\ b_m \end{bmatrix} \tag{11.6}$$

式 (11.6) の左辺の行列を式 (11.4) の**係数行列**とよぶ．これを A とおき，その第 i 列を $\boldsymbol{a}_i$ $(i = 1, 2, \ldots, n)$,

$$\boldsymbol{x} := \begin{bmatrix} x_1 \\ x_2 \\ \vdots \\ x_n \end{bmatrix}, \quad \boldsymbol{b} := \begin{bmatrix} b_1 \\ b_2 \\ \vdots \\ b_m \end{bmatrix}$$

とおくと，式 (11.5), (11.6) はそれぞれ次の形になる．

$$\boldsymbol{a}_1 x_1 + \boldsymbol{a}_2 x_2 + \cdots + \boldsymbol{a}_n x_n = \boldsymbol{b} \tag{11.7}$$

$$A\boldsymbol{x} = \boldsymbol{b} \tag{11.8}$$

この節では式の数 m と変数の数 n が等しい場合を扱う．このときは，係数行列 A は n 次行列となる．以下，A が正則である場合に，連立方程式 (11.6) の解法を 2 つ与える．

11b　逆行列による解法

定理 11.3. 方程式 $A\boldsymbol{x} = \boldsymbol{b}$ は，A が正則のとき (すなわち $\det(A) \neq 0$ のとき) ただ 1 組の解

$$\boldsymbol{x} = A^{-1}\boldsymbol{b}$$

をもつ．

証明.

- この方程式は，次の式と同値である：$A^{-1}(A\boldsymbol{x}) = A^{-1}\boldsymbol{b}$.
- この式の左辺は，$A^{-1}(A\boldsymbol{x}) = (A^{-1}A)\boldsymbol{x} = E_n\boldsymbol{x} = \boldsymbol{x}$ となる．
- よって，この方程式は $\boldsymbol{x} = A^{-1}\boldsymbol{b}$ と同値である． □

例 11.4. 上の方法で，次の連立 1 次方程式を解こう．

$$\begin{cases} 3x - y = 5 \\ -x + y = 2 \end{cases}$$

- これを行列式の形 (11.6) で表すと，

$$\begin{bmatrix} 3 & -1 \\ -1 & 1 \end{bmatrix} \begin{bmatrix} x \\ y \end{bmatrix} = \begin{bmatrix} 5 \\ 2 \end{bmatrix}.$$

- 係数行列 A は，$A = \begin{bmatrix} 3 & -1 \\ -1 & 1 \end{bmatrix}$ で，$\det(A) = 2 \neq 0$ より上の定理 11.3 が適用できる．
- 公式 (10.3) より $A^{-1} = \frac{1}{2}\begin{bmatrix} 1 & 1 \\ 1 & 3 \end{bmatrix}$ であるから，

$$\begin{bmatrix} x \\ y \end{bmatrix} = A^{-1}\begin{bmatrix} 5 \\ 2 \end{bmatrix} = \frac{1}{2}\begin{bmatrix} 1 & 1 \\ 1 & 3 \end{bmatrix}\begin{bmatrix} 5 \\ 2 \end{bmatrix} = \frac{1}{2}\begin{bmatrix} 7 \\ 11 \end{bmatrix}. \tag{11.9}$$

- こうして 1 組の解 $\begin{cases} x = \frac{7}{2} \\ y = \frac{11}{2} \end{cases}$ が得られる．

今後，解は式 (11.9) のようにベクトルの形で書くことにする．

11c クラメールの公式

定理 11.5 (クラメールの公式). 方程式 $A\boldsymbol{x} = \boldsymbol{b}$ は，A が正則のとき (すなわち $\det(A) \neq 0$ のとき) ただ 1 組の解

$$\boldsymbol{x} = \frac{1}{\det(A)}\begin{bmatrix} \det_1^A(\boldsymbol{b}) \\ \det_2^A(\boldsymbol{b}) \\ \vdots \\ \det_n^A(\boldsymbol{b}) \end{bmatrix}$$

をもつ．

証明.

- 解がただ1組あることは，上の定理で示されている．
- $\boldsymbol{x}$ がこの方程式の解ならば，$\boldsymbol{a}_1x_1+\boldsymbol{a}_2x_2+\cdots+\boldsymbol{a}_nx_n=\boldsymbol{b}$ が成り立つので，これを $\det_i^A(\boldsymbol{b})$ に代入すると $(i=1,\ldots,n)$,

$$
\begin{aligned}
\det{}_i^A(\boldsymbol{b}) &= \det(\boldsymbol{a}_1,\ldots,\boldsymbol{a}_{i-1},\boldsymbol{b},\boldsymbol{a}_{i+1},\ldots,\boldsymbol{a}_n)\\
&= \det(\boldsymbol{a}_1,\ldots,\boldsymbol{a}_{i-1},\boldsymbol{a}_1x_1+\boldsymbol{a}_2x_2+\cdots+\boldsymbol{a}_nx_n,\boldsymbol{a}_{i+1},\ldots,\boldsymbol{a}_n)\\
&= x_1\det(\boldsymbol{a}_1,\ldots,\boldsymbol{a}_{i-1},\boldsymbol{a}_1,\boldsymbol{a}_{i+1},\ldots,\boldsymbol{a}_n)+\\
&\quad\ \vdots\\
&\quad + x_i\det(\boldsymbol{a}_1,\ldots,\boldsymbol{a}_{i-1},\boldsymbol{a}_i,\boldsymbol{a}_{i+1},\ldots,\boldsymbol{a}_n)+\\
&\quad\ \vdots\\
&\quad + x_n\det(\boldsymbol{a}_1,\ldots,\boldsymbol{a}_{i-1},\boldsymbol{a}_n,\boldsymbol{a}_{i+1},\ldots,\boldsymbol{a}_n)\\
&= x_i\det(A).
\end{aligned}
$$

- ここで，$\det(A)\neq 0$ より，$x_i=\dfrac{\det_i^A(\boldsymbol{b})}{\det(A)}$. □

例 11.6. 上の例 11.4 をクラメールの公式で解く．

- $\det{}_1^A(\boldsymbol{b})=\begin{vmatrix}5 & -1\\ 2 & 1\end{vmatrix}=7$, $\det{}_2^A(\boldsymbol{b})=\begin{vmatrix}3 & 5\\ -1 & 2\end{vmatrix}=11$, $\det(A)=2$ より，
- $\begin{bmatrix}x\\ y\end{bmatrix}=\dfrac{1}{\det(A)}\begin{bmatrix}\det_1^A(\boldsymbol{b})\\ \det_2^A(\boldsymbol{b})\end{bmatrix}=\dfrac{1}{2}\begin{bmatrix}7\\ 11\end{bmatrix}$ が得られる．

注意 11.7 (計算量について).

- クラメールの公式では，n 次行列の行列式を $(n+1)$ 回計算することで解が得られる．
- それに比べて，注意 10.13 で述べたように，定理 10.11 で逆行列を計算するには，$(n-1)$ 次行列の行列式を n^2 回計算する必要がある．
- この計算は n が大きくなるとかなりの量になり，クラメールの公式のほうが計算が楽になる．

練習問題

問 11.1. 問 10.4 と公式 (10.3) を利用して，次の行列 A の逆行列を求めよ．

$$A = \begin{bmatrix} 1 & -1 & 0 & 1 \\ 0 & 1 & 1 & 0 \\ 0 & 0 & 1 & 1 \\ 0 & 0 & 1 & 2 \end{bmatrix}$$

問 11.2. 次の連立 1 次方程式を，係数行列の逆行列を用いて解け．

$$\begin{cases} x - y \qquad + \ w = -1 \\ \quad y + z \qquad\quad = 3 \\ \qquad\quad z + \ w = 2 \\ \qquad\quad z + 2w = 1 \end{cases}$$

問 11.3. 次の連立 1 次方程式をクラメールの公式を用いて解け．

(1) $\begin{cases} 3x + 2y = -1 \\ 4x + 3y = 3 \end{cases}$ (2) $\begin{cases} 2x + 3y = 5 \\ -x + 4y = 2 \end{cases}$ (3) $\begin{cases} x - y + 2z = 1 \\ -x - 2y + z = 0 \\ 2x - y + z = 0 \end{cases}$

(4) $\begin{cases} x - y + 2z = 1 \\ -x + 2y + z = 1 \\ 2x - y + z = 0 \end{cases}$ (5) $\begin{cases} x + 2y - 3z = 1 \\ 2x - 3y + z = 1 \\ 2x - 5y + 4z = 1 \end{cases}$ (6) $\begin{cases} x - 2y + z = -1 \\ -x - 2y + z = 1 \\ -x - 3y - z = 2 \end{cases}$

12. 掃き出し法

この節では，一般の連立 1 次方程式の解法を与える．

12a 行基本変形と行標準形

例 12.1.

- 次の連立 1 次方程式を同値変形によって解いてみよう．

$$\begin{cases} 2x - 4y = 6 & \cdots ① \\ x - y = 5 & \cdots ② \end{cases} \tag{12.1}$$

(i) 式の位置の入れ替え (もう一度入れ替えるともとに戻る)．

$$\begin{cases} x - y = 5 & \cdots ② \\ 2x - 4y = 6 & \cdots ① \end{cases}$$

(ii) ある式を c 倍する $(c \neq 0)$ (その式を $\frac{1}{c}$ 倍すればもとに戻る).

$$\begin{cases} x - y = 5 & \cdots ② \\ x - 2y = 3 & \cdots ③ := ① \times \dfrac{1}{2} \end{cases}$$

(iii) 1つの式の c 倍 $(c \in \mathbb{R})$ を別の式に加える ($(-c)$ 倍を足せばもとに戻る).

$$\begin{cases} x - y = 5 & \cdots ② \\ \quad -y = -2 & \cdots ④ := ③ + ② \times (-1) \end{cases}$$

- 以下同様にしてこの3種類の同値変形を続けると,

$$\begin{cases} x - y = 5 & \cdots ② \\ \qquad y = 2 & \cdots ⑤ := ④ \times (-1), \end{cases}$$

$$\begin{cases} x = 7 & \cdots ⑥ := ② + ⑤ \\ y = 2 & \cdots ⑤. \end{cases}$$

- 以上の方程式は同値であるからどれも同じ解をもつ. 最後の形から, 解は $\begin{bmatrix} x \\ y \end{bmatrix} = \begin{bmatrix} 7 \\ 2 \end{bmatrix}$ となる.

解説 12.2 (拡大係数行列による略記).

- 式 (12.1) を行列の積の形で表すと

$$\begin{bmatrix} 2 & -4 \\ 1 & -1 \end{bmatrix} \begin{bmatrix} x \\ y \end{bmatrix} = \begin{bmatrix} 6 \\ 5 \end{bmatrix}$$

となるが, これを行列 $\left[\begin{array}{cc|c} 2 & -4 & 6 \\ 1 & -1 & 5 \end{array}\right]$ で略記する.

- 上に現れた連立1次方程式をすべてこの形で表すと, 以上の同値変形は右のようになる.
- 右では, 括弧は省略し, 横線で方程式を区分した. また, 行の入れ替えは双頭の矢印で, c 倍はその行の位置に $\times c$ と書いて表した. i 行の c 倍を j 行に加えることは, i 行から j 行に向かう曲がった矢印の上に c を書いて表した ($c = 1$ のときは c を省略).

2	-4	6	
1	-1	5	
1	-1	5	
2	-4	6	$\times\frac{1}{2}$
1	-1	5	-1
1	-2	3	
1	-1	5	
0	-1	-2	$\times(-1)$
1	-1	5	
0	1	2	
1	0	7	
0	1	2	

解説 12.3 (拡大係数行列の行変形). 上のことを一般化する.

- 一般に連立 1 次方程式 (11.4) に対して，次の式の変形はすべて同値変形であるため，変形した後の方程式は，(11.4) と同じ解をもつ.
  (i) i 式と j 式を入れ替える $(i \neq j)$.
  (ii) i 式を c 倍する $(c \neq 0)$.
  (iii) i 式の c 倍を j 式に加える $(c \in \mathbb{R},\ i \neq j)$.
- 連立 1 次方程式 (11.4) に対して，行列

$$\left[\begin{array}{cccc|c} a_{11} & a_{12} & \cdots & a_{1n} & b_1 \\ a_{21} & a_{22} & \cdots & a_{2n} & b_2 \\ \vdots & \vdots & \ddots & \vdots & \vdots \\ a_{m1} & a_{m2} & \cdots & a_{mn} & b_m \end{array}\right]$$

  をその**拡大係数行列**とよぶ.
- 上の式変形は，拡大係数行列に対する次の 3 種類の変形 (**行基本変形**とよぶ) に対応する.
  (i) i 行と j 行を入れ替える $(i \neq j)$. これを $[i\text{ 行} \leftrightarrow j\text{ 行}]$ で表す.
  (ii) i 行を c 倍する $(c \neq 0)$. これを $[i\text{ 行} \times c]$ で表す.
  (iii) i 行の c 倍を j 行に加える $(c \in \mathbb{R},\ i \neq j)$. これを $[i\text{ 行} \overset{c}{\curvearrowright} j\text{ 行}]$ で表す.
- 行基本変形を何度か繰り返して (これを**行変形**とよぶ) 得られた行列の表す方程式は，(11.4) と同じ解をもつ.

上の例のように，最終的にすぐに解が求まる形 (行標準形) に変形して方程式を解く方法を，以下に与える.

定理 12.4. A を (m,n) 型行列とする (m,n は自然数). A に行変形を行って次の形 (これを A の**行標準形**とよぶ) にできる.

$$(\overbrace{\mathbf{0},\cdots,\mathbf{0}}^{i_1-1},\underset{\smile}{\overset{i_1}{\boldsymbol{e}_1}},\boldsymbol{b}^{(1)}_{i_1+1},\cdots,\boldsymbol{b}^{(1)}_{i_2-1},\overset{i_2}{\boldsymbol{e}_2},\boldsymbol{b}^{(2)}_{i_2+1},\cdots,\boldsymbol{b}^{(2)}_{i_3-1},\cdots,\overset{i_r}{\boldsymbol{e}_r},\boldsymbol{b}^{(r)}_{i_r+1},\cdots,\boldsymbol{b}^{(r)}_{n}) \tag{12.2}$$

すなわち，$r \geqq 0$ ($r=0$ のときは零行列) で，

(1) $i_1 < i_2 < \cdots < i_r$，第 i_j 列は $\boldsymbol{e}_j$ $(j=1,\ldots,r)$ であり，

(2) 各列ベクトル $\boldsymbol{b}^{(j)}_k$ の $j+1$ 行目から最下行までは 0 である $(j=1,\ldots,r)$.

例 12.5 (行標準形の例). 上の定義のままではわかりにくいので，例をあげる．零でない元のありうる位置を $*$ で表す．

- $m=4,\ n=9,\ r=3,\ i_1=2,\ i_2=5,\ i_3=7$ のとき，

$$\begin{bmatrix} 0 & 1 & * & * & 0 & * & 0 & * & * \\ 0 & 0 & 0 & 0 & 1 & * & 0 & * & * \\ 0 & 0 & 0 & 0 & 0 & 0 & 1 & * & * \\ 0 & 0 & 0 & 0 & 0 & 0 & 0 & 0 & 0 \end{bmatrix}$$

- $m=4,\ n=7,\ r=3,\ i_1=1,\ i_2=3,\ i_3=4$ のとき，

$$\begin{bmatrix} 1 & * & 0 & 0 & * & * & * \\ 0 & 0 & 1 & 0 & * & * & * \\ 0 & 0 & 0 & 1 & * & * & * \\ 0 & 0 & 0 & 0 & 0 & 0 & 0 \end{bmatrix}$$

- $m=4,\ n=4,\ r=4$ のとき，$i_1=1,\ i_2=2,\ i_3=3,\ i_4=4$ となり，

$$\begin{bmatrix} 1 & 0 & 0 & 0 \\ 0 & 1 & 0 & 0 \\ 0 & 0 & 1 & 0 \\ 0 & 0 & 0 & 1 \end{bmatrix}$$

証明. わかりやすくするために，例で説明する．一般の場合も同様である．

- $(4,6)$ 型行列 $A := \begin{bmatrix} 0 & 0 & 0 & 0 & 0 & 1 \\ 0 & 2 & 4 & -2 & 2 & 0 \\ 0 & -2 & -4 & 3 & 0 & 1 \\ 0 & 3 & 6 & -1 & 7 & 1 \end{bmatrix}$ を行標準形に変形する．
- 第1列から右へ見ていって初めて零ベクトルでない列をみつける．この例では第2列となる．
- その列の零でない成分 c を1つ選ぶ．その成分が第 i 行にあるとき，行変形 [1行 $\leftrightarrow$ i 行] でその成分を第1行へもっていく．この例では，[1行 $\leftrightarrow$ 2行]：

$$\begin{bmatrix} 0 & 0 & 0 & 0 & 0 & 1 \\ 0 & \boxed{2} & 4 & -2 & 2 & 0 \\ 0 & -2 & -4 & 3 & 0 & 1 \\ 0 & 3 & 6 & -1 & 7 & 1 \end{bmatrix} \to^{1)} \begin{bmatrix} 0 & \boxed{2} & 4 & -2 & 2 & 0 \\ 0 & 0 & 0 & 0 & 0 & 1 \\ 0 & -2 & -4 & 3 & 0 & 1 \\ 0 & 3 & 6 & -1 & 7 & 1 \end{bmatrix}.$$

- 行変形 [1行 $\times \frac{1}{c}$] を行い，その成分を1にする．

1) 変形の方向を表すこの矢印 “$\to$” を “$=$” とは書かないこと．この2つの行列は等しくない．

- この成分を使って 2 列の**これ以外の成分**を “掃き出す”．すなわちこの場合は，行変形 [1 行 $\overset{2}{\curvearrowright}$ 3 行] と [1 行 $\overset{-3}{\curvearrowright}$ 4 行] を行う．

$$
\to \begin{bmatrix} 0 & \boxed{1} & 2 & -1 & 1 & 0 \\ 0 & 0 & 0 & 0 & 0 & 1 \\ 0 & -2 & -4 & 3 & 0 & 1 \\ 0 & 3 & 6 & -1 & 7 & 1 \end{bmatrix}
\to \left[\begin{array}{cc|cccc} 0 & 1 & 2 & -1 & 1 & 0 \\ \hline 0 & 0 & 0 & 0 & 0 & 1 \\ 0 & 0 & 0 & \boxed{1} & 2 & 1 \\ 0 & 0 & 0 & 2 & 4 & 1 \end{array}\right]
\quad \underbrace{\hphantom{0\ 2\ 4\ 1}}_{\text{同じことを繰り返す}}
$$

- 以上で，$(\mathbf{0}, \boldsymbol{e}_1, \ldots)$ の形になった．同じことを，2 行から下，3 列から右の部分に繰り返す (この部分がないか，またはその成分がすべて 0 ならば終了)．

$$
\to \left[\begin{array}{cc|cccc} 0 & \boxed{1} & 2 & -1 & 1 & 0 \\ \hline 0 & 0 & 0 & \boxed{1} & 2 & 1 \\ 0 & 0 & 0 & 0 & 0 & 1 \\ 0 & 0 & 0 & 2 & 4 & 1 \end{array}\right]
\overset{*}{\to} \left[\begin{array}{cc|cc|cc} 0 & \boxed{1} & 2 & \boxed{0} & 3 & 1 \\ \hline 0 & 0 & 0 & 1 & 2 & 1 \\ \hline 0 & 0 & 0 & 0 & 0 & \boxed{1} \\ 0 & 0 & 0 & 0 & 0 & -1 \end{array}\right]
$$

$$
\overset{**}{\to} \begin{bmatrix} 0 & \boxed{1} & \underline{2} & \boxed{0} & 3 & \boxed{0} \\ 0 & 0 & 0 & 1 & \underline{2} & 0 \\ 0 & 0 & 0 & 0 & 0 & 1 \\ 0 & 0 & 0 & 0 & 0 & 0 \end{bmatrix}
$$

- 上の $\overset{*}{\to}$ の手順で，$\boldsymbol{e}_2$ を作るために，1 行にある -1 の掃き出しも忘れないこと．同様に，$\overset{**}{\to}$ の手順で，$\boldsymbol{e}_3$ を作るために，1 行，2 行にある 1 の掃き出しも忘れないこと． □

注意 12.6. 以上の手順をまとめて書くと次のようになる．

$$
\begin{array}{rrrrrrl}
0 & 0 & 0 & 0 & 0 & 1 & \curvearrowleft \\
0 & 2 & 4 & -2 & 2 & 0 & \curvearrowleft \\
0 & -2 & -4 & 3 & 0 & 1 & \\
0 & 3 & 6 & -1 & 7 & 1 & \\ \hline
0 & 2 & 4 & -2 & 2 & 0 & \times\frac{1}{2} \\
0 & 0 & 0 & 0 & 0 & 1 & \\
0 & -2 & -4 & 3 & 0 & 1 & \\
0 & 3 & 6 & -1 & 7 & 1 & \\
 & & & \multicolumn{3}{r}{\text{右上へ}\nearrow} &
\end{array}
\quad
\begin{array}{rrrrrrl}
0 & 1 & 2 & -1 & 1 & 0 & \\
0 & 0 & 0 & 0 & 0 & 1 & \\
0 & -2 & -4 & 3 & 0 & 1 & \curvearrowleft 2 \\
0 & 3 & 6 & -1 & 7 & 1 & \curvearrowleft -3 \\ \hline
0 & 1 & 2 & -1 & 1 & 0 & \\
0 & 0 & 0 & 0 & 0 & 1 & \curvearrowleft \\
0 & 0 & 0 & 1 & 2 & 1 & \curvearrowleft \\
0 & 0 & 0 & 2 & 4 & 1 & \\
 & & & \multicolumn{3}{r}{\text{右上へ}\nearrow} &
\end{array}
\quad
\begin{array}{rrrrrrl}
0 & 1 & 2 & -1 & 1 & 0 & \\
0 & 0 & 0 & 1 & 2 & 1 & \\
0 & 0 & 0 & 0 & 0 & 1 & \\
0 & 0 & 0 & 2 & 4 & 1 & \curvearrowleft -2 \\ \hline
0 & 1 & 2 & 0 & 3 & 1 & \curvearrowleft -1 \\
0 & 0 & 0 & 1 & 2 & 1 & \curvearrowleft -1 \\
0 & 0 & 0 & 0 & 0 & 1 & \\
0 & 0 & 0 & 0 & 0 & -1 & \curvearrowleft \\ \hline
0 & 1 & 2 & 0 & 3 & 0 & \\
0 & 0 & 0 & 1 & 2 & 0 & \\
0 & 0 & 0 & 0 & 0 & 1 & \\
0 & 0 & 0 & 0 & 0 & 0 &
\end{array}
$$

定義 12.7.

- 系 15.13 で，(12.2) における値 r は，行変形の仕方によらずに A によってただ 1 つに決まることが示される[2]．
- そこで，(12.2) における値 r を A の**階数**とよび，$\mathrm{rank}(A)$ で表す．例えば定理 12.4 の証明で用いたすぐ上の例では，$\mathrm{rank}(A)=3$.

注意 12.8.

- 行標準形の形から $\mathrm{rank}(A) \leqq m, n$ となっていることに注意．
- 付録 22a で示されるように，(m,n) 型行列 A の行標準形 (12.2) は，どのように行変形して計算しても同じ行列になる．これによって，(12.2) を行変形のもとでの "標準形" という意味で，行標準形とよぶことが正当化される．

12b　行標準形方程式の解法

上の方法を使って，拡大係数行列の係数行列の部分を行標準形に変形することができる．ここまで変形できれば，次の定理によってすべての解を求めることができる．

定理 12.9. 係数行列が行標準形となっているような拡大係数行列

$$(\overbrace{\mathbf{0},\cdots,\mathbf{0}}^{i_1-1},\overset{i_1}{\smile}\!\!\!\!\boldsymbol{e}_1,\boldsymbol{b}^{(1)}_{i_1+1},\cdots,\boldsymbol{b}^{(1)}_{i_2-1},\overset{i_2}{\smile}\!\!\!\!\boldsymbol{e}_2,\boldsymbol{b}^{(2)}_{i_2+1},\cdots,\boldsymbol{b}^{(2)}_{i_3-1},\cdots,\overset{i_r}{\smile}\!\!\!\!\boldsymbol{e}_r,\boldsymbol{b}^{(r)}_{i_r+1},\cdots,\boldsymbol{b}^{(r)}_{n}\mid\boldsymbol{c})$$

で表示される連立 1 次方程式を考える．

(1) この方程式が解をもつためには，$c_{r+1}=0,\ldots,c_m=0$ となることが必要十分である．

(2) このとき，解の全体は次で与えられる．

$x_j=k_j\ (j\neq i_1,i_2,\ldots,i_r)$ を任意の数として，

$$\begin{bmatrix} x_{i_1} \\ x_{i_2} \\ \vdots \\ x_{i_r} \end{bmatrix} = \begin{bmatrix} c_1 \\ c_2 \\ \vdots \\ c_r \end{bmatrix} - \sum_{j\neq i_1,i_2\ldots,i_r} k_j\boldsymbol{b}_j$$

ただし，$\boldsymbol{b}_j$ は $\boldsymbol{b}^{(i)}_j$ の 1 行から r 行までからなる r 次列ベクトルである．

(3) したがって，この方程式が解を 1 組しかもたないためには，$j\neq i_1,\ldots,i_r$ となる j がないこと，すなわち $r=n$ となることが必要十分である．

---

2)　このことは，付録 22a で示されるように，集合 $\{i_1,\ldots,i_r\}$ が A の階数型に一致することからもわかる．

(4) このとき，ただ1組の解は次で与えられる．

$$\begin{bmatrix} x_1 \\ x_2 \\ \vdots \\ x_n \end{bmatrix} = \begin{bmatrix} c_1 \\ c_2 \\ \vdots \\ c_n \end{bmatrix}$$

証明. 次の例で説明する．一般の場合も同様である．

- この例では，$m=4$, $n=6$, $r=3$, $i_1=2$, $i_2=4$, $i_3=6$ で，係数行列の部分が前定理の証明で与えた行標準形になっている．

$$\left[\begin{array}{cccccc|c} 0 & 1 & 2 & 0 & 3 & 0 & 2 \\ 0 & 0 & 0 & 1 & 2 & 0 & -1 \\ 0 & 0 & 0 & 0 & 0 & 1 & 1 \\ 0 & 0 & 0 & 0 & 0 & 0 & c_4 \end{array}\right]$$

- これをもとの方程式に戻すと，

$$\begin{cases} x_2 + 2x_3 \qquad + 3x_5 \qquad = 2 \\ \qquad\qquad x_4 + 2x_5 \qquad = -1 \\ \qquad\qquad\qquad\qquad x_6 = 1 \\ \qquad\qquad\qquad\qquad 0 = c_4 \end{cases}$$

- (1) の必要性．ここで，$c_4 \neq 0$ とすると，最後の式が成り立たないから解は存在しない．
- (1) の十分性と (2)．逆に，$c_4 = 0$ ならば，上の式より，最初に与えられた方程式は，次の方程式と同値になる．

$$\begin{bmatrix} x_2 \\ x_4 \\ x_6 \end{bmatrix} = \begin{bmatrix} 2 \\ -1 \\ 1 \end{bmatrix} - x_3 \begin{bmatrix} 2 \\ 0 \\ 0 \end{bmatrix} - x_5 \begin{bmatrix} 3 \\ 2 \\ 0 \end{bmatrix}$$

- したがって，$x_1 = k_1$, $x_3 = k_3$, $x_5 = k_3$ を任意の数として，残りの x_2, x_4, x_6 を

$$\begin{bmatrix} x_2 \\ x_4 \\ x_6 \end{bmatrix} = \begin{bmatrix} 2 \\ -1 \\ 1 \end{bmatrix} - k_3 \begin{bmatrix} 2 \\ 0 \\ 0 \end{bmatrix} - k_5 \begin{bmatrix} 3 \\ 2 \\ 0 \end{bmatrix}$$

  で与えれば，これが解の全体を与える[3]．

3) $x_1, \ldots, x_6$ がこの形ならば方程式をみたし，逆に方程式をみたすならば，それはこの形に書ける．

- (3), (4) は (1), (2) からしたがう. □

注意 12.10.

- 上で，変数を全部1つにまとめると，解の全体は次で与えられる．

$$\begin{bmatrix} x_1 \\ x_2 \\ x_3 \\ x_4 \\ x_5 \\ x_6 \end{bmatrix} = \begin{bmatrix} k_1 \\ 2-2k_3-3k_5 \\ k_3 \\ -1-2k_5 \\ k_5 \\ 1 \end{bmatrix}$$

$$= \begin{bmatrix} 0 \\ 2 \\ 0 \\ -1 \\ 0 \\ 1 \end{bmatrix} + k_1 \begin{bmatrix} 1 \\ 0 \\ 0 \\ 0 \\ 0 \\ 0 \end{bmatrix} + k_3 \begin{bmatrix} 0 \\ -2 \\ 1 \\ 0 \\ 0 \\ 0 \end{bmatrix} + k_5 \begin{bmatrix} 0 \\ -3 \\ 0 \\ -2 \\ 1 \\ 0 \end{bmatrix} \quad (k_1, k_3, k_5 \in \mathbb{R})$$

- あるいは，ベクトルのままで計算すると，

$$\begin{bmatrix} x_1 \\ x_2 \\ x_3 \\ x_4 \\ x_5 \\ x_6 \end{bmatrix} = \begin{bmatrix} x_1 \\ 0 \\ x_3 \\ 0 \\ x_5 \\ 0 \end{bmatrix} + \begin{bmatrix} 0 \\ x_2 \\ 0 \\ x_4 \\ 0 \\ x_6 \end{bmatrix}$$

$$= k_1 \begin{bmatrix} 1 \\ 0 \\ 0 \\ 0 \\ 0 \\ 0 \end{bmatrix} + k_3 \begin{bmatrix} 0 \\ 0 \\ 1 \\ 0 \\ 0 \\ 0 \end{bmatrix} + k_5 \begin{bmatrix} 0 \\ 0 \\ 0 \\ 0 \\ 1 \\ 0 \end{bmatrix} + \begin{bmatrix} 0 \\ 2 \\ 0 \\ -1 \\ 0 \\ 1 \end{bmatrix} - k_3 \begin{bmatrix} 0 \\ 2 \\ 0 \\ 0 \\ 0 \\ 0 \end{bmatrix} - k_5 \begin{bmatrix} 0 \\ 3 \\ 0 \\ 2 \\ 0 \\ 0 \end{bmatrix}$$

$$= \begin{bmatrix} 0 \\ 2 \\ 0 \\ -1 \\ 0 \\ 1 \end{bmatrix} + k_1 \begin{bmatrix} 1 \\ 0 \\ 0 \\ 0 \\ 0 \\ 0 \end{bmatrix} + k_3 \begin{bmatrix} 0 \\ -2 \\ 1 \\ 0 \\ 0 \\ 0 \end{bmatrix} + k_5 \begin{bmatrix} 0 \\ -3 \\ 0 \\ -2 \\ 1 \\ 0 \end{bmatrix} \quad (k_1, k_3, k_5 \in \mathbb{R})$$

- この計算から，一般の場合は，解をベクトルの形で書くと，その全体は次で与えられることがわかる．

$$\boldsymbol{x} = \overline{\boldsymbol{c}} + \sum_{j \neq i_1, i_2, \ldots, i_r} k_j(\boldsymbol{e}_j - \overline{\boldsymbol{b}_j}) \quad (k_j \in \mathbb{R},\ j \neq i_1, i_2, \ldots, i_r). \tag{12.3}$$

ただし，ベクトル $\boldsymbol{d} = \boldsymbol{b}_j, \boldsymbol{c}$ に対して，$\overline{\boldsymbol{d}}$ を次のように定める．

$$\overline{\boldsymbol{d}} \text{ の第 } i \text{ 成分} = \begin{cases} d_j & (i = i_j,\ j = 1, \ldots, r) \\ 0 & (\text{その他}) \end{cases} \qquad (i = 1, \ldots, n)$$

- 実際の計算では，解は上のように単純に計算できるので，公式 (12.3) は覚えていなくても困ることはない (下の例 12.12 も参照)．

12c 掃き出し法

解説 12.11.

- 定理 12.4 と定理 12.9 を用いると一般の連立 1 次方程式を解くことができる．手順は次のとおりである．この解法を**掃き出し法**とよぶ．

(a) 連立 1 次方程式 $A\boldsymbol{x} = \boldsymbol{b}$ を拡大係数行列 $[A \mid \boldsymbol{b}]$ で表す．

(b) 定理 12.4 の証明の方法を用いて，A の部分を行標準形に行変形する．

(c) 定理 12.9 を用いて，解をもつか判定し，この標準化された方程式を解く．

例 12.12. 次の連立 1 次方程式を解く．

$$\begin{cases} x_1 + 2x_2 - x_3 - 5x_4 = 1 \\ 2x_1 + 4x_2 - 2x_3 - 10x_4 + x_5 = 1 \\ -2x_1 - 4x_2 + 3x_3 + 13x_4 + x_5 = -2 \\ 3x_1 + 6x_2 - x_3 - 9x_4 + x_5 = a \end{cases} \tag{12.4}$$

(a) この方程式を拡大係数行列で表す．

$$\left[\begin{array}{ccccc|c} 1 & 2 & -1 & -5 & 0 & 1 \\ 2 & 4 & -2 & -10 & 1 & 1 \\ -2 & -4 & 3 & 13 & 1 & -2 \\ 3 & 6 & -1 & -9 & 1 & a \end{array}\right]$$

(b) 行標準形に行変形する．

$$
\begin{array}{rrrrr|c l}
1 & 2 & -1 & -5 & 0 & 1 & \\
2 & 4 & -2 & -10 & 1 & 1 & \leftarrow -2 \\
-2 & -4 & 3 & 13 & 1 & -2 & \leftarrow 2 \\
3 & 6 & -1 & -9 & 1 & a & \leftarrow -3 \\
\hline
1 & 2 & -1 & 5 & 0 & 1 & \\
0 & 0 & 0 & 0 & 1 & -1 & \updownarrow \\
0 & 0 & 1 & 3 & 1 & 0 & \\
0 & 0 & 2 & 6 & 1 & a-3 & \\
\hline
1 & 2 & -1 & -5 & 0 & 1 & \\
0 & 0 & 1 & 3 & 1 & 0 & \\
0 & 0 & 0 & 0 & 1 & -1 & \\
0 & 0 & 2 & 6 & 1 & a-3 & \leftarrow -2
\end{array}
$$

右上へ ↗

$$
\begin{array}{rrrrr|c l}
1 & 2 & 0 & -2 & 1 & 1 & \leftarrow -1 \\
0 & 0 & 1 & 3 & 1 & 0 & \leftarrow -1 \\
0 & 0 & 0 & 0 & 1 & -1 & \\
0 & 0 & 0 & 0 & -1 & a-3 & \leftarrow \\
\hline
1 & 2 & 0 & -2 & 0 & 2 & \\
0 & 0 & 1 & 3 & 0 & 1 & \\
0 & 0 & 0 & 0 & 1 & -1 & \\
0 & 0 & 0 & 0 & 0 & a-4 &
\end{array}
$$

(c) これが解をもつためには，$a-4=0$, すなわち $a=4$ であることが必要十分である．このとき，もとの方程式 (12.4) は次と同値である．

$$
\begin{cases}
x_1 + 2x_2 \qquad - 2x_4 = 2 \\
\qquad\qquad x_3 + 3x_4 = 1 \\
\qquad\qquad\qquad\qquad x_5 = -1
\end{cases}
$$

- すなわち，

$$
\begin{bmatrix} x_1 \\ x_3 \\ x_5 \end{bmatrix} = \begin{bmatrix} 2-2x_2+2x_4 \\ 1-3x_4 \\ -1 \end{bmatrix}
$$

と同値であるから，(12.4) は次のように解ける．

$$
\begin{aligned}
\begin{bmatrix} x_1 \\ x_2 \\ x_3 \\ x_4 \\ x_5 \end{bmatrix} &= \begin{bmatrix} 2-2k_2+2k_4 \\ k_2 \\ 1-3k_4 \\ k_4 \\ -1 \end{bmatrix} \\
&= \begin{bmatrix} 2 \\ 0 \\ 1 \\ 0 \\ -1 \end{bmatrix} + k_2 \begin{bmatrix} -2 \\ 1 \\ 0 \\ 0 \\ 0 \end{bmatrix} + k_4 \begin{bmatrix} 2 \\ 0 \\ -3 \\ 1 \\ 0 \end{bmatrix} \quad (k_2, k_4 \in \mathbb{R}) \qquad (12.5)
\end{aligned}
$$

12d 検 算 法

次の定理は，得られたものが解になっているかどうか検算する方法を与える．

定理 12.13. m 式，n 変数の連立 1 次方程式 $A\boldsymbol{x} = \boldsymbol{b}$ と n 次ベクトル $\boldsymbol{v}_0, \boldsymbol{v}_1, \ldots, \boldsymbol{v}_t$ に対して，次は同値である．

(1) (i) $\boldsymbol{x} = \boldsymbol{v}_1, \boldsymbol{v}_2, \ldots, \boldsymbol{v}_t$ は $A\boldsymbol{x} = \boldsymbol{0}$ をみたし，

(ii) $\boldsymbol{x} = \boldsymbol{v}_0$ は $A\boldsymbol{x} = \boldsymbol{b}$ をみたす．

(2) 次のベクトルは，すべて $A\boldsymbol{x} = \boldsymbol{b}$ の解である．

$$\boldsymbol{v}_0 + k_1\boldsymbol{v}_1 + k_2\boldsymbol{v}_2 + \cdots + k_t\boldsymbol{v}_t \quad (k_1, k_2, \ldots, k_t \in \mathbb{R})$$

証明.

- (1) ⇒ (2)．(1) を仮定する．
- $\boldsymbol{x} := \boldsymbol{v}_0 + k_1\boldsymbol{v}_1 + k_2\boldsymbol{v}_2 + \cdots + k_t\boldsymbol{v}_t$ が $A\boldsymbol{x} = \boldsymbol{b}$ をみたすことを示せばよい．

$$\begin{aligned} A\boldsymbol{x} &= A(\boldsymbol{v}_0 + k_1\boldsymbol{v}_1 + k_2\boldsymbol{v}_2 + \cdots + k_t\boldsymbol{v}_t) \\ &= A\boldsymbol{v}_0 + A(k_1\boldsymbol{v}_1) + A(k_2\boldsymbol{v}_2) + \cdots + A(k_t\boldsymbol{v}_t) \\ &= A\boldsymbol{v}_0 + k_1A\boldsymbol{v}_1 + k_2A\boldsymbol{v}_2 + \cdots + k_tA\boldsymbol{v}_t \\ &= \boldsymbol{b} + \boldsymbol{0} + \boldsymbol{0} + \cdots + \boldsymbol{0} \\ &= \boldsymbol{b} \end{aligned}$$

- (2) ⇒ (1)．(2) を仮定する．
- $k_1 = k_2 = \cdots = k_t = 0$ のときを考えると，(ii) が成り立つ．
- $k_1 = 1$, $k_2 = k_3 = \cdots = k_t = 0$ のときを考えると，$\boldsymbol{x} = \boldsymbol{v}_0 + \boldsymbol{v}_1$ も $A\boldsymbol{x} = \boldsymbol{b}$ をみたす．すなわち，$A(\boldsymbol{v}_0 + \boldsymbol{v}_1) = \boldsymbol{b}$.
- よって，$\boldsymbol{b} = A(\boldsymbol{v}_0 + \boldsymbol{v}_1) = A\boldsymbol{v}_0 + A\boldsymbol{v}_1 = \boldsymbol{b} + A\boldsymbol{v}_1$ であるから $A\boldsymbol{v}_1 = \boldsymbol{0}$.
- 同様にして，$A\boldsymbol{v}_i = \boldsymbol{0}$ $(i = 2, 3, \ldots, t)$ となり，(i) が成り立つ． □

例 12.14. 上の定理を用いて，連立 1 次方程式 (12.4) の解 (12.5) の検算を行う．

- この例では，$A, \boldsymbol{b}, \boldsymbol{v}_0, \boldsymbol{v}_1, \boldsymbol{v}_2$ はそれぞれ次で与えられている：

$$\begin{bmatrix} 1 & 2 & -1 & -5 & 0 \\ 2 & 4 & -2 & -10 & 1 \\ -2 & -4 & 3 & 13 & 1 \\ 3 & 6 & -1 & -9 & 1 \end{bmatrix}, \quad \begin{bmatrix} 1 \\ 1 \\ -2 \\ 4 \end{bmatrix}, \quad \begin{bmatrix} 2 \\ 0 \\ 1 \\ 0 \\ -1 \end{bmatrix}, \quad \begin{bmatrix} -2 \\ 1 \\ 0 \\ 0 \\ 0 \end{bmatrix}, \quad \begin{bmatrix} 2 \\ 0 \\ -3 \\ 1 \\ 0 \end{bmatrix}.$$

- よって $A\boldsymbol{v}_0, A\boldsymbol{v}_1, A\boldsymbol{v}_2$ は次のようになる：

$$A\boldsymbol{v}_0 = \begin{bmatrix} 2-1+0 \\ 4-2-1 \\ -4+3-1 \\ 6-1-1 \end{bmatrix}, \quad A\boldsymbol{v}_1 = \begin{bmatrix} -2+2 \\ -4+4 \\ 4-4 \\ -6+6 \end{bmatrix}, \quad A\boldsymbol{v}_2 = \begin{bmatrix} 2+3-5 \\ 4+6-10 \\ -4-9+13 \\ 6+3-9 \end{bmatrix}.$$

- 確かに，$A\boldsymbol{v}_0 = \boldsymbol{b}$, $A\boldsymbol{v}_1 = \boldsymbol{0}$, $A\boldsymbol{v}_2 = \boldsymbol{0}$ が成り立っているので，(12.5) は (12.4) の解になっている．

12e 同次連立1次方程式

定義 12.15.

- 定数項がすべて0であるような連立1次方程式

$$\begin{cases} a_{11}x_1 + a_{12}x_2 + \cdots + a_{1n}x_n = 0 \\ a_{21}x_1 + a_{22}x_2 + \cdots + a_{2n}x_n = 0 \\ \quad \vdots \qquad\qquad \vdots \qquad\qquad\qquad \vdots \\ a_{m1}x_1 + a_{m2}x_2 + \cdots + a_{mn}x_n = 0 \end{cases}$$

  を**同次**連立1次方程式とよぶ．
- A をその係数行列とすると，これは $A\boldsymbol{x} = \boldsymbol{0}$ の形に書ける．
- これはいつでも解 $\boldsymbol{x} = \boldsymbol{0}$ をもつ．この解を**自明解**とよび，これ以外の解を**非自明解**とよぶ．

注意 12.16.

- 同次連立1次方程式の拡大係数行列は，次の形をしている．

$$\left[\begin{array}{cccc|c} a_{11} & a_{12} & \cdots & a_{1n} & 0 \\ a_{21} & a_{22} & \cdots & a_{2n} & 0 \\ \vdots & \vdots & \ddots & \vdots & \vdots \\ a_{m1} & a_{m2} & \cdots & a_{mn} & 0 \end{array}\right]$$

- これに行変形を行っても，最後の列はつねに零ベクトルである．
- したがって，掃き出し法で解くときには，係数行列の変形だけをみれば十分である．

例 12.17. 次の同次連立1次方程式を係数行列の掃き出し法で解く．

$$\begin{cases} 2x - y - 3z = 0 \\ -6x + 3y + 9z = 0 \\ -4x + 2y + 6z = 0 \end{cases}$$

$$
\begin{array}{ccc|l}
2 & -1 & -3 & \\
-6 & 3 & 9 & \leftarrow 3 \\
-4 & 2 & 6 & \leftarrow 2 \\
\hline
2 & -1 & -3 & \times\frac{1}{2} \\
0 & 0 & 0 & \\
0 & 0 & 0 & \\
\hline
1 & -\frac{1}{2} & -\frac{3}{2} & \\
0 & 0 & 0 & \\
0 & 0 & 0 &
\end{array}
$$

$$x = \frac{1}{2}y + \frac{3}{2}z,$$

$$\therefore \begin{bmatrix} x \\ y \\ z \end{bmatrix} = \begin{bmatrix} \frac{1}{2}k_2 + \frac{3}{2}k_3 \\ k_2 \\ k_3 \end{bmatrix} = k_2 \begin{bmatrix} \frac{1}{2} \\ 1 \\ 0 \end{bmatrix} + k_3 \begin{bmatrix} \frac{3}{2} \\ 0 \\ 1 \end{bmatrix} \quad (k_2, k_3 \in \mathbb{R}).$$

定理 12.18. A を (m, n) 型行列 (m, n は自然数) とする．このとき，

(1) "同次方程式 $A\boldsymbol{x} = \mathbf{0}$ が自明解しかもたない" $\Longleftrightarrow$ $\mathrm{rank}(A) = n$.

(2) したがって特に，$m < n$ (A は横長) ならば，この方程式は非自明解をもつ．

証明.

(1) 定理 12.9 より，

$$\text{“}A\boldsymbol{x} = \mathbf{0}\text{ が自明解しかもたない”} \Longleftrightarrow \text{“}A\boldsymbol{x} = \mathbf{0}\text{ の解は 1 組しかない”} \overset{\text{定理 12.9}}{\Longleftrightarrow} \mathrm{rank}(A) = n.$$

(2) $\mathrm{rank}(A) \leqq m$ より，$m < n$ ならば $\mathrm{rank}(A) < n$. □

注意 12.19. 現時点でも，上の定理から，少なくとも $\mathrm{rank}(A) = n$ かどうかは，A の行変形の仕方によらずに決まることがわかる．

定理 12.20. A を (m, n) 型行列 (m, n は自然数) とし，$t = n - \mathrm{rank}(A)$ とおく．このとき，同次方程式 $A\boldsymbol{x} = \mathbf{0}$ の解の全体は，あるベクトル $\boldsymbol{v}_1, \ldots, \boldsymbol{v}_t$ によって

$$\boldsymbol{x} = k_1\boldsymbol{v}_1 + \cdots + k_t\boldsymbol{v}_t \quad (k_1, \ldots, k_t \in \mathbb{R})$$

の形に表される．

証明.

- A の行標準形が定理 12.9 の形をしているとする．
- 注意 12.10 より，方程式 $A\boldsymbol{x} = \mathbf{0}$ の解の全体は (12.3) で与えられる：

$$\boldsymbol{x} = \overline{\boldsymbol{c}} + \sum_{j \neq i_1, i_2, \ldots, i_r} k_j(\boldsymbol{e}_j - \overline{\boldsymbol{b}_j}) \quad (k_j \in \mathbb{R},\ j \neq i_1, i_2, \ldots, i_r).$$

- ここで，方程式が同次方程式であるから $\overline{\boldsymbol{c}} = \mathbf{0}$ ($\because$ どんなに行変形を行っても拡大係数行列の最も右の列はつねに $\mathbf{0}$ である).

- さらに $r = \mathrm{rank}(A)$ であるから，$\boldsymbol{e}_j - \overline{\boldsymbol{b}_j}$ $(j \neq i_1, i_2, \ldots, i_r)$ は全部でちょうど t 個ある．
- したがって，これらを順に $\boldsymbol{v}_1, \ldots, \boldsymbol{v}_t$ とればよい． □

定義 12.21. 上の定理において，ベクトル $\boldsymbol{v}_1, \ldots, \boldsymbol{v}_t$ を同次方程式 $A\boldsymbol{x} = \boldsymbol{0}$ の基本解とよぶ．

練習問題

問 12.1. 次の行列の行標準形と階数を求めよ．

(1) $\begin{bmatrix} 1 & 2 & -1 \\ 2 & 4 & -6 \\ 3 & 5 & -7 \end{bmatrix}$ (2) $\begin{bmatrix} 1 & 1 & -6 \\ -3 & 1 & 2 \\ 1 & -1 & 2 \end{bmatrix}$

(3) $\begin{bmatrix} 1 & -1 & 1 & 2 \\ 2 & 1 & -4 & 1 \\ 1 & 2 & -5 & -1 \end{bmatrix}$ (4) $\begin{bmatrix} 1 & -1 & 2 & -4 \\ 2 & -2 & 3 & -6 \\ -1 & 1 & -3 & 6 \\ -3 & 3 & -4 & 8 \end{bmatrix}$

問 12.2. 次の連立1次方程式を掃出し法で解け．定理 12.13 を用いて検算も行え．((4) では，解をもつように a の値を定めよ．)

(1) $\begin{cases} x + 2y - z = 2 \\ 2x + 4y - 6z = -8 \\ 3x + 5y - 7z = -8 \end{cases}$ (2) $\begin{cases} x + y - 6z = 3 \\ -3x + y + 2z = -1 \\ x - y + 2z = -1 \end{cases}$ (3) $\begin{cases} x + y - z = 5 \\ 2x + z = -2 \\ x - y + 2z = 0 \end{cases}$

(4) $\begin{cases} x_1 - x_2 + x_3 + 2x_4 = 0 \\ 2x_1 + x_2 - 4x_3 + x_4 = 1 \\ x_1 + 2x_2 - 5x_3 - x_4 = a \end{cases}$ (5) $\begin{cases} x_1 - x_2 + 2x_3 - 4x_4 = -3 \\ 2x_1 - 2x_2 + 3x_3 - 6x_4 = -4 \\ -x_1 + x_2 - 3x_3 + 6x_4 = 5 \\ -3x_1 + 3x_2 - 4x_3 + 8x_4 = 5 \end{cases}$

問 12.3. 次の同次連立1次方程式を掃出し法で解け．

$$\begin{cases} x_1 - x_2 + 2x_3 - 4x_4 = 0 \\ 2x_1 - 2x_2 + 3x_3 - 6x_4 = 0 \\ -x_1 + x_2 - 3x_3 + 6x_4 = 0 \\ -3x_1 + 3x_2 - 4x_3 + 8x_4 = 0 \end{cases}$$

問 12.4. 次の同次連立1次方程式の基本解を1組求めよ (a は定数).

$$\begin{cases} x_1 - x_2 + x_3 + x_4 = 0 \\ 2x_1 + x_2 + 5x_3 - x_4 = 0 \\ -x_1 + x_2 - x_3 + ax_4 = 0 \end{cases}$$

13. 基本変形と基本行列

以下，m, n は自然数とする．

13a　基 本 行 列

定義 13.1.

- 行列 A に行変形 R (解説 12.3 参照) を行って得られる行列を $R(A)$ と書く．
- R のあとさらに行変形 S を行う変形を SR と書く：

$$(SR)(A) = S(R(A)) \quad (A\text{: 行列}).$$

- 単位行列 E に行基本変形 R を行って得られる行列 $R(E)$ を**基本行列**とよぶ．

例 13.2. 5 次の基本行列を 3 種類あげる．

(i) $R = [2\text{行} \leftrightarrow 4\text{行}]$ のとき，

(ii) $R = [3\text{行} \times c]$ $(c \neq 0)$ のとき，

(iii) $R = [2\text{行} \overset{c}{\curvearrowright} 4\text{行}]$ $(c \in \mathbb{R})$ のとき，

R に対応する基本行列 $R(E_5)$ は次のようになる．

$$\text{(i)} \begin{bmatrix} 1 & 0 & 0 & 0 & 0 \\ 0 & 0 & 0 & 1 & 0 \\ 0 & 0 & 1 & 0 & 0 \\ 0 & 1 & 0 & 0 & 0 \\ 0 & 0 & 0 & 0 & 1 \end{bmatrix}, \quad \text{(ii)} \begin{bmatrix} 1 & 0 & 0 & 0 & 0 \\ 0 & 1 & 0 & 0 & 0 \\ 0 & 0 & c & 0 & 0 \\ 0 & 0 & 0 & 1 & 0 \\ 0 & 0 & 0 & 0 & 1 \end{bmatrix}, \quad \text{(iii)} \begin{bmatrix} 1 & 0 & 0 & 0 & 0 \\ 0 & 1 & 0 & 0 & 0 \\ 0 & 0 & 1 & 0 & 0 \\ 0 & c & 0 & 1 & 0 \\ 0 & 0 & 0 & 0 & 1 \end{bmatrix}$$

命題 13.3. A を (m, n) 型行列，$R_1, R_2, \ldots, R_t$ を行基本変形，$R := R_t \cdots R_2 R_1$ とすると，次が成り立つ．(右辺はすべて行列の積であることに注意．)

(1) $R(A) = R_t(E_m) \cdots R_2(E_m) \cdot R_1(E_m) \cdot A$

(2) $R(E_m) = R_t(E_m) \cdots R_2(E_m) \cdot R_1(E_m)$

(3) $R(A) = R(E_m) \cdot A$．すなわち，行変形は，その同じ変形を単位行列に行って得られる行列を，**左から掛ける**ことによって実行できる．

証明.

(1) <u>$t = 1$ のとき</u>，示すべきことは $R_1(A) = R_1(E_m) \cdot A$ であるが，これはすぐに確かめられる (下の例 13.4 参照)．

<u>$t \geqq 2$ のとき</u>．例えば $t = 3$ のとき，$t = 1$ のときの結果を 3 回使うと，

$$\begin{aligned} R(A) &= R_3(R_2(R_1(A))) = R_3(E_m) \cdot R_2(R_1(A)) \\ &= R_3(E_m) \cdot R_2(E_m) \cdot R_1(A) = R_3(E_m) \cdot R_2(E_m) \cdot R_1(E_m) \cdot A. \end{aligned}$$

一般の場合も同様である．

(2) (1) で $A = E_m$ とおけばよい．

(3) (2) を (1) に代入すればよい． □

例 13.4. $A = \begin{bmatrix} a_1 & a_2 \\ b_1 & b_2 \\ c_1 & c_2 \end{bmatrix}$, $R = [3\text{ 行} \overset{2}{\curvearrowright} 2\text{ 行}]$ のとき，

$$R(A) = R(E_3) \cdot A$$

を確かめる．

- $R(E_3) = \begin{bmatrix} 1 & 0 & 0 \\ 0 & 1 & 2 \\ 0 & 0 & 1 \end{bmatrix}$ で，これを A に左から掛けると，

$$\begin{array}{ccc|cc} & & & a_1 & a_2 \\ & & & b_1 & b_2 \\ & & & c_1 & c_2 \\ \hline 1 & 0 & 0 & a_1 & a_2 \\ 0 & 1 & 2 & b_1 + 2c_1 & b_2 + 2c_2 \\ 0 & 0 & 1 & c_1 & c_2 \end{array}$$

- このように，
  - 第1行は左から $(1, 0, 0)$ を掛けるため，A の1行はそのまま，
  - 第3行も左から $(0, 0, 1)$ を掛けるため，A の3行もそのまま，
  - 第2行は左から $(0, 1, 2)$ を掛けるため，A の2行に3行の2倍が加えられることがわかる．
- すなわち，$R(E_3) \cdot A = R(A)$ が成り立つ．

系 13.5. 基本行列は正則であり，その逆行列も基本行列である．

証明. n を自然数，R を行基本変形とする．

- 行基本変形 S を次で定義する．

$$S := \begin{cases} R & (R = [i\text{ 行} \leftrightarrow j\text{ 行}] \text{ の形のとき}) \\ [i\text{ 行} \times \frac{1}{c}] & (R = [i\text{ 行} \times c]\ (c \neq 0) \text{ の形のとき}) \\ [i\text{ 行} \overset{-c}{\curvearrowright} j\text{ 行}] & (R = [i\text{ 行} \overset{c}{\curvearrowright} j\text{ 行}]\ (c \in \mathbb{R},\ i \neq j) \text{ の形のとき}) \end{cases}$$

- すると，$(SR)(E_n) = E_n = (RS)(E_n)$ が成り立つ．
- よって，命題 13.3 より，$S(E_n) \cdot R(E_n) = E_n = R(E_n) \cdot S(E_n)$．
- すなわち，$R(E_n)$ は正則であり，$R(E_n)^{-1} = S(E_n)$ も基本行列である． □

定義 13.6.

- 上の証明で定義された S を行変形 R の**逆変形**とよび，R^{-1} で表す．すなわち，

$$[i\text{ 行} \leftrightarrow j\text{ 行}]^{-1} = [i\text{ 行} \leftrightarrow j\text{ 行}],$$

$$[i\text{ 行} \times c]^{-1} = [i\text{ 行} \times \frac{1}{c}],$$

$$[i\text{ 行} \overset{c}{\curvearrowright} j\text{ 行}]^{-1} = [i\text{ 行} \overset{-c}{\curvearrowright} j\text{ 行}].$$

- すると，上の証明より，

$$R^{-1}(E_n) = R(E_n)^{-1}.$$

定理 13.7. n 次行列 A に対して次は同値である．

(1) A は正則である．

(2) $\mathrm{rank}(A) = n$.

(3) A は単位行列に行変形できる．

(4) A は基本行列の積である．

証明.

- (1) $\Rightarrow$ (2)．A が正則ならば，定理 11.3 より，方程式 $A\boldsymbol{x} = \mathbf{0}$ はただ 1 つしか解をもたない．したがって，定理 12.18 より，$\mathrm{rank}(A) = n$.
- (2) $\Rightarrow$ (3)．$\mathrm{rank}(A) = n$ とすると，A は n 次行列なので，その行標準形は単位行列 E_n となる．すなわち，(3) が成り立つ．
- (3) $\Rightarrow$ (4)．(3) が成り立つとすると，A にある行変形 R を行って E_n にできる：$R(A) = E_n$.
- $R = R_t \cdots R_2 R_1$ ($R_1, R_2, \ldots, R_t$ は行基本変形) とおけるので，命題 13.3 より，

$$R_t(E_n) \cdots R_2(E_n) \cdot R_1(E_n) \cdot A = E_n.$$

- したがって，

$$\begin{aligned} A &= (R_t(E_n) \cdots R_2(E_n) \cdot R_1(E_n))^{-1} \\ &= R_1(E_n)^{-1} \cdot R_2(E_n)^{-1} \cdots R_t(E_n)^{-1} \end{aligned}$$

であり，この最後の式は，系 13.5 より基本行列の積である．

- (4) $\Rightarrow$ (1)．系 13.5 より，基本行列は正則であり，定理 10.10 より正則行列の積は正則であるから，基本行列の積は正則である． □

系 13.8.

- 行変形は，ある正則行列を左から掛けることによって実行される．
- 逆に，正則行列を左から掛けることは，ある行変形によって実行される．

証明.

- (m,n) 型行列に対する行変形 R は，m 次正則行列 $R(E_m)$ を左から掛けることで実行できる．
- 逆に，(m,n) 型行列に m 次正則行列 P を左から掛けることは，

$$P = R_t(E_m) \cdots R_2(E_m) R_1(E_m)$$

と基本行列の積に分解したとき，行変形 $R_t \cdots R_2 R_1$ で実行できる．　□

注意 13.9.

- 行基本変形，行変形の「行」をすべて「列」に取り替えて，それぞれ**列基本変形**，**列変形**を定義し，列変形 C を行列 A に行って得られる行列を $C(A)$ と書く．
- 2つの行変形あるいは列変形 S, T に対して，まず S を行い，次に T を行う変形を TS と書く：

$$(TS)(A) = T(S(A)) \quad (A \in \mathrm{Mat}).$$

- 以上と同様にして，(m,n) 型行列に対する列変形 C に対して，$C(E_n)$ は正則で，次が成り立つ．

$$C(A) = A \cdot C(E_n) \quad (A \in \mathrm{Mat}_{m,n})$$

すなわち列変形 C は，C を単位行列に行って得られる正則行列を，**右から掛ける**ことによって実行される．

- 作用するのが左か右かを覚えるには，A を挟んで順に「行列」となると覚えればよい：

$$\text{行}\ A\ \text{列}.$$

- (m,n) 型行列に対する行変形 R と列変形 C に対して，

$$C(R(A)) = R(C(A)) \quad (A \in \mathrm{Mat}_{m,n})$$

が成り立つ．すなわち，変形として $CR = RC$ となる．実際，左辺は $(R(E_m) \cdot A) \cdot C(E_n)$ で，右辺は $R(E_m) \cdot (A \cdot C(E_n))$ であるから，結合法則により左辺と右辺は等しくなる．

- 列変形のほうは，例えば第 i 列と第 j 列の入れ替えは，$[i\text{列} \leftrightarrow j\text{列}]$ で表す．

- このとき，次が成り立つ．

$$[i\text{行} \leftrightarrow j\text{行}](E_n) = [i\text{列} \leftrightarrow j\text{列}](E_n),$$

$$[i\text{行} \times c](E_n) = [i\text{列} \times c](E_n),$$

$$[i\text{行} \overset{c}{\curvearrowright} j\text{行}](E_n) = [j\text{列} \overset{c}{\curvearrowright} i\text{列}](E_n).$$

第3の等式で，右辺と左辺では i と j の位置が入れ替わることに注意．

- 行変形のときと同様に次の命題が証明できる．

命題 13.10.

- 列変形は，ある正則行列を右から掛けることによって実行される．
- 逆に，正則行列を右から掛けることは，ある列変形によって実行される．

定理 13.11. A を行列とし，$r := \mathrm{rank}(A)$ とおくと，

$$PAQ = \begin{bmatrix} E_r & O \\ O & O \end{bmatrix}$$

となる正則行列 P, Q が存在する．

証明.

- 行変形によって A を行標準形 (12.2) にすることができる．
- すなわち，ある正則行列 P によって PA をこの形にすることができる．
- さらに列変形によって基本ベクトルの成分以外を掃き出し，列の位置を入れ替えると，上の右辺の形にすることができる．
- すなわち，ある正則行列 Q を PA に右から掛けることによって，この形にできる． □

13b 逆行列の計算

定理 13.12 (逆行列の求め方その 2). n 次行列 A に対して，次は同値である．

(1) A は正則である．

(2) $(n, 2n)$ 型行列 $[A \mid E_n]$ を $[E_n \mid B]$ の形に行変形できる．

また，(2) が成り立つとき，$B = A^{-1}$ となる．

証明.

- (1) $\Rightarrow$ (2)．A を正則とする．
- このとき定理 13.7(1) より，ある行変形 R によって次が成り立つ．

$$R(A) = E_n$$

- R を行列 $[A \mid E_n]$ に行うと

$$R([A \mid E_n]) = [R(A) \mid R(E_n)] = [E_n \mid R(E_n)].$$

- よって，$B = R(E_n)$ ととればよい．
- (2) ⇒ (1)．ある行変形 R で，

$$R([A \mid E_n]) = [E_n \mid B]$$

　となったとする．
- このとき，$[R(A) \mid R(E_n)] = [E_n \mid B]$ より，

$$R(A) = E_n, \quad R(E_n) = B.$$

- したがって，

$$E_n = R(A) = R(E_n)A = BA.$$

- すなわち，A は正則で，$B = A^{-1}$．　□

例 13.13. 上の方法で正方行列が正則かどうかを調べ，正則であるときその逆行列を求める．

(1) $A = \begin{bmatrix} 2 & 3 & 2 \\ 3 & 1 & -2 \\ -1 & 0 & 1 \end{bmatrix}$ について．

$$\begin{array}{rrr|rrrl}
2 & 3 & 2 & 1 & 0 & 0 & \\
3 & 1 & -2 & 0 & 1 & 0 & \\
-1 & 0 & 1 & 0 & 0 & 1 & \\ \hline
-1 & 0 & 1 & 0 & 0 & 1 & \times(-1) \\
3 & 1 & -2 & 0 & 1 & 0 & \\
2 & 3 & 2 & 1 & 0 & 0 & \\ \hline
1 & 0 & -1 & 0 & 0 & -1 & \\
3 & 1 & -2 & 0 & 1 & 0 & -3 \\
2 & 3 & 2 & 1 & 0 & 0 & -2
\end{array}
\qquad
\begin{array}{rrr|rrrl}
1 & 0 & -1 & 0 & 0 & -1 & \\
0 & 1 & 1 & 0 & 1 & 3 & \\
0 & 3 & 4 & 1 & 0 & 2 & -3 \\ \hline
1 & 0 & -1 & 0 & 0 & -1 & \\
0 & 1 & 1 & 0 & 1 & 3 & \\
0 & 0 & 1 & 1 & -3 & -7 & -1 \\ \hline
1 & 0 & 0 & 1 & -3 & -8 & \\
0 & 1 & 0 & -1 & 4 & 10 & \\
0 & 0 & 1 & 1 & -3 & -7 &
\end{array}$$

右上へ ↗

- ゆえに A は正則で，$A^{-1} = \begin{bmatrix} 1 & -3 & -8 \\ -1 & 4 & 10 \\ 1 & -3 & -7 \end{bmatrix}$．

(2) $A = \begin{bmatrix} 1 & 2 \\ 2 & 4 \end{bmatrix}$ について.

$$\begin{array}{cc|cc} 1 & 2 & 1 & 0 \\ 2 & 4 & 0 & 1 \\ \hline 1 & 2 & 1 & 0 \\ 0 & 0 & -2 & 1 \end{array} \quad (1\text{行} \overset{-2}{\curvearrowright} 2\text{行})$$

上の計算より, $\begin{bmatrix} 1 & 2 \\ 0 & 0 \end{bmatrix}$ は A の行標準形であるから, $\mathrm{rank}(A) = 1 \neq 2$ となり, 定理 13.7 より A は正則でない.

練習問題

問 13.1. 次の行列 A と行基本変形 R に対して, $R(A)$, $R(E_3)$, $R(E_3)A$ を計算せよ.

$$A = \begin{bmatrix} 1 & -1 & 1 & 2 \\ 2 & 1 & -4 & 1 \\ 1 & 2 & -5 & 1 \end{bmatrix}$$

(1) $R = [1\text{行} \leftrightarrow 3\text{行}]$　(2) $R = [2\text{行} \times 3]$　(3) $R = [1\text{行} \overset{-2}{\curvearrowright} 2\text{行}]$

問 13.2. A を前問の行列とする. 次の列基本変形 C に対して, $C(A)$, $C(E_4)$, $A \cdot C(E_4)$ を計算せよ.

(1) $C = [2\text{列} \leftrightarrow 3\text{列}]$　(2) $C = [4\text{列} \times 2]$　(3) $C = [1\text{列} \overset{-1}{\curvearrowright} 3\text{列}]$

問 13.3. 次の行列 A の行標準形を求め, それが単位行列であるとき, A を基本行列の積として表せ.

(1) $\begin{bmatrix} 3 & 5 \\ 1 & 2 \end{bmatrix}$　(2) $\begin{bmatrix} 1 & 0 & 0 \\ 1 & 1 & 2 \\ 2 & 1 & -1 \end{bmatrix}$

問 13.4. 次の行基本変形 R に対応する基本行列 $R(E_4)$ とその行列式を求めよ.

(1) $[2\text{行} \leftrightarrow 3\text{行}]$　(2) $[2\text{行} \times 3]$　(3) $[1\text{行} \overset{-2}{\curvearrowright} 4\text{行}]$　(4) $[3\text{行} \overset{4}{\curvearrowright} 1\text{行}]$

問 13.5. 次の列基本変形 C に対応する基本行列 $C(E_4)$ とその行列式を求めよ.

(1) $[2\text{列} \leftrightarrow 4\text{列}]$　(2) $[3\text{列} \times 2]$　(3) $[1\text{列} \overset{-2}{\curvearrowright} 4\text{列}]$　(4) $[3\text{列} \overset{4}{\curvearrowright} 1\text{列}]$

問 13.6. 次の行列が正則であれば, 掃出し法でその逆行列を求めよ. 正則でないときにはその理由を述べよ.

(1) $A = \begin{bmatrix} 1 & 0 & 1 \\ 0 & 1 & 0 \\ -1 & 0 & 1 \end{bmatrix}$　(2) $A = \begin{bmatrix} 3 & 1 & -1 \\ 2 & 4 & 1 \\ 5 & 7 & 1 \end{bmatrix}$　(3) $A = \begin{bmatrix} 1 & 2 & 1 \\ -2 & 1 & 0 \\ 0 & 3 & 1 \end{bmatrix}$

4
数ベクトル空間

- 連立 1 次方程式の解の全体をもっと詳しく調べる．
- そのために，**部分空間**という概念を定義し，それが少数のベクトルで完全に記述されることをみる．
- “無駄なく” 部分空間を “生成する” ベクトルの集まりがその空間の**基底**とよばれるものである．
- この無駄のないという性質は，1 次独立性という概念で特徴づけられる (定理 14.19) ので，1 次独立性を用いて基底を定義する．
- 以上の考えを同次連立 1 次方程式に適用すると，その基本解が同次連立 1 次方程式の解空間の基底となっていることがわかる．
- 部分空間 V の基底のなかに含まれているベクトルの個数は，V のどの基底でも同じであり，これを V の**次元**とよぶ．この性質から，同次連立 1 次方程式の基本解の個数が一定であることがわかり，行列の階数が行変形によらずに決まることも導かれる．

14. 部 分 空 間

以下，n を自然数とし，n 次列ベクトル全体からなる n 次元数ベクトル空間 $\mathbb{R}^n$ を考える．

14a　1 次 結 合

定義 14.1. A を (m, n) 型行列とする $(m \in \mathbb{N})$[1]．このとき，ベクトル $\boldsymbol{x} \in \mathbb{R}^n$ に関する同次連立 1 次方程式

$$A\boldsymbol{x} = \mathbf{0}$$

1)　以後 “m を自然数とする” と書く代わりに “$m \in \mathbb{N}$” と書く．

の解の全体をこの方程式の**解空間**とよび，V_A で表す．

命題 14.2. A を上のとおりとすると，V_A は次の性質をもつ．

(1) $\boldsymbol{a} \in V_A, c \in \mathbb{R}$ ならば，$c\boldsymbol{a} \in V_A$.　(V_A はスカラー倍で閉じている．)

(2) $\boldsymbol{a}, \boldsymbol{a}' \in V_A$ ならば，$\boldsymbol{a} + \boldsymbol{a}' \in V_A$.　($V_A$ は和で閉じている．)

証明.

(1) $\boldsymbol{a} \in V_A, c \in \mathbb{R}$ とすると，$A(c\boldsymbol{a}) = c(A\boldsymbol{a}) = c\boldsymbol{0} = \boldsymbol{0}$ となる．したがって，$c\boldsymbol{a} \in V_A$.

(2) $\boldsymbol{a}, \boldsymbol{a}' \in V_A$ とすると，$A\boldsymbol{a} = \boldsymbol{0}, A\boldsymbol{a}' = \boldsymbol{0}$ であるから，

$$A(\boldsymbol{a} + \boldsymbol{a}') = A\boldsymbol{a} + A\boldsymbol{a}' = \boldsymbol{0} + \boldsymbol{0} = \boldsymbol{0}.$$

したがって，$\boldsymbol{a} + \boldsymbol{a}' \in V_A$. □

定義 14.3. $\mathbb{R}^n$ の部分集合 V は，上の性質 (1), (2) をもつとき，$\mathbb{R}^n$ の**部分空間**であるという．

例 14.4.

(1) A を (m, n) 型行列とすると $(m \in \mathbb{N})$，上の命題より，V_A は $\mathbb{R}^n$ の部分空間である．

(2) $\mathbb{R}^n$ も $\{\boldsymbol{0}\}$ も $\mathbb{R}^n$ の部分空間である．

解説 14.5.

- 上の例 (1) より，部分空間は，解空間を一般化したものとみられる[2)]．
- 以下に，部分空間を表示する方法を与える．そのために，ベクトルの 1 次結合という概念が重要になる．
- 部分空間 V 内のいくつかのベクトルだけで，他の V のベクトルをすべてこの形で表すことができれば，V をこれらのベクトルの組で表示できる．

例 14.6. $n = 2$ のときを考える．

- $\begin{bmatrix} 2 \\ 3 \end{bmatrix}$ は，次のように基本ベクトル $\boldsymbol{e}_1 := \begin{bmatrix} 1 \\ 0 \end{bmatrix}$ と $\boldsymbol{e}_2 := \begin{bmatrix} 0 \\ 1 \end{bmatrix}$ を用いて

$$\begin{bmatrix} 2 \\ 3 \end{bmatrix} = 2\begin{bmatrix} 1 \\ 0 \end{bmatrix} + 3\begin{bmatrix} 0 \\ 1 \end{bmatrix} = 2\boldsymbol{e}_1 + 3\boldsymbol{e}_2$$

　と表される．

- $\mathbb{R}^2$ の他のどのようなベクトルも同様にして，この $\boldsymbol{e}_1$ と $\boldsymbol{e}_2$ のただ 2 つのベクトルで表すことができる．

---

2)　じつは，どの部分空間もある行列 A によって V_A の形に書くことができる．

- このようにスカラー倍と和を用いると，少数のベクトルから無限個のベクトルを“生み出す”ことができる．

定義 14.7. $\boldsymbol{a}_1, \ldots, \boldsymbol{a}_t \in \mathbb{R}^n$ とする[3] $(t \in \mathbb{N})$.

- ある実数 $k_1, \cdots, k_t$ によって

$$k_1\boldsymbol{a}_1 + \cdots + k_t\boldsymbol{a}_t$$

  の形に表されるベクトルを，$\boldsymbol{a}_1, \ldots, \boldsymbol{a}_t$ の **1 次結合**とよぶ．

- これらの全体を，$\langle \boldsymbol{a}_1, \ldots, \boldsymbol{a}_t \rangle$ で表す．すなわち

$$\langle \boldsymbol{a}_1, \ldots, \boldsymbol{a}_t \rangle := \{k_1\boldsymbol{a}_1 + \cdots + k_t\boldsymbol{a}_t \mid k_1, \cdots, k_t \in \mathbb{R}\}.$$

- これを，$\boldsymbol{a}_1, \ldots, \boldsymbol{a}_t$ で**生成される** $\mathbb{R}^n$ の**部分空間**とよぶ (以下の命題 14.12 より，これは実際に $\mathbb{R}^n$ の部分空間になっている).
- $\mathbb{R}^n$ の部分空間 V が $V = \langle \boldsymbol{a}_1, \ldots, \boldsymbol{a}_t \rangle$ と表示されるとき，$\boldsymbol{a}_1, \ldots, \boldsymbol{a}_t$ を V の**生成系**とよぶ．

注意 14.8.

(1) 上において，$\boldsymbol{a}_1, \ldots, \boldsymbol{a}_t \in \langle \boldsymbol{a}_1, \ldots, \boldsymbol{a}_t \rangle$ が成り立つ．
実際，$\boldsymbol{a}_1 = 1\boldsymbol{a}_1 + 0\boldsymbol{a}_2 + \cdots 0\boldsymbol{a}_s \in \langle \boldsymbol{a}_1, \ldots, \boldsymbol{a}_s \rangle$．残りも同様． □

(2) 和 $k_1\boldsymbol{a}_1 + \cdots + k_t\boldsymbol{a}_t$ は，項の順序を替えても不変であるから，$(1, \ldots, t)$ のどのような順列 $(i_1, \ldots, i_t)$ をとっても，

$$\langle \boldsymbol{a}_1, \ldots, \boldsymbol{a}_t \rangle = \langle \boldsymbol{a}_{i_1}, \ldots, \boldsymbol{a}_{i_t} \rangle,$$

すなわち，$\langle\ \rangle$ 括弧内でのベクトルの順序の違いは無視できる．

解説 14.9. ここで，部分空間と線形写像との関係を述べておく．

- $\boldsymbol{a}_1, \ldots, \boldsymbol{a}_t \in \mathbb{R}^n$ とする $(t \in \mathbb{N})$.
- このとき，$A := (\boldsymbol{a}_1, \ldots, \boldsymbol{a}_t)$ は，(n, t) 型の行列であるから，$f := \ell_A$ によって線形写像 $f\colon \mathbb{R}^t \to \mathbb{R}^n$ が定義される．
- このとき，

$$\operatorname{Ker} f := \{\boldsymbol{v} \in \mathbb{R}^t \mid f(\boldsymbol{v}) = \boldsymbol{0}\} \subseteq \mathbb{R}^t,$$

$$\operatorname{Im} f := f(\mathbb{R}^t) = \{f(\boldsymbol{v}) \mid \boldsymbol{v} \in \mathbb{R}^t\} \subseteq \mathbb{R}^n$$

  をそれぞれ，f の**核**[4]，f の**像**[5]とよぶ．

---

3) これらのなかに同じものがあってもよい．
4) Kernel (核) の最初の 3 文字．
5) Image (像) の最初の 2 文字．

- ここでこれらを計算すると，

$$\begin{aligned}\operatorname{Ker} f &= \{\boldsymbol{v} \in \mathbb{R}^t \mid A\boldsymbol{v} = \boldsymbol{0}\} = V_A,\\ \operatorname{Im} f &= \{(\boldsymbol{a}_1, \ldots, \boldsymbol{a}_t)\,{}^t\!(k_1, \ldots, k_t) \mid k_1, \ldots, k_t \in \mathbb{R}\}\\ &= \langle \boldsymbol{a}_1, \ldots, \boldsymbol{a}_t \rangle.\end{aligned}$$

- したがって，

$$\operatorname{Ker} f = V_A, \quad \operatorname{Im} f = \langle \boldsymbol{a}_1, \ldots, \boldsymbol{a}_t \rangle \tag{14.1}$$

が成り立つ．特に，これらはそれぞれ $\mathbb{R}^t$, $\mathbb{R}^n$ の部分空間である．

命題 14.10. V を $\mathbb{R}^n$ の部分空間とし，$\boldsymbol{a}_1, \ldots, \boldsymbol{a}_t \in V$ とすると，$\langle \boldsymbol{a}_1, \ldots, \boldsymbol{a}_t \rangle \subseteq V$ が成り立つ．すなわち，V は 1 次結合について閉じている．

証明. $\boldsymbol{v} \in \langle \boldsymbol{a}_1, \ldots, \boldsymbol{a}_t \rangle$ とする．

- このとき，$\boldsymbol{v} \in V$ を示せばよい．
- 定義より，ある $k_1, \ldots, k_t \in \mathbb{R}$ によって，$\boldsymbol{v} = k_1\boldsymbol{a}_1 + \cdots + k_t\boldsymbol{a}_t$ と書けている．
- 部分空間の性質 (1) より，$k_1\boldsymbol{a}_1, \cdots, k_t\boldsymbol{a}_t \in V$.
- 部分空間の性質 (2) より，$k_1\boldsymbol{a}_1 + k_2\boldsymbol{a}_2 \in V$, $k_1\boldsymbol{a}_1 + k_2\boldsymbol{a}_2 + k_3\boldsymbol{a}_3 \in V, \ldots,$ $k_1\boldsymbol{a}_1 + \cdots + k_t\boldsymbol{a}_t \in V$. □

系 14.11. $\boldsymbol{a}_1, \ldots, \boldsymbol{a}_t \in \mathbb{R}^n$ とし，V を $\mathbb{R}^n$ の部分空間とすると，次は同値である．

(1) $V = \langle \boldsymbol{a}_1, \ldots, \boldsymbol{a}_t \rangle$.

(2) $\boldsymbol{a}_1, \ldots, \boldsymbol{a}_t \in V$ かつ $V \subseteq \langle \boldsymbol{a}_1, \ldots, \boldsymbol{a}_t \rangle$.

証明. 注意 14.8(1) と命題 14.10 より $\boldsymbol{a}_1, \ldots, \boldsymbol{a}_t \in V$ と $\langle \boldsymbol{a}_1, \ldots, \boldsymbol{a}_t \rangle \subseteq V$ とが同値である． □

命題 14.12. $\boldsymbol{a}_1, \ldots, \boldsymbol{a}_t \in \mathbb{R}^n$ とすると，$\langle \boldsymbol{a}_1, \ldots, \boldsymbol{a}_t \rangle$ は $\mathbb{R}^n$ の部分空間である．

証明. $V := \langle \boldsymbol{a}_1, \ldots, \boldsymbol{a}_t \rangle$ とおく．

- $\boldsymbol{a}, \boldsymbol{a}' \in V$ とすると，
- 定義よりある実数 $k_1, \ldots, k_t, k_1', \ldots, k_t'$ によって

$$\begin{cases} \boldsymbol{a} = k_1\boldsymbol{a}_1 + \cdots + k_t\boldsymbol{a}_t \\ \boldsymbol{a}' = k_1'\boldsymbol{a}_1 + \cdots + k_t'\boldsymbol{a}_t \end{cases}$$

と表されている．

(1) $\boldsymbol{a} + \boldsymbol{a}' = (k_1 + k_1')\boldsymbol{a}_1 + \cdots + (k_t + k_t')\boldsymbol{a}_t \in V$.

(2) さらに $c \in \mathbb{R}$ とすると，$c\boldsymbol{a} = (ck_1)\boldsymbol{a}_1 + \cdots + (ck_t)\boldsymbol{a}_t \in V$. □

例 14.13.

(1) 例 14.6 から，$\mathbb{R}^2 \subseteq \langle \boldsymbol{e}_1, \boldsymbol{e}_2 \rangle$ が成り立つ．したがって系 14.11 より，$\mathbb{R}^2 = \langle \boldsymbol{e}_1, \boldsymbol{e}_2 \rangle$.

(2) $\boldsymbol{v} := \begin{bmatrix} 3 \\ 1 \end{bmatrix} \in \mathbb{R}^2$ とおく．$\langle v \rangle = \{k\boldsymbol{v} \mid k \in \mathbb{R}\}$ は，座標平面上では，原点 $\mathbf{0}$ と $\boldsymbol{v}$ を通る直線になる．

(3) $n = 3$ のとき，$\langle {}^t(1,0,0), {}^t(0,0,1) \rangle$ は，座標空間では xz 平面になる．

(4) $n = 2$ のとき，$\mathbb{R}^2$ の部分集合 $V := \left\{ \begin{bmatrix} a \\ 1 \end{bmatrix} \middle| \, a \in \mathbb{R} \right\}$ は，$\mathbb{R}^2$ の部分空間ではない．実際，$\begin{bmatrix} 0 \\ 1 \end{bmatrix}, \begin{bmatrix} 1 \\ 1 \end{bmatrix} \in V$ であるが，$\begin{bmatrix} 0 \\ 1 \end{bmatrix} + \begin{bmatrix} 1 \\ 1 \end{bmatrix} = \begin{bmatrix} 1 \\ 2 \end{bmatrix} \notin V$ であるから和でも閉じていないし，$2\begin{bmatrix} 0 \\ 1 \end{bmatrix} = \begin{bmatrix} 0 \\ 2 \end{bmatrix} \notin V$ よりスカラー倍でも閉じていない．

命題 14.14. A を (m,n) 型行列とする $(m \in \mathbb{N})$．このとき同次方程式 $A\boldsymbol{x} = \mathbf{0}$ の解空間 V_A は，その基本解を $\boldsymbol{v}_1, \ldots, \boldsymbol{v}_t$ $(t := n - \mathrm{rank}(A))$ とすると，

$$V_A = \langle \boldsymbol{v}_1, \ldots, \boldsymbol{v}_t \rangle.$$

証明. 定理 12.20 より明らか． □

14b　1 次独立と 1 次従属

例 14.15.

- $n = 2$ のとき，例 14.6 で取り扱った $\mathbb{R}^2$ の 3 つのベクトル $\begin{bmatrix} 1 \\ 0 \end{bmatrix}, \begin{bmatrix} 0 \\ 1 \end{bmatrix}, \begin{bmatrix} 2 \\ 3 \end{bmatrix}$ の間の関係を調べてみる．
- これらの間にはまず，

$$2\begin{bmatrix} 1 \\ 0 \end{bmatrix} + 3\begin{bmatrix} 0 \\ 1 \end{bmatrix} = \begin{bmatrix} 2 \\ 3 \end{bmatrix}$$

  という関係がある．
- 右辺を移項すると，この式は次の形にできる．

$$2\begin{bmatrix} 1 \\ 0 \end{bmatrix} + 3\begin{bmatrix} 0 \\ 1 \end{bmatrix} - \begin{bmatrix} 2 \\ 3 \end{bmatrix} = \mathbf{0}$$

- このように1次結合で零ベクトルを表す式を，これらのベクトルの間の**1次関係式**という．
- 他にも，係数を全部0にすれば，明らかに1次関係式

$$0\begin{bmatrix}1\\0\end{bmatrix}+0\begin{bmatrix}0\\1\end{bmatrix}+0\begin{bmatrix}2\\3\end{bmatrix}=\mathbf{0}$$

が得られる．これを**自明な1次関係式**という．
- どんなベクトルの組をとってきても，それらの間にはつねに自明な1次関係式がある．自明でない1次関係式を単に**1次関係**とよぶことにすると，問題になるのは1次関係があるかどうかということになる．

定義 14.16. $\boldsymbol{a}_1, \ldots \boldsymbol{a}_t \in \mathbb{R}^n$ とする $(t \in \mathbb{N})$．これらのベクトルは，
- その間に1次関係があるとき，**1次従属**であるという．
- その間に1次関係がないとき，**1次独立**であるという[6)]．

注意 14.17. 上において，次は同値である．
- $\boldsymbol{a}_1, \ldots \boldsymbol{a}_t$ は1次独立である．
- $\boldsymbol{a}_1, \ldots \boldsymbol{a}_t$ の間の任意の1次関係式は，自明な1次関係式である．
- $k_1\boldsymbol{a}_1 + \cdots + k_t\boldsymbol{a}_t = \mathbf{0}$ を仮定すると，$k_1 = \cdots = k_t = 0$ となる．
- 方程式 $x_1\boldsymbol{a}_1 + \cdots + x_t\boldsymbol{a}_t = \mathbf{0}$ が自明解しかもたない．

例 14.18.
- 先の例でみたように，$\mathbb{R}^2$ の3つのベクトル $\begin{bmatrix}1\\0\end{bmatrix}, \begin{bmatrix}0\\1\end{bmatrix}, \begin{bmatrix}2\\3\end{bmatrix}$ の間に1次関係があったので，これらは1次従属である．
- $\begin{bmatrix}3\\1\end{bmatrix}, \begin{bmatrix}0\\1\end{bmatrix}$ が1次独立かどうか調べる．$k_1\begin{bmatrix}3\\1\end{bmatrix}+k_2\begin{bmatrix}0\\1\end{bmatrix}=\mathbf{0}$ とすると，$3k_1 = 0, k_1 + k_2 = 0$ より，$k_1 = k_2 = 0$．よって，1次独立である．

定理 14.19. $\boldsymbol{a}_1, \ldots, \boldsymbol{a}_t \in \mathbb{R}^n$ とする $(t \in \mathbb{N})$．このとき次は同値である．

(1) $\boldsymbol{a}_1, \ldots, \boldsymbol{a}_t$ は1次従属である．

(2) $t \geqq 2$ のとき，ある $\boldsymbol{a}_i$ が残りの $(t-1)$ 個のベクトルの1次結合として書くことができ[7)]，$t = 1$ のとき，$\boldsymbol{a}_1 = \mathbf{0}$．

証明.
- (1) $\Rightarrow$ (2)．(1) を仮定すると，ある $(k_1, \ldots, k_t) \neq \mathbf{0}$ で

6) 互いに関係がなく，他から独立しているという意味で．

7) すなわち，$\langle \boldsymbol{a}_1, \ldots, \boldsymbol{a}_t \rangle$ の生成において，この $\boldsymbol{a}_i$ は不要である．

$$k_1\boldsymbol{a}_1+\cdots+k_t\boldsymbol{a}_t=\boldsymbol{0}.$$

- すると,

$$\begin{cases} \text{どれかの } i \text{ で, } k_i\neq 0 \text{ かつ } k_i\boldsymbol{a}_i=\sum_{j\neq i}(-k_j)\boldsymbol{a}_j & (t\geqq 2),\\ k_1\neq 0 \text{ で } k_1\boldsymbol{a}_1=\boldsymbol{0} & (t=1). \end{cases}$$

- ゆえに,$t\geqq 2$ のとき $\boldsymbol{a}_i=\sum_{j\neq i}\dfrac{-k_j}{k_i}\boldsymbol{a}_j$; $t=1$ のとき $\boldsymbol{a}_1=\boldsymbol{0}$.
- (2) ⇒ (1). 逆に,$t\geqq 2$ のとき,ある i で,$\boldsymbol{a}_i=\sum_{j\neq i}k_j\boldsymbol{a}_j$ $(k_j\in\mathbb{R})$ と書けていると,($t=1$ のときは,$i=1$ とし,$\boldsymbol{a}_1=\boldsymbol{0}$ とすると)
- $k_i:=-1\neq 0$ とおけば $k_1\boldsymbol{a}_1+\cdots+k_t\boldsymbol{a}_t=\boldsymbol{0}$ となり,(1) が成り立つ. □

注意 14.20. 上の定理からただちに次のことがわかる.

(1) $t\geqq 2$ のとき,$\boldsymbol{a}_1,\ldots,\boldsymbol{a}_t$ が1次独立であるということは,どの $\boldsymbol{a}_i$ も残りの $(t-1)$ 個のベクトルの1次結合として書けないということと同値である.

(2) ただ1つのベクトル $\boldsymbol{a}\in\mathbb{R}^n$ からなるベクトルの組が1次独立であるためには,$\boldsymbol{a}\neq\boldsymbol{0}$ が必要十分である.

(3) ベクトルの組 $\boldsymbol{a}_1,\ldots,\boldsymbol{a}_t\in\mathbb{R}^n$ が1次独立ならば,これらのベクトルは相異なる.

命題 14.21. A を (m,n) 型行列とする $(m\in\mathbb{N})$. このとき同次方程式 $A\boldsymbol{x}=\boldsymbol{0}$ を掃き出し法で解いて,その解の全体が

$$\boldsymbol{x}=k_1\boldsymbol{v}_1+\cdots+k_t\boldsymbol{v}_t\quad(k_1,\ldots,k_t\in\mathbb{R})$$

$(t:=n-\mathrm{rank}(A))$ となったとすると,基本解 $\boldsymbol{v}_1,\ldots,\boldsymbol{v}_t$ は1次独立である.

証明. 例で説明する. 一般の場合も同様である.

- A が行標準形

$$\begin{bmatrix} 0&1&2&0&3&0\\ 0&0&0&1&2&0\\ 0&0&0&0&0&1\\ 0&0&0&0&0&0 \end{bmatrix}$$

に行変形されたとする.

- このとき,

$$\begin{cases} x_2=-2x_3-3x_5\\ x_4=-2x_5\\ x_6=0. \end{cases}$$

- よって，解の全体は

$$\begin{aligned} {}^t(x_1, x_2, x_3, x_4, x_5, x_6) &= {}^t(k_1, -2k_3 - 3k_5, k_3, -2k_5, k_5, 0) \\ &= k_1\boldsymbol{v}_1 + k_3\boldsymbol{v}_2 + k_5\boldsymbol{v}_3 \quad (k_1, k_3, k_5 \in \mathbb{R}) \end{aligned}$$

  で与えられる．ただし，

$$\boldsymbol{v}_1 := {}^t(1,0,0,0,0,0),\ \boldsymbol{v}_2 := {}^t(0,-2,1,0,0,0),\ \boldsymbol{v}_3 := {}^t(0,-3,0,-2,1,0).$$

- そこで，k_1, k_3, k_5 に関する方程式 $k_1\boldsymbol{v}_1 + k_3\boldsymbol{v}_2 + k_5\boldsymbol{v}_3 = \boldsymbol{0}$ を解くと，${}^t(k_1, -2k_3 - 3k_5, k_3, -2k_5, k_5, 0) = \boldsymbol{0}$ より，$k_1 = k_3 = k_5 = 0$.
- したがって，$\boldsymbol{v}_1, \boldsymbol{v}_2, \boldsymbol{v}_3$ は 1 次独立である． □

定理 14.22 (1 次独立性の判定). $\boldsymbol{a}_1, \ldots, \boldsymbol{a}_t \in \mathbb{R}^n$ とする ($t \in \mathbb{N}$)．これらが 1 次独立であるための必要十分条件は，$\mathrm{rank}(\boldsymbol{a}_1, \ldots, \boldsymbol{a}_t) = t$ となることである．特に，$n < t$ ならば 1 次従属である．

証明.

- 方程式 $x_1\boldsymbol{a}_1 + \cdots + x_t\boldsymbol{a}_t = \boldsymbol{0}$ は，$(\boldsymbol{a}_1, \ldots, \boldsymbol{a}_t)\boldsymbol{x} = \boldsymbol{0}$ と書ける．ただし，$\boldsymbol{x} := {}^t(x_1, \ldots, x_t)$.
- 行列 $(\boldsymbol{a}_1, \ldots, \boldsymbol{a}_t)$ が (n, t) 型であることに注意.
- 定理 12.18(1) より，これが自明解しかもたない条件は，$\mathrm{rank}(\boldsymbol{a}_1, \ldots, \boldsymbol{a}_t) = t$ である．
- 残りは，定理 12.18(2) からしたがう． □

例 14.23.

- 命題 14.21 の証明で取り上げた例

$$\boldsymbol{v}_1 := {}^t(1,0,0,0,0,0),\ \boldsymbol{v}_2 := {}^t(0,-2,1,0,0,0),\ \boldsymbol{v}_3 := {}^t(0,-3,0,-2,1,0)$$

  では，$(\boldsymbol{v}_1, \boldsymbol{v}_2, \boldsymbol{v}_3)$ は次のように行変形される．

$$\begin{bmatrix} 1 & 0 & 0 \\ 0 & -2 & -3 \\ 0 & 1 & 0 \\ 0 & 0 & -2 \\ 0 & 0 & 1 \\ 0 & 0 & 0 \end{bmatrix} \longrightarrow \begin{bmatrix} 1 & 0 & 0 \\ 0 & 0 & 0 \\ 0 & 1 & 0 \\ 0 & 0 & 0 \\ 0 & 0 & 1 \\ 0 & 0 & 0 \end{bmatrix} \longrightarrow \begin{bmatrix} 1 & 0 & 0 \\ 0 & 1 & 0 \\ 0 & 0 & 1 \\ 0 & 0 & 0 \\ 0 & 0 & 0 \\ 0 & 0 & 0 \end{bmatrix}$$

- したがって，$\mathrm{rank}(\boldsymbol{v}_1, \boldsymbol{v}_2, \boldsymbol{v}_3) = 3$ となり，$\boldsymbol{v}_1, \boldsymbol{v}_2, \boldsymbol{v}_3$ は 1 次独立である．

注意 14.24 (定理 14.22 で $t = n$ の場合).

- 定理 13.7 より次の系が得られる.
- この系は, 注意 5.12 の一般化になっている (問 14.5 参照).

系 14.25. $\boldsymbol{a}_1, \ldots, \boldsymbol{a}_n \in \mathbb{R}^n$ とする. これらが 1 次独立であるためには, $\det(\boldsymbol{a}_1, \ldots, \boldsymbol{a}_n) \neq 0$ となることが必要十分である.

練習問題

問 14.1. 次のうち W が V の部分空間であるものを選べ.

(1) $V = \mathbb{R}^2,\ W = \{\boldsymbol{x} \in V \mid -2x_1 + x_2 = 0\}$

(2) $V = \mathbb{R}^2,\ W = \{\boldsymbol{x} \in V \mid -2x_1 + x_2 = 1\}$

(3) $V = \mathbb{R}^2,\ W = \{\boldsymbol{x} \in V \mid -2x_1 + x_2 < 0\}$

(4) $V = \mathbb{R}^3,\ W = \{\boldsymbol{x} \in V \mid -2x_1 + x_2 - x_3 = 0,\ x_1 - x_2 + x_3 > 0\}$

(5) $V = \mathbb{R}^2,\ W = \{\boldsymbol{x} \in V \mid -2x_1 + x_2 = 0 \text{ または } x_1 - 2x_2 = 0\}$

(6) $V = \mathbb{R}^2,\ W = \{\boldsymbol{x} \in V \mid -2x_1 + x_2 = 0 \text{ かつ } x_1 - 2x_2 = 0\}$

(7) $V = \mathbb{R}^3$, W_1, W_2 は V の部分空間,

$$W = W_1 \cap W_2 := \{\boldsymbol{x} \mid \boldsymbol{x} \in W_1 \text{ かつ } \boldsymbol{x} \in W_2\}$$

(8) $V = \mathbb{R}^3$, W_1, W_2 は V の部分空間,

$$W = W_1 + W_2 := \{\boldsymbol{x}_1 + \boldsymbol{x}_2 \mid \boldsymbol{x}_i \in W_i\ (i = 1, 2)\}$$

問 14.2. 線形写像 $f\colon \mathbb{R}^2 \to \mathbb{R}^3$ の行列が次の A で与えられているとき, $\operatorname{Ker} f$ と $\operatorname{Im} f$ を求めよ.

$$A = \begin{bmatrix} 1 & -1 \\ 0 & 0 \\ -1 & 1 \end{bmatrix}$$

問 14.3. $\mathbb{R}^3$ のベクトル ${}^t(4, 2, 3)$ を $\boldsymbol{a}_1 := {}^t(1, 0, 0)$, $\boldsymbol{a}_2 := {}^t(1, 1, 0)$, $\boldsymbol{a}_3 := {}^t(1, 1, 1)$ の 1 次結合として書け.

問 14.4. 次のベクトルの組が 1 次独立かどうか調べよ.

$$(1)\ \begin{bmatrix} 0 \\ 1 \\ 0 \\ 1 \\ 0 \end{bmatrix}, \begin{bmatrix} 1 \\ 0 \\ 1 \\ 0 \\ 0 \end{bmatrix}, \begin{bmatrix} 0 \\ 0 \\ 1 \\ 0 \\ 1 \end{bmatrix}, \begin{bmatrix} 2 \\ -1 \\ 5 \\ -1 \\ 3 \end{bmatrix} \quad (2)\ \begin{bmatrix} 1 \\ 2 \\ 1 \\ 1 \end{bmatrix}, \begin{bmatrix} 0 \\ 3 \\ 1 \\ 1 \end{bmatrix}, \begin{bmatrix} 1 \\ 1 \\ 1 \\ 1 \end{bmatrix} \quad (3)\ \begin{bmatrix} 1 \\ 2 \\ 1 \\ 1 \end{bmatrix}, \begin{bmatrix} 0 \\ 3 \\ 1 \\ 1 \end{bmatrix}, \begin{bmatrix} 1 \\ 1 \\ 1 \\ 1 \end{bmatrix}, \begin{bmatrix} 2 \\ 0 \\ -1 \\ 5 \end{bmatrix}, \begin{bmatrix} 5 \\ 8 \\ 1 \\ 3 \end{bmatrix}$$

問 14.5. 次のベクトルの組が 1 次従属となる a の値を求めよ[8)].

$$\begin{bmatrix} 1 \\ 1 \\ 1 \end{bmatrix}, \begin{bmatrix} 1 \\ -a \\ 1 \end{bmatrix}, \begin{bmatrix} a \\ 1 \\ 0 \end{bmatrix}$$

---

8) `ヒント：系 14.25 を用いると便利である.

15. 基底と次元

この節では，V を $\mathbb{R}^n$ の部分空間とする ($n \in \mathbb{N}$).

15a 基　　底

定義 15.1. V のベクトル $\boldsymbol{a}_1, \ldots, \boldsymbol{a}_t$ ($t \in \mathbb{N}$) は，次の 2 つの条件をみたすとき V の**基底**であるという.

(1) $\boldsymbol{a}_1, \ldots, \boldsymbol{a}_t$ は V の生成系である．すなわち，$V = \langle \boldsymbol{a}_1, \ldots, \boldsymbol{a}_t \rangle$.

(2) $\boldsymbol{a}_1, \ldots, \boldsymbol{a}_t$ は 1 次独立.

注意 15.2. 上において，$\boldsymbol{a}_1, \ldots, \boldsymbol{a}_t \in V$ であるから，系 14.11 より上の (1) を示すには，$V \subseteq \langle \boldsymbol{a}_1, \ldots, \boldsymbol{a}_t \rangle$ を示せば十分である.

解説 15.3. 注意 14.20(1) より，V のベクトル $\boldsymbol{a}_1, \ldots, \boldsymbol{a}_t$ ($t \in \mathbb{N}$) が V の基底であるということは，$V = \langle \boldsymbol{a}_1, \ldots, \boldsymbol{a}_t \rangle$ と表示され，これがどの 1 つの $\boldsymbol{a}_i$ も欠くことのできない (つまり無駄のない) 表示であるということと同値である.

例 15.4. 基本ベクトル $\boldsymbol{e}_1, \ldots, \boldsymbol{e}_n \in \mathbb{R}^n$ は，$\mathbb{R}^n$ の基底である．これにより，このベクトルの組を標準 “基底” ともよぶ (定義 3.16 参照) ことが正当化される. 実際,

- どのような $\boldsymbol{x} = {}^t(x_1, \ldots, x_n) \in \mathbb{R}^n$ も $\boldsymbol{x} = x_1\boldsymbol{e}_1 + \cdots + x_n\boldsymbol{e}_n \in \langle \boldsymbol{e}_1, \ldots, \boldsymbol{e}_n \rangle$ より，$\mathbb{R}^n = \langle \boldsymbol{e}_1, \ldots, \boldsymbol{e}_n \rangle$ であり,
- $x_1\boldsymbol{e}_1 + \cdots + x_n\boldsymbol{e}_n = \boldsymbol{0}$ とすると，${}^t(x_1, \ldots, x_n) = \boldsymbol{0}$ より，$x_1 = \cdots = x_n = 0$ となるから，$\boldsymbol{e}_1, \ldots, \boldsymbol{e}_n \in \mathbb{R}^n$ は，1 次独立である.

定理 15.5. A を (m, n) 型行列とする ($m \in \mathbb{N}$)．このとき，同次方程式 $A\boldsymbol{x} = \boldsymbol{0}$ を掃き出し法で解いて得られた 1 組の基本解 $\boldsymbol{v}_1, \ldots, \boldsymbol{v}_t$ ($t = n - \mathrm{rank}(A)$) は，解空間 V_A の基底である.

証明. 命題 14.14 と命題 14.21 より明らか. □

次の目標は，以下の定理を証明することである.

定理 15.6. $V \neq \{\boldsymbol{0}\}$ ならば，V の基底は存在し，どの基底のなかにも同じ個数のベクトルが含まれている．この個数を V の**次元**とよび，$\dim V$ で表す[9].

注意 15.7.

(1) $\dim\{\boldsymbol{0}\} := 0$ と決める.

9) dimension (次元) の最初の 3 文字.

(2) この定理より，特にどの部分空間 V もある $\boldsymbol{a}_1,\ldots,\boldsymbol{a}_t \in V$ $(t \in \mathbb{N})$ で，$V=\langle \boldsymbol{a}_1,\ldots,\boldsymbol{a}_t\rangle$ と表されることがわかる（$V=\{\boldsymbol{0}\}$ のときは $V=\langle \boldsymbol{0}\rangle$）．

(3) V の次元は，基底のとり方によらず V だけで決まっているという点が重要である．

この証明のため，以下に 3 つの命題を準備する．

命題 15.8. $\boldsymbol{a}_1,\ldots,\boldsymbol{a}_s,\boldsymbol{b} \in V$ とする．$\boldsymbol{a}_1,\ldots,\boldsymbol{a}_s$ が 1 次独立で，$\boldsymbol{b} \notin \langle \boldsymbol{a}_1,\ldots,\boldsymbol{a}_s\rangle$ ならば，$\boldsymbol{a}_1,\ldots,\boldsymbol{a}_s,\boldsymbol{b}$ も 1 次独立である．

証明. $\boldsymbol{a}_1,\ldots,\boldsymbol{a}_s$ が 1 次独立であると仮定する．

- もしも $\boldsymbol{a}_1,\ldots,\boldsymbol{a}_s,\boldsymbol{b}$ が 1 次従属だとすると，ある $(k_1,\ldots,k_s,k)\neq\boldsymbol{0}$ によって，$k_1\boldsymbol{a}_1+\cdots+k_s\boldsymbol{a}_s+k\boldsymbol{b}=\boldsymbol{0}$ となる．
- ここで $k=0$ ならば $k_1\boldsymbol{a}_1+\cdots+k_s\boldsymbol{a}_s=\boldsymbol{0}$ で，$\boldsymbol{a}_1,\ldots,\boldsymbol{a}_s$ が 1 次独立であることから，$k_1=\cdots=k_s=0$．すなわち，$(k_1,\ldots,k_s,k)=\boldsymbol{0}$ となって矛盾が生じる．
- よって $k\neq 0$ となり，$\boldsymbol{b}=\left(-\dfrac{k_1}{k}\right)\boldsymbol{a}_1+\cdots+\left(-\dfrac{k_s}{k}\right)\boldsymbol{a}_s \in \langle \boldsymbol{a}_1,\ldots,\boldsymbol{a}_s\rangle$．
- したがって，$\boldsymbol{b}\notin\langle \boldsymbol{a}_1,\ldots,\boldsymbol{a}_s\rangle$ ならば，$\boldsymbol{a}_1,\ldots,\boldsymbol{a}_s,\boldsymbol{b}$ は 1 次独立でなければならない． □

命題 15.9 (1 次独立系の基底への延長). $\boldsymbol{a}_1,\ldots,\boldsymbol{a}_s \in V$ が 1 次独立ならば，$\boldsymbol{a}_1,\ldots,\boldsymbol{a}_s,\ldots,\boldsymbol{a}_t$ $(s \leqq t)$ が V の基底となるようにできる．

証明.

(i) $\langle \boldsymbol{a}_1,\ldots,\boldsymbol{a}_s\rangle=V$ ならば，$\boldsymbol{a}_1,\ldots,\boldsymbol{a}_s$ は V の基底になっているから，何も示すことはない．

(ii) $\langle \boldsymbol{a}_1,\ldots,\boldsymbol{a}_s\rangle\neq V$ ならば，$\boldsymbol{a}_{s+1}\notin\langle \boldsymbol{a}_1,\ldots,\boldsymbol{a}_s\rangle$ となる V のベクトルがとれる．命題 15.8 より，$\boldsymbol{a}_1,\ldots,\boldsymbol{a}_s,\boldsymbol{a}_{s+1}$ は 1 次独立である．

- ここで，$\langle \boldsymbol{a}_1,\ldots,\boldsymbol{a}_s,\boldsymbol{a}_{s+1}\rangle=V$ ならば，$\boldsymbol{a}_1,\ldots,\boldsymbol{a}_s,\boldsymbol{a}_{s+1}$ は V の基底である．

(iii) $\langle \boldsymbol{a}_1,\ldots,\boldsymbol{a}_s,\boldsymbol{a}_{s+1}\rangle\neq V$ ならば，上の論法を繰り返して，$\boldsymbol{a}_1,\ldots,\boldsymbol{a}_s,\boldsymbol{a}_{s+1},\boldsymbol{a}_{s+2}$ が 1 次独立となるような V のベクトル $\boldsymbol{a}_{s+2}$ がとれる．

- 以下，これを繰り返す．定理 14.22 よりベクトルの個数が n より大きくなると，1 次独立にはなりえないから，この操作は何回目かで終わる．
- この操作が終わったとき，$\langle \boldsymbol{a}_1,\ldots,\boldsymbol{a}_t\rangle=V$ となっていて[10)]，$\boldsymbol{a}_1,\ldots,\boldsymbol{a}_t$ は 1 次独立になっている．よって，$\boldsymbol{a}_1,\ldots,\boldsymbol{a}_t$ が V の基底となる． □

10) このようになっていなければ，まだ操作が繰り返せるため．

命題 15.10 (1 次独立系の元の個数は生成系の元の個数以下).

$\boldsymbol{a}_1, \ldots, \boldsymbol{a}_t \in V$ が 1 次独立，$\boldsymbol{b}_1, \ldots, \boldsymbol{b}_r \in V$ が V の生成系ならば，$t \leqq r$.

証明.

- 背理法で示すために，$t > r$ と仮定する．
- $\boldsymbol{a}_1, \ldots, \boldsymbol{a}_t \in V = \langle \boldsymbol{b}_1, \ldots, \boldsymbol{b}_r \rangle$ より，ある $k_{11}, \ldots, k_{r1}, \ldots, k_{1t}, \ldots, k_{rt} \in \mathbb{R}$ によって，次が成り立つ．

$$\boldsymbol{a}_1 = k_{11}\boldsymbol{b}_1 + \cdots + k_{r1}\boldsymbol{b}_r = (\boldsymbol{b}_1, \ldots, \boldsymbol{b}_r) \begin{bmatrix} k_{11} \\ \vdots \\ k_{r1} \end{bmatrix},$$

$$\vdots \qquad\qquad \vdots \qquad\qquad\qquad \vdots$$

$$\boldsymbol{a}_t = k_{1t}\boldsymbol{b}_1 + \cdots + k_{rt}\boldsymbol{b}_r = (\boldsymbol{b}_1, \ldots, \boldsymbol{b}_r) \begin{bmatrix} k_{1t} \\ \vdots \\ k_{rt} \end{bmatrix}.$$

- したがって，

$$(\boldsymbol{a}_1, \ldots, \boldsymbol{a}_t) = (\boldsymbol{b}_1, \ldots, \boldsymbol{b}_r) \begin{bmatrix} k_{11} & \cdots & k_{1t} \\ \vdots & \ddots & \vdots \\ k_{r1} & \cdots & k_{rt} \end{bmatrix}. \tag{15.1}$$

- ここで，行列 $\begin{bmatrix} k_{ij} \end{bmatrix}$ は，(r, t) 型で，$r < t$ (横長) だから，方程式 $\begin{bmatrix} k_{ij} \end{bmatrix} \boldsymbol{x} = \boldsymbol{0}$ は，非自明解 $\boldsymbol{x} = {}^t(c_1, \ldots, c_t) \neq \boldsymbol{0}$ をもつ．
- これを式 (15.1) の両辺に右から掛けると，

$$(\boldsymbol{a}_1, \ldots, \boldsymbol{a}_t) \begin{bmatrix} c_1 \\ \vdots \\ c_t \end{bmatrix} = (\boldsymbol{b}_1, \ldots, \boldsymbol{b}_r) \begin{bmatrix} k_{11} & \cdots & k_{1t} \\ \vdots & \ddots & \vdots \\ k_{r1} & \cdots & k_{rt} \end{bmatrix} \begin{bmatrix} c_1 \\ \vdots \\ c_t \end{bmatrix} = \boldsymbol{0}$$

  となって，$\boldsymbol{a}_1, \ldots, \boldsymbol{a}_t$ が 1 次独立であることに矛盾する． □

定理 15.6 の証明.

- $V \neq \{\boldsymbol{0}\}$ より，V は $\boldsymbol{0}$ でないベクトル $\boldsymbol{a}_1$ を含む．
- $\boldsymbol{a}_1 \neq \boldsymbol{0}$ より，$\boldsymbol{a}_1$ は 1 つだけで 1 次独立であるから，これに命題 15.9 を適用すれば，V の基底 $\boldsymbol{a}_1, \ldots, \boldsymbol{a}_t$ がとれる．以上で，基底の存在が示された．
- 次に，基底のなかのベクトルの個数が一定であることを示す．そのために，他にも V の基底 $\boldsymbol{b}_1, \ldots, \boldsymbol{b}_r$ があったとする．このとき，$t = r$ を示せばよい．

- $\boldsymbol{a}_1, \ldots, \boldsymbol{a}_t$ が 1 次独立系，$\boldsymbol{b}_1, \ldots, \boldsymbol{b}_r$ が生成系であるから，命題 15.10 より，$t \leqq r$．また，$\boldsymbol{b}_1, \ldots, \boldsymbol{b}_r$ が 1 次独立系，$\boldsymbol{a}_1, \ldots, \boldsymbol{a}_t$ が生成系であるから，再び命題 15.10 より，$r \leqq t$．
- 以上より，$t = r$．　□

例 15.11. 例 15.4 より，$\dim \mathbb{R}^n = n$．これにより，$\mathbb{R}^n$ を "n 次元" 数ベクトル空間とよぶことが正当化される．

系 15.12. A を (m, n) 型行列とする $(m \in \mathbb{N})$．このとき，同次方程式 $A\boldsymbol{x} = \boldsymbol{0}$ の解空間 V_A の次元は $n - \mathrm{rank}(A)$ に等しい．したがって，次が成り立つ．

$$\dim V_A + \mathrm{rank}(A) = n$$

証明. 定理 15.5 より，明らか．　□

系 15.13. A を (m, n) 型行列とする $(m \in \mathbb{N})$．このとき，$\mathrm{rank}(A)$ の値は，行変形の仕方によらず，A によって決まっている[11]．

証明. $\dim V_A$ は A によって決まっているので，どのような仕方で行変形しても，$\mathrm{rank}(A)$ は，$\mathrm{rank}(A) = n - \dim V_A$ として一定である．　□

15b　次元の性質

解説 15.14.

- まず次元のもつ次の性質について説明する．
  (1) 次元は，部分空間の包含関係を反映している．
  (2) 次元は，1 次独立系の元の最大個数である．
  (3) 次元は，生成系の元の最小個数である．
- 次に正則行列と基底との関係を調べる．
- これにより，行変形で行列の階数が不変であることがわかり，行列の階数がその列ベクトルの生成する部分空間の次元として与えられることをみる．

命題 15.15. V, W を $\mathbb{R}^n$ の部分空間とする．

(1) $W \subseteq V$ ならば，$\dim W \leqq \dim V \ (\leqq n)$．

(2) $W \subseteq V$ かつ $\dim W = \dim V$ ならば，$W = V$．(すなわち，$W \subsetneqq V$ ならば $\dim W < \dim V$．)

(3) $\boldsymbol{a}_1, \ldots, \boldsymbol{a}_t \in V$ が 1 次独立で $t = \dim V$ ならば，$\boldsymbol{a}_1, \ldots, \boldsymbol{a}_t$ は V の基底になる．

---

11) あとでみるように，$\mathrm{rank}(A) = \dim \langle \boldsymbol{a}_1, \ldots, \boldsymbol{a}_n \rangle$ となることからもわかる．

証明.

(1) $\boldsymbol{a}_1, \ldots, \boldsymbol{a}_s$ を W の基底とする.

- 命題 15.9 より，V の基底 $\boldsymbol{a}_1, \ldots, \boldsymbol{a}_s, \ldots, \boldsymbol{a}_t$ $(s \leqq t)$ を作ることができる.
- したがって，$\dim W = s \leqq t = \dim V$.
- また，$V \subseteq \mathbb{R}^n$ と $\dim \mathbb{R}^n = n$ より $t \leqq n$ となる.

(2) 上において $s = t$ ならば，$W = \langle \boldsymbol{a}_1, \ldots, \boldsymbol{a}_t \rangle = V$.

(3) $\boldsymbol{a}_1, \ldots, \boldsymbol{a}_t \in V$ が 1 次独立とすると，$\dim \langle \boldsymbol{a}_1, \ldots, \boldsymbol{a}_t \rangle = t$.

- さらに $t = \dim V$ ならば，$\dim \langle \boldsymbol{a}_1, \ldots, \boldsymbol{a}_t \rangle = \dim V$ であるから，上の (2) より $\langle \boldsymbol{a}_1, \ldots, \boldsymbol{a}_t \rangle = V$ となり，$\boldsymbol{a}_1, \ldots, \boldsymbol{a}_t$ は V の基底になる. □

例 15.16. $\boldsymbol{a}_1 := {}^t(1,1)$, $\boldsymbol{a}_2 := {}^t(1,4)$ とおくと，これらは $\mathbb{R}^2$ のなかの 2 つの異なるベクトルで，

$$\operatorname{rank}(\boldsymbol{a}_1, \boldsymbol{a}_2) = \operatorname{rank}\begin{bmatrix} 1 & 1 \\ 1 & 4 \end{bmatrix} = \operatorname{rank}\begin{bmatrix} 1 & 1 \\ 0 & 3 \end{bmatrix} = 2$$

より 1 次独立である．よって命題 15.15(3) より，これらは $\mathbb{R}^2$ の基底である.

命題 15.17. V を $\mathbb{R}^n$ の部分空間，$\boldsymbol{a}_1, \ldots, \boldsymbol{a}_t \in V$ とする.

- $\boldsymbol{a}_1, \ldots, \boldsymbol{a}_t$ が 1 次独立ならば，$t \leqq \dim V$.
- したがって，$\dim V$ は，V に含まれる 1 次独立系の元の最大個数に等しい.

証明. $W := \langle \boldsymbol{a}_1, \ldots, \boldsymbol{a}_t \rangle$ とおく.

- $\boldsymbol{a}_1, \ldots, \boldsymbol{a}_t$ が 1 次独立ならば，これは W の基底となるから $\dim W = t$.
- $W \subseteq V$ より，$\dim W \leqq \dim V$ であるから，$t \leqq \dim V$ となる.
- この最後の式は，命題 15.10 からもしたがう．すなわち，V の基底 $\boldsymbol{b}_1, \ldots, \boldsymbol{b}_r$ をとると，これは V の生成系であるから，$t \leqq r = \dim V$. □

命題 15.18. $\boldsymbol{a}_1, \ldots, \boldsymbol{a}_t \in \mathbb{R}^n$ とし，$V = \langle \boldsymbol{a}_1, \ldots, \boldsymbol{a}_t \rangle \neq \{\boldsymbol{0}\}$ とする．このとき，

(1) $\boldsymbol{a}_{i_1}, \ldots, \boldsymbol{a}_{i_s}$ が V の基底となるように，$1 \leqq i_1, \ldots, i_s \leqq t$ をとることができる.

- したがって，$\dim V \leqq t$ となる.
- すなわち，$\dim V$ は，V の生成系の元の最小個数に等しい.

(2) $t = \dim V$ ならば，$\boldsymbol{a}_1, \ldots, \boldsymbol{a}_t$ は V の基底になる.

証明.

(1) $V \neq \{\boldsymbol{0}\}$ であるから，$\boldsymbol{a}_{i_1} \neq \boldsymbol{0}$ となる $1 \leqq i_1 \leqq t$ がとれる.

(i) $\boldsymbol{a}_1, \ldots, \boldsymbol{a}_t \in \langle \boldsymbol{a}_{i_1} \rangle$ ならば，$V \subseteq \langle \boldsymbol{a}_{i_1} \rangle$ より，$V = \langle \boldsymbol{a}_{i_1} \rangle$．よって，$\boldsymbol{a}_{i_1}$ が V の基底になる.

(ii) そうでなければ，$\boldsymbol{a}_{i_2} \notin \langle \boldsymbol{a}_{i_1} \rangle$ となる $1 \leqq i_2 \leqq t$ が存在する．

- すると，命題 15.8 より $\boldsymbol{a}_{i_1}, \boldsymbol{a}_{i_2}$ は 1 次独立である．ここで，$\boldsymbol{a}_1, \ldots, \boldsymbol{a}_t \in \langle \boldsymbol{a}_{i_1}, \boldsymbol{a}_{i_2} \rangle$ ならば，やはり $V = \langle \boldsymbol{a}_{i_1}, \boldsymbol{a}_{i_2} \rangle$ となって，$\boldsymbol{a}_{i_1}, \boldsymbol{a}_{i_2}$ が V の基底になる．
- この操作を繰り返せば，ある s $(\leqq t)$ で，$\boldsymbol{a}_1, \ldots, \boldsymbol{a}_t \in \langle \boldsymbol{a}_{i_1}, \ldots, \boldsymbol{a}_{i_s} \rangle$ となり，$\boldsymbol{a}_{i_1}, \ldots, \boldsymbol{a}_{i_s}$ が V の基底になる．
- したがって，$\dim V \leqq t$ となる．
- この最後の式は，命題 15.10 からもしたがう．すなわち，V の基底 $\boldsymbol{b}_1, \ldots, \boldsymbol{b}_r$ をとると，これは V の 1 次独立系であるから，$\dim V = r \leqq t$.

(2) (1) のように V の基底 $\boldsymbol{a}_{i_1}, \ldots, \boldsymbol{a}_{i_s}$ をとると，$\dim V = s$. よって，$t = \dim V$ ならば，$s = t$ となって，$\boldsymbol{a}_{i_1}, \ldots, \boldsymbol{a}_{i_s}$ は，$\boldsymbol{a}_1, \ldots, \boldsymbol{a}_t$ に一致する．　□

15c　座　　標

まず，n 次正則行列と $\mathbb{R}^n$ の基底との関係を次の命題で与える．

命題 15.19. $P = (\boldsymbol{p}_1, \ldots, \boldsymbol{p}_n)$ を n 次行列とするとき，次は同値である．

(1) P は正則である．

(2) $\boldsymbol{p}_1, \ldots, \boldsymbol{p}_n$ は 1 次独立である．

(3) $\boldsymbol{p}_1, \ldots, \boldsymbol{p}_n$ は $\mathbb{R}^n$ の基底である．

証明.

- (1) $\Leftrightarrow$ (2). 定理 14.22 と定理 13.7 より，ともに $\mathrm{rank}(P) = n$ と同値である．
- (2) $\Leftrightarrow$ (3). 命題 15.15(3) からしたがう．　□

解説 15.20.

- V を $\mathbb{R}^n$ の部分空間とする．まず，V の基底の 1 つの特徴づけを与える．
- この特徴づけで得られる性質から，V の 1 つひとつのベクトルに新しい座標がつけられる．

定理 15.21. $\boldsymbol{a}_1, \ldots, \boldsymbol{a}_t \in V$ とすると，次は同値である．

(1) $\boldsymbol{a}_1, \ldots, \boldsymbol{a}_t$ は V の基底である．

(2) V のどのベクトル $\boldsymbol{v}$ も

$$\boldsymbol{v} = k_1\boldsymbol{a}_1 + \cdots + k_t\boldsymbol{a}_t \quad (k_1, \ldots, k_t \in \mathbb{R}) \tag{15.2}$$

の形に表され，この表し方は 1 通りである．すなわち，他にも

$$\boldsymbol{v} = k'_1\boldsymbol{a}_1 + \cdots + k'_t\boldsymbol{a}_t \quad (k'_1, \ldots, k'_t \in \mathbb{R}) \tag{15.3}$$

と表されたとすと，$k_1 = k_1'$, ..., $k_t = k_t'$ が成り立つ．

証明.

- (1) ⇒ (2). (1) を仮定し，$\boldsymbol{v} \in V$ とすると，
- $\boldsymbol{v} \in V = \langle \boldsymbol{a}_1, \dots, \boldsymbol{a}_t \rangle$ より $\boldsymbol{v}$ は (15.2) の形に表される．
- $\boldsymbol{v}$ が他にも式 (15.3) のように表されたとすると，辺々引いて，

$$\boldsymbol{0} = (k_1 - k_1')\boldsymbol{a}_1 + \cdots + (k_t - k_t')\boldsymbol{a}_t.$$

- すると (1) より，$k_1 - k_1' = 0$, ..., $k_t - k_t' = 0$.
- (2) ⇒ (1). (2) を仮定すると，どのベクトル $\boldsymbol{v} \in V$ も式 (15.2) のように表されるから，$V \subseteq \langle \boldsymbol{a}_1, \dots, \boldsymbol{a}_t \rangle$.
- $k_1\boldsymbol{a}_1 + \cdots + k_t\boldsymbol{a}_t = \boldsymbol{0}$ $(k_1, \dots, k_t \in \mathbb{R})$ と仮定すると，
- $\boldsymbol{0}$ は $0\boldsymbol{a}_1 + \cdots + 0\boldsymbol{a}_t = \boldsymbol{0}$ とも表され，表し方が 1 通りであるから，$k_1 = 0, \cdots, k_t = 0$. よって，$\boldsymbol{a}_1, \dots, \boldsymbol{a}_t$ は 1 次独立である． □

例 15.22.

(1) $n = 2$ の場合を考え $\boldsymbol{a}_1 := {}^t(1,1)$, $\boldsymbol{a}_2 := {}^t(-1,1)$ とおく．

- 2 次行列 $A := (\boldsymbol{a}_1, \boldsymbol{a}_2) = \begin{bmatrix} 1 & -1 \\ 1 & 1 \end{bmatrix}$ は，$\det(A) = 2 \neq 0$ より正則である．

  したがって，命題 15.19 より $\boldsymbol{a}_1, \boldsymbol{a}_2$ は，$\mathbb{R}^2$ の基底である．

(2) $\boldsymbol{v} := {}^t(1,3)$ をこの基底の 1 次結合として表そう．

- $\boldsymbol{v} = k_1\boldsymbol{a}_1 + k_2\boldsymbol{a}_2$ となる k_1, k_2 を求めればよい．
- $\begin{bmatrix} 1 \\ 3 \end{bmatrix} = k_1 \begin{bmatrix} 1 \\ 1 \end{bmatrix} + k_2 \begin{bmatrix} -1 \\ 1 \end{bmatrix} = \begin{bmatrix} 1 & -1 \\ 1 & 1 \end{bmatrix} \begin{bmatrix} k_1 \\ k_2 \end{bmatrix}$ を解けばよい．
- A は正則なので，逆行列 A^{-1} が存在する．公式 (10.3) を用いると，

$$A^{-1} = \frac{1}{2} \begin{bmatrix} 1 & 1 \\ -1 & 1 \end{bmatrix}.$$

- これより，$\begin{bmatrix} k_1 \\ k_2 \end{bmatrix} = \frac{1}{2} \begin{bmatrix} 1 & 1 \\ -1 & 1 \end{bmatrix} \begin{bmatrix} 1 \\ 3 \end{bmatrix} = \begin{bmatrix} 2 \\ 1 \end{bmatrix}$ が求まる．すなわち，

$$\boldsymbol{v} = 2\boldsymbol{a}_1 + \boldsymbol{a}_2 = (\boldsymbol{a}_1, \boldsymbol{a}_2) \begin{bmatrix} 2 \\ 1 \end{bmatrix}.$$

  ${}^t(2,1)$ は $\boldsymbol{v}$ の基底 $\boldsymbol{a}_1, \boldsymbol{a}_2$ に関する**座標**とよぶことができる．

- ただし，ここで順序を変えて $(\boldsymbol{a}_2, \boldsymbol{a}_1)$ をとると，

$$\boldsymbol{v} = \boldsymbol{a}_2 + 2\boldsymbol{a}_1 = (\boldsymbol{a}_2, \boldsymbol{a}_1)\begin{bmatrix}1\\2\end{bmatrix}.$$

このように成分の順序も変わる．

- したがって，座標を 1 つに決めるためには，基底の順序も指定しなければならない．

定義 15.23. $\boldsymbol{a}_1, \ldots, \boldsymbol{a}_t$ を V の基底とする．

- このとき，順序を考えに入れた列 $(\boldsymbol{a}_1, \ldots, \boldsymbol{a}_t)$ を V の**順序基底**とよぶ．
- いま，この順序基底を $\mathcal{A}$ とおく．これは (n, t) 型行列ともみられる．
- このように順序を入れておくと，定理 15.21 より，式 (15.2) の係数をこの順序で並べて得られる列ベクトル ${}^t(k_1, \ldots, k_t)$ は，$\boldsymbol{v} \in V$ に対して，ただ 1 つ決まる．
- この列ベクトル ${}^t(k_1, \ldots, k_t)$ を $\boldsymbol{v}$ の $\mathcal{A}$ に関する**座標**とよび，$[\mathcal{A}\backslash\boldsymbol{v}]$ で表す[12)]：

$$[\mathcal{A}\backslash\boldsymbol{v}] := \begin{bmatrix}k_1\\ \vdots \\ k_t\end{bmatrix}.$$

注意 15.24.

(1) 上の定義を用いると，式 (15.2) は，次のように書き直される．

$$\boldsymbol{v} = (\boldsymbol{a}_1, \ldots, \boldsymbol{a}_t)\begin{bmatrix}k_1\\ \vdots \\ k_t\end{bmatrix} = \mathcal{A}[\mathcal{A}\backslash\boldsymbol{v}] \qquad (15.4)$$

(2) 以上のことを $V = \mathbb{R}^n$ に適用すると，$t = n$ であり，命題 15.19 より $\mathcal{A}$ は n 次正則行列になる．したがって式 (15.4) より

$$\mathcal{A}^{-1}\boldsymbol{v} = [\mathcal{A}\backslash\boldsymbol{v}]. \qquad (15.5)$$

(3) $V \neq \mathbb{R}^n$ のとき，すなわち $t \neq n$ のときでも (じつは一般のベクトル空間でも)，$\mathcal{A}$ が基底であることから $\ell_{\mathcal{A}}\colon \mathbb{R}^t \to V$ が 1 対 1 (全単射) なので，$\ell_{\mathcal{A}}^{-1}$ が存在する．これを用いて，$\ell_{\mathcal{A}}^{-1}\boldsymbol{v} = [\mathcal{A}\backslash\boldsymbol{v}]$ と書ける．すなわち，V から $\mathbb{R}^t$ への写像として $\ell_{\mathcal{A}}^{-1} = [\mathcal{A}\backslash\text{-}]$.

系 15.25. $\mathcal{A} = (\boldsymbol{a}_1, \ldots, \boldsymbol{a}_t)$ が V の基底で，$\mathcal{A}P = \mathcal{A}Q$ $(P, Q \in \mathrm{Mat}_{t,s},\ s \in \mathbb{N})$ ならば $P = Q$ となる．

12) 式 (15.4) のように，左から $\mathcal{A}$ を掛けると $\boldsymbol{v}$ となることを暗に示すために，この記号を使う．分数のように "$\mathcal{A}$ 分の $\boldsymbol{v}$" と読むと定理 15.27 が理解しやすくなる．

証明.

- $P = (\boldsymbol{p}_1, \ldots, \boldsymbol{p}_s)$, $Q = (\boldsymbol{q}_1, \ldots, \boldsymbol{q}_s)$ とおくと，$\mathcal{A}P = \mathcal{A}Q$ より，

$$(\mathcal{A}\boldsymbol{p}_1, \ldots, \mathcal{A}\boldsymbol{p}_s) = (\mathcal{A}\boldsymbol{q}_1, \ldots, \mathcal{A}\boldsymbol{q}_s).$$

- すなわち，$\mathcal{A}\boldsymbol{p}_i = \mathcal{A}\boldsymbol{q}_i$ $(i = 1, \ldots, s)$.
- よって定理 15.21 より $\boldsymbol{p}_i = \boldsymbol{q}_i$ $(i = 1, \ldots, s)$，すなわち，$P = Q$. □

解説 15.26. $\mathbb{R}^n$ に 2 つの基底 $\mathcal{A} = (\boldsymbol{a}_1, \ldots, \boldsymbol{a}_n)$ と $\mathcal{B} = (\boldsymbol{b}_1, \ldots, \boldsymbol{b}_n)$ があるとき，$\boldsymbol{v} \in \mathbb{R}^n$ の 2 つの座標 $[\mathcal{A}\backslash\boldsymbol{v}]$ と $[\mathcal{B}\backslash\boldsymbol{v}]$ の間にはどのような関係があるであろうか．次の定理は，これに対する解答を与える．

定理 15.27.

- $\mathcal{A} = (\boldsymbol{a}_1, \ldots, \boldsymbol{a}_n)$ を $\mathbb{R}^n$ の基底，$\mathcal{B} = (\boldsymbol{b}_1, \ldots, \boldsymbol{b}_n)$ を $\mathbb{R}^n$ のベクトルの組とする．
- $[\mathcal{A}\backslash\mathcal{B}] := ([\mathcal{A}\backslash\boldsymbol{b}_1], \ldots, [\mathcal{A}\backslash\boldsymbol{b}_n])$ とおくと，次が成り立つ．

(1) $\mathcal{B} = \mathcal{A}[\mathcal{A}\backslash\mathcal{B}]$，よって特に，$[\mathcal{A}\backslash\mathcal{B}] = \mathcal{A}^{-1}\mathcal{B}$.

(2) $\mathcal{B}$ が $\mathbb{R}^n$ の基底である． $\Longleftrightarrow$ $[\mathcal{A}\backslash\mathcal{B}]$ が正則行列である．

(3) $\mathcal{B}$ が $\mathbb{R}^n$ の基底であるとき，$[\mathcal{A}\backslash\boldsymbol{v}] = [\mathcal{A}\backslash\mathcal{B}]\,[\mathcal{B}\backslash\boldsymbol{v}]$ $(\boldsymbol{v} \in \mathbb{R}^n)$.

証明.

(1) $\mathcal{A}[\mathcal{A}\backslash\mathcal{B}] = (\mathcal{A}[\mathcal{A}\backslash\boldsymbol{b}_1], \ldots, \mathcal{A}[\mathcal{A}\backslash\boldsymbol{b}_n]) = \mathcal{B}$.

- また，$\mathcal{A}$ は基底であるから，行列として正則なので，$[\mathcal{A}\backslash\mathcal{B}] = \mathcal{A}^{-1}\mathcal{B}$.

(2) 解説 21.4 参照[13]．定理 15.21 より，任意の $\boldsymbol{x} \in \mathbb{R}^n$ に対して，

$$[\mathcal{A}\backslash\mathcal{B}]\boldsymbol{x} = \boldsymbol{0} \iff \mathcal{A}[\mathcal{A}\backslash\mathcal{B}]\boldsymbol{x} = \boldsymbol{0} \iff \mathcal{B}\boldsymbol{x} = \boldsymbol{0}.$$

- すると，$\mathcal{B}$ が $\mathbb{R}^n$ の基底 $\iff$ $\mathcal{B}\boldsymbol{x} = \boldsymbol{0}$ ならば $\boldsymbol{x} = \boldsymbol{0}$
  $\iff$ $[\mathcal{A}\backslash\mathcal{B}]\boldsymbol{x} = \boldsymbol{0}$ ならば $\boldsymbol{x} = \boldsymbol{0}$
  $\iff$ $\mathrm{rank}([\mathcal{A}\backslash\mathcal{B}]) = n$ $\iff$ $[\mathcal{A}\backslash\mathcal{B}]$ が正則．

(3) $[\mathcal{A}\backslash\mathcal{B}]\,[\mathcal{B}\backslash\boldsymbol{v}] = \mathcal{A}^{-1}\mathcal{B}\mathcal{B}^{-1}\boldsymbol{v} = \mathcal{A}^{-1}\boldsymbol{v} = [\mathcal{A}\backslash\boldsymbol{v}]$. □

注意 15.28.

- $[\mathcal{A}\backslash\mathcal{B}]$ を基底 $\mathcal{A}$ から $\mathcal{B}$ への**基底取り替えの行列**とよぶ．
- $[\mathcal{A}\backslash\mathcal{B}]^{-1} = [\mathcal{B}\backslash\mathcal{A}]$. ($\because$ 左辺 $= (\mathcal{A}^{-1}\mathcal{B})^{-1} = \mathcal{B}^{-1}\mathcal{A} =$ 右辺.)
- 基底と座標の動きが逆になっていることに注意：
  - 基底のほうは，(1) のように，$[\mathcal{A}\backslash\mathcal{B}]$ を右から掛けると，$\mathcal{A}$ から $\mathcal{B}$ に変わるが，

---

13) 行列式を使うと $\det(\mathcal{B}) = \det(\mathcal{A})\det([\mathcal{A}\backslash\mathcal{B}])$, $\det(\mathcal{A}) \neq 0$ と命題 15.19 より (2) が成り立つ．

– 座標のほうは，(3) のように，$[\mathcal{A}\backslash\mathcal{B}]$ を左から掛けると，$\mathcal{B}$ での座標から $\mathcal{A}$ での座標に変わる．

- (1), (3) は，記号 \ の左側を分母，右側を分子と思って，それぞれ隣り合う $\mathcal{A},\mathcal{B}$ が "約分" できると解釈できる．

例 15.29. $\mathcal{A}=(\boldsymbol{a}_1,\boldsymbol{a}_2,\boldsymbol{a}_3)$ を $\mathbb{R}^3$ の基底とする．

- $\mathcal{B}:=(\boldsymbol{b}_1,\boldsymbol{b}_2,\boldsymbol{b}_3)$ を次で決める．

$$\begin{cases}\boldsymbol{b}_1=\boldsymbol{a}_1+\boldsymbol{a}_3\\ \boldsymbol{b}_2=2\boldsymbol{a}_2+4\boldsymbol{a}_3\\ \boldsymbol{b}_3=-\boldsymbol{a}_1+3\boldsymbol{a}_2+\boldsymbol{a}_3\end{cases}$$

- このとき，$[\mathcal{A}\backslash\mathcal{B}]=([\mathcal{A}\backslash\boldsymbol{b}_1],[\mathcal{A}\backslash\boldsymbol{b}_2],[\mathcal{A}\backslash\boldsymbol{b}_3])$ とその行列式は，

$$[\mathcal{A}\backslash\mathcal{B}]=\begin{bmatrix}1&0&-1\\0&2&3\\1&4&1\end{bmatrix},\qquad \det([\mathcal{A}\backslash\mathcal{B}])=\begin{vmatrix}1&0&0\\0&2&3\\1&4&2\end{vmatrix}=-8\neq 0.$$

- したがって，$\mathcal{B}$ は $\mathbb{R}^3$ の基底になる．

15d 階　　数

ここでは，行列 A の階数のもつ性質を調べる．特に，それが

- A の列ベクトルの生成する部分空間の次元に一致すること，
- 両側から正則行列で掛けても不変であること，
- 転置をとっても変わらないこと

を示す．

命題 15.30. $\boldsymbol{a}_1,\ldots,\boldsymbol{a}_t\in\mathbb{R}^n$, V を $\mathbb{R}^n$ の部分空間とし，P を n 次行列とすると，次が成り立つ．

(1) $\boldsymbol{a}_1,\ldots,\boldsymbol{a}_t$ が V を生成すれば，$P\boldsymbol{a}_1,\ldots,P\boldsymbol{a}_t$ も $PV:=\{P\boldsymbol{v}\mid\boldsymbol{v}\in V\}$ を生成する．すなわち，$PV=\langle P\boldsymbol{a}_1,\ldots,P\boldsymbol{a}_t\rangle$．特に，$PV$ も $\mathbb{R}^n$ の部分空間である．

(2) P が正則で $\boldsymbol{a}_1,\ldots,\boldsymbol{a}_t$ が1次独立ならば，$P\boldsymbol{a}_1,\ldots,P\boldsymbol{a}_t$ も1次独立である．

(3) P が正則で $\boldsymbol{a}_1,\ldots,\boldsymbol{a}_t$ が V の基底ならば，$P\boldsymbol{a}_1,\ldots,P\boldsymbol{a}_t$ も PV の基底である．

証明.

(1) $\boldsymbol{a}_1,\ldots,\boldsymbol{a}_t$ が V を生成すれば，$V=\langle\boldsymbol{a}_1,\ldots,\boldsymbol{a}_t\rangle$．したがって，

$$PV=\{P\boldsymbol{v}\mid\boldsymbol{v}\in\langle\boldsymbol{a}_1,\ldots,\boldsymbol{a}_t\rangle\}$$

$$= \{P(k_1\boldsymbol{a}_1 + \cdots + k_t\boldsymbol{a}_t) \mid k_1, \ldots, k_t \in \mathbb{R}\}$$
$$= \{k_1P\boldsymbol{a}_1 + \cdots + k_tP\boldsymbol{a}_t \mid k_1, \ldots, k_t \in \mathbb{R}\}$$
$$= \langle P\boldsymbol{a}_1, \ldots, P\boldsymbol{a}_t\rangle.$$

(2) P が正則で $\boldsymbol{a}_1, \ldots, \boldsymbol{a}_t$ が 1 次独立とする．
- $P\boldsymbol{a}_1, \ldots, P\boldsymbol{a}_t$ の 1 次関係式 $k_1P\boldsymbol{a}_1 + \cdots + k_tP\boldsymbol{a}_t = \boldsymbol{0}$ $(k_1, \ldots, k_t \in \mathbb{R})$ があったとすると，$P(k_1\boldsymbol{a}_1 + \cdots + k_t\boldsymbol{a}_t) = \boldsymbol{0}$ となる．
- この両辺に P^{-1} を左から掛けると，$k_1\boldsymbol{a}_1 + \cdots + k_t\boldsymbol{a}_t = \boldsymbol{0}$ が得られる．
- $\boldsymbol{a}_1, \ldots, \boldsymbol{a}_t$ が 1 次独立であるから，$k_1 = \cdots = k_t = 0$.
- したがって，$P\boldsymbol{a}_1, \ldots, P\boldsymbol{a}_t$ は 1 次独立である．

(3) これは上の (1), (2) からしたがう．　□

命題 15.31. $\boldsymbol{a}_1, \ldots, \boldsymbol{a}_t \in \mathbb{R}^n$ とし，P を n 次正則行列とすると，次が成り立つ．

$$\dim\langle\boldsymbol{a}_1, \ldots, \boldsymbol{a}_t\rangle = \dim\langle P\boldsymbol{a}_1, \ldots, P\boldsymbol{a}_t\rangle \tag{15.6}$$

証明.
- すべての $\boldsymbol{a}_1, \ldots, \boldsymbol{a}_t$ が $\boldsymbol{0}$ ならば，両辺ともに 0 となって一致する．
- そうでなければ，$\langle\boldsymbol{a}_1, \ldots, \boldsymbol{a}_t\rangle \neq \{\boldsymbol{0}\}$ であるから，命題 15.18 より $\boldsymbol{a}_{i_1}, \ldots, \boldsymbol{a}_{i_s}$ がその基底となるように，$1 \leqq i_1, \ldots, i_s \leqq t$ をとることができる．
- 命題 15.30(3) より，$P\boldsymbol{a}_{i_1}, \ldots, P\boldsymbol{a}_{i_s}$ も $\langle P\boldsymbol{a}_1, \ldots, P\boldsymbol{a}_t\rangle$ の基底であるから，式 (15.6) の両辺はともに s に一致する．　□

定理 15.32. $m, n \in \mathbb{N}$ とし，$A = (\boldsymbol{a}_1, \ldots, \boldsymbol{a}_n)$ を (m, n) 型行列とすると，

$$\operatorname{rank}(A) = \dim\langle\boldsymbol{a}_1, \ldots, \boldsymbol{a}_n\rangle.$$

証明.
- $\boldsymbol{a}_1, \ldots, \boldsymbol{a}_n \in \mathbb{R}^m$ であるので，この節でこれまでに得られてきた結果を，$\mathbb{R}^n$ の代わりに $\mathbb{R}^m$ に適用する．
- 定理 12.4 と系 13.8 より，ある正則行列 P によって $PA = (P\boldsymbol{a}_1, \ldots, P\boldsymbol{a}_n)$ が A の行標準形

$$(\overbrace{\boldsymbol{0}, \cdots, \boldsymbol{0}}^{i_1-1}, \overset{i_1}{\smile}\!\!\!\!\boldsymbol{e}_1, \boldsymbol{b}^{(1)}_{i_1+1}, \cdots, \boldsymbol{b}^{(1)}_{i_2-1}, \overset{i_2}{\boldsymbol{e}_2}, \boldsymbol{b}^{(2)}_{i_2+1}, \cdots, \boldsymbol{b}^{(2)}_{i_3-1}, \cdots, \overset{i_r}{\boldsymbol{e}_r}, \boldsymbol{b}^{(r)}_{i_r+1}, \cdots, \boldsymbol{b}^{(r)}_n)$$

となる．例えば，次のようになる．

$$\begin{bmatrix} 0 & 1 & 2 & 0 & 3 & 0 & 2 \\ 0 & 0 & 0 & 1 & 2 & 0 & 1 \\ 0 & 0 & 0 & 0 & 0 & 1 & 3 \\ 0 & 0 & 0 & 0 & 0 & 0 & 0 \end{bmatrix}$$

- 上において，$P\boldsymbol{a}_{i_1} = \boldsymbol{e}_1, \ldots, P\boldsymbol{a}_{i_r} = \boldsymbol{e}_r$ で，これらは1次独立である．
- また，各 $\boldsymbol{b}_k^{(j)}$ の $j+1$ 行目から最下行までは0である $(j = 1, \ldots, r)$ ので，$\boldsymbol{b}_k^{(j)}$ は $\boldsymbol{e}_1, \ldots, \boldsymbol{e}_j$ の1次結合で書ける．
- すなわち，$\boldsymbol{b}_k^{(j)} \in \langle \boldsymbol{e}_1, \ldots, \boldsymbol{e}_j \rangle \subseteq \langle \boldsymbol{e}_1, \ldots, \boldsymbol{e}_r \rangle = \langle P\boldsymbol{a}_{i_1}, \ldots, P\boldsymbol{a}_{i_r} \rangle$. ゆえに，

$$\langle P\boldsymbol{a}_1, \ldots, P\boldsymbol{a}_t \rangle = \langle P\boldsymbol{a}_{i_1}, \ldots, P\boldsymbol{a}_{i_r} \rangle.$$

- したがって，$P\boldsymbol{a}_{i_1}, \ldots, P\boldsymbol{a}_{i_r}$ は $\langle P\boldsymbol{a}_1, \ldots, P\boldsymbol{a}_n \rangle$ の基底になっている．
- ゆえに命題15.31より，

$$\operatorname{rank}(A) = r = \dim \langle P\boldsymbol{a}_1, \ldots, P\boldsymbol{a}_n \rangle = \dim \langle \boldsymbol{a}_1, \ldots, \boldsymbol{a}_n \rangle. \qquad \square$$

系 15.33. $m, n \in \mathbb{N}$ とし，$A = (\boldsymbol{a}_1, \ldots, \boldsymbol{a}_n)$ を (m, n) 型行列とする．

(1) $f := \ell_A$ によって線形写像 $f \colon \mathbb{R}^n \to \mathbb{R}^m$ を定義すると，

$$\operatorname{rank}(A) = \dim \operatorname{Im} f,$$
$$\dim \operatorname{Ker} f + \dim \operatorname{Im} f = n.$$

(2) P, Q をそれぞれ m 次，n 次の正則行列とすると，

$$\operatorname{rank}(PAQ) = \operatorname{rank}(A).$$

証明.

(1) 定理15.32と式(14.1)より，

$$\operatorname{rank}(A) = \dim \langle \boldsymbol{a}_1, \ldots, \boldsymbol{a}_n \rangle = \dim \operatorname{Im} f.$$

- 式(14.1)と上の式と系15.12より，

$$\dim \operatorname{Ker} f + \dim \operatorname{Im} f = \dim V_A + \operatorname{rank}(A) = n.$$

(2) 定理15.32と命題15.31より，

$$\operatorname{rank}(PA) = \dim \langle P\boldsymbol{a}_1, \ldots, P\boldsymbol{a}_n \rangle = \dim \langle \boldsymbol{a}_1, \ldots, \boldsymbol{a}_n \rangle = \operatorname{rank}(A).$$

- この式を A の代わりに AQ に適用すると，$\operatorname{rank}(PAQ) = \operatorname{rank}(AQ)$.
- $\ell_Q \colon \mathbb{R}^n \to \mathbb{R}^n$, $\ell_{Q^{-1}} \colon \mathbb{R}^n \to \mathbb{R}^n$ より，$\ell_Q(\mathbb{R}^n) \subseteq \mathbb{R}^n$, $\ell_{Q^{-1}}(\mathbb{R}^n) \subseteq \mathbb{R}^n$.
- この最後の式に ℓ_Q を作用させると，$\mathbb{R}^n \subseteq \ell_Q(\mathbb{R}^n)$. ゆえに $\ell_Q(\mathbb{R}^n) = \mathbb{R}^n$.
- したがって，

$$\begin{aligned}\operatorname{rank}(AQ) &= \dim \operatorname{Im} \ell_{AQ} = \dim \ell_{AQ}(\mathbb{R}^n) = \dim(\ell_A \ell_Q)(\mathbb{R}^n) \\ &= \dim \ell_A(\ell_Q(\mathbb{R}^n)) = \dim \ell_A(\mathbb{R}^n) = \dim \operatorname{Im} \ell_A = \operatorname{rank}(A).\end{aligned}$$

$\square$

定理 15.34. A を行列とすると，$\mathrm{rank}({}^tA) = \mathrm{rank}(A)$.

証明.

- $r := \mathrm{rank}(A)$ とおくと，定理 13.11 より，ある正則行列 P, Q によって

$$PAQ = \begin{bmatrix} E_r & O \\ O & O \end{bmatrix}$$

とでき，これより

$${}^tQ\,{}^tA\,{}^tP = \begin{bmatrix} E_r & O \\ O & O \end{bmatrix}$$

となる.

- このとき，$\det({}^tP) = \det(P) \neq 0$ であるから，${}^tP, {}^tQ$ ともに正則であることに注意すると，

$$\mathrm{rank}({}^tA) = \mathrm{rank}({}^tQ\,{}^tA\,{}^tP) = r.$$ □

例 15.35. $A = \begin{bmatrix} 1 & 2 & 3 \\ 2 & 4 & 6 \end{bmatrix}$ のとき上の定理を確認する．$\mathrm{rank}(A) = \mathrm{rank}\begin{bmatrix} 1 & 2 & 3 \\ 0 & 0 & 0 \end{bmatrix} = 1$．他方，$\mathrm{rank}({}^tA) = \mathrm{rank}\begin{bmatrix} 1 & 2 \\ 2 & 4 \\ 3 & 6 \end{bmatrix} = \mathrm{rank}\begin{bmatrix} 1 & 2 \\ 0 & 0 \\ 0 & 0 \end{bmatrix} = 1 = \mathrm{rank}(A)$.

注意 15.36.

- 行変形の代わりに列変形を用いて**列標準形**も定義でき，そのなかの基本ベクトルの個数によって**列階数**が定義される.
- 転置をとって考えれば，行列 A の列階数は $\mathrm{rank}({}^tA)$ に等しいことがわかる，
- したがって，上の定理より，A の列階数は A の階数に等しい.
- 同様に転置をとって考えれば，A の行ベクトルの全体を $\boldsymbol{a}_{(1)}, \ldots, \boldsymbol{a}_{(m)}$ とすると，定理 15.32 より

$$\mathrm{rank}({}^tA) = \dim\langle \boldsymbol{a}_{(1)}, \ldots, \boldsymbol{a}_{(m)} \rangle$$

となることがわかる．したがって，

$$\mathrm{rank}(A) = \dim\langle \boldsymbol{a}_{(1)}, \ldots, \boldsymbol{a}_{(m)} \rangle$$

も成り立つ.

練習問題

問 15.1. $\boldsymbol{v}_1 := \begin{bmatrix}1\\1\\2\end{bmatrix}$, $\boldsymbol{v}_2 := \begin{bmatrix}1\\2\\-1\end{bmatrix}$, $\boldsymbol{v}_3 := \begin{bmatrix}0\\0\\1\end{bmatrix}$ とおき，$\boldsymbol{a} = \begin{bmatrix}a_1\\a_2\\a_3\end{bmatrix} \in \mathbb{R}^3$ とする．

(1) $\boldsymbol{v}_2 \notin \langle \boldsymbol{v}_1 \rangle$ (すなわち $\boldsymbol{v}_2$ が $\boldsymbol{v}_1$ のスカラー倍でないこと) を示せ．

(2) $\boldsymbol{v}_3 \notin \langle \boldsymbol{v}_1, \boldsymbol{v}_2 \rangle$ (すなわち $\boldsymbol{v}_3$ が $\boldsymbol{v}_1, \boldsymbol{v}_2$ の 1 次結合では書けないこと) を示せ．

(3) $\boldsymbol{a} = x_1\boldsymbol{v}_1 + x_2\boldsymbol{v}_2 + x_3\boldsymbol{v}_3$ となる x_1, x_2, x_3 を a_1, a_2, a_3 で表せ．

問 15.2. $\boldsymbol{v}_1 = \begin{bmatrix}2\\-1\\0\end{bmatrix}$, $\boldsymbol{v}_2 = \begin{bmatrix}1\\1\\-1\end{bmatrix}$, $\boldsymbol{v}_3 = \begin{bmatrix}3\\2\\1\end{bmatrix}$, $\boldsymbol{e}_1 = \begin{bmatrix}1\\0\\0\end{bmatrix}$ とおく．

(1) $\boldsymbol{v}_1, \boldsymbol{v}_2, \boldsymbol{v}_3$ が $\mathbb{R}^3$ の基底であることを確かめよ．

(2) 順序基底 $(\boldsymbol{v}_1, \boldsymbol{v}_2, \boldsymbol{v}_3)$ に関する $\boldsymbol{e}_1$ の座標を求めよ．

問 15.3. $\boldsymbol{v}_1 = \begin{bmatrix}1\\-1\\0\\1\end{bmatrix}$, $\boldsymbol{v}_2 = \begin{bmatrix}1\\0\\2\\1\end{bmatrix}$, $\boldsymbol{v}_3 = \begin{bmatrix}3\\-1\\4\\3\end{bmatrix}$, $\boldsymbol{v}_4 = \begin{bmatrix}-1\\2\\3\\0\end{bmatrix}$, $\boldsymbol{v}_5 = \begin{bmatrix}2\\0\\1\\-1\end{bmatrix}$ とおくとき，$\mathbb{R}^4$ の部分空間 $V = \langle \boldsymbol{v}_1, \boldsymbol{v}_2, \boldsymbol{v}_3, \boldsymbol{v}_4, \boldsymbol{v}_5 \rangle$ の次元を求めよ．

問 15.4. $\boldsymbol{a}_1 := {}^t(1,0,0)$, $\boldsymbol{a}_2 := {}^t(1,1,0)$, $\boldsymbol{a}_3 := {}^t(1,1,1)$, $\boldsymbol{b}_1 := {}^t(0,1,1)$, $\boldsymbol{b}_2 := {}^t(1,0,1)$, $\boldsymbol{b}_3 := {}^t(1,1,0)$ とする．このとき次の各問に答えよ．

(1) $\mathcal{A} := (\boldsymbol{a}_1, \boldsymbol{a}_2, \boldsymbol{a}_3)$ が $\mathbb{R}^3$ の基底であることを示せ．

(2) $[\mathcal{A}\backslash\boldsymbol{b}_1], [\mathcal{A}\backslash\boldsymbol{b}_2], [\mathcal{A}\backslash\boldsymbol{b}_3]$ を求めよ．

(3) $\mathcal{A}$ から $\mathcal{B}$ への基底取り替えの行列 $P := [\mathcal{A}\backslash\mathcal{B}]$ を求めよ．

(4) P が正則であることを確かめて，$\mathcal{B} := (\boldsymbol{b}_1, \boldsymbol{b}_2, \boldsymbol{b}_3)$ が $\mathbb{R}^3$ の基底であることを示せ．

(5) $[\mathcal{B}\backslash\boldsymbol{a}_2] = P^{-1}[\mathcal{A}\backslash\boldsymbol{a}_2]$ の両辺を計算し，この式が成り立つことを確かめよ．

問 15.5. 次の同次連立 1 次方程式の解空間の次元を求めよ．

$$\begin{cases} x_1 + 3x_2 + x_3 \qquad + x_5 = 0 \\ \qquad 3x_2 + x_3 + x_4 + 2x_5 = 0 \\ x_1 + 2x_2 + x_3 - x_4 \qquad = 0 \end{cases}$$

5
対角化と固有値

- 全空間の基底を考え，線形写像を，これまでとは異なる行列で表すことを考える．標準基底ではない基底を用いたほうが行列が簡単になることがあるからである．
- このアイデアを用いて，行列を**対角化**することを考える．
- 行列が対角化されるとき，その対角成分にはその行列の**固有値**が現れる．
- 行列式を用いて，固有値が**固有多項式**に対応する方程式の解として得られることを示す．
- 固有多項式から得られる情報を用いて，行列が対角化可能かどうかを判定する方法を与える．

16. 線形変換と基底

この節でも $n \in \mathbb{N}$ とし，n 次元数ベクトル空間 $\mathbb{R}^n$ について考える．

定義 16.1. $\mathbb{R}^n$ から $\mathbb{R}^n$ への線形写像を，$\mathbb{R}^n$ の**線形変換**とよぶ．

解説 16.2.

- 次の命題でみるように，線形写像は，基底をどこに移すかを決めれば完全に決まる．
- 定義 3.17 では，このことを用いて線形写像の行列を，標準基底の移し先で決めたのであった．
- この節では，一般の基底の移し先を用いて，線形変換をこれまでとは異なった行列で表現する．すなわち，移し先のこの基底に関する座標を並べることによって，その行列を定義する．

- また，基底を取り替えたとき行列がどのように変わるかも調べる．

命題 16.3. $f\colon \mathbb{R}^n \to \mathbb{R}^m$ を線形写像 $(m, n \in \mathbb{N})$，$\mathcal{A} = (\boldsymbol{a}_1, \ldots, \boldsymbol{a}_n)$ を $\mathbb{R}^n$ の基底とする．このとき $\boldsymbol{x} = x_1\boldsymbol{a}_1 + \cdots + x_n\boldsymbol{a}_n$ $(x_1, \ldots, x_n \in \mathbb{R})$ ならば，

$$f(\boldsymbol{x}) = x_1 f(\boldsymbol{a}_1) + \cdots + x_n f(\boldsymbol{a}_n). \tag{16.1}$$

証明. 左辺 $= f(x_1\boldsymbol{a}_1 + \cdots + x_n\boldsymbol{a}_n) = f(x_1\boldsymbol{a}_1) + \cdots + f(x_n\boldsymbol{a}_n) =$ 右辺 □

記号 16.4. $\mathbb{R}^n$ のベクトルの列 $\mathcal{A} := (\boldsymbol{a}_1, \ldots, \boldsymbol{a}_t)$ $(t \in \mathbb{N})$ と $\mathbb{R}^n$ の線形変換 f に対して，$f(\mathcal{A}) := (f(\boldsymbol{a}_1), \ldots, f(\boldsymbol{a}_t))$ とおく．

補題 16.5. $\mathcal{A} := (\boldsymbol{a}_1, \ldots, \boldsymbol{a}_n)$ を $\mathbb{R}^n$ のベクトルの列，$\boldsymbol{x} \in \mathbb{R}^n$, P を n 次行列とすると，次が成り立つ．

(1) $f(\mathcal{A}\boldsymbol{x}) = f(\mathcal{A})\boldsymbol{x}$.

(2) $f(\mathcal{A}P) = f(\mathcal{A})P$.

証明.

(1) 左辺 $= f((\boldsymbol{a}_1, \ldots, \boldsymbol{a}_n)\,{}^t(x_1, \ldots, x_n))$
$\overset{(16.1)}{=} x_1 f(\boldsymbol{a}_1) + \cdots + x_n f(\boldsymbol{a}_n) =$ 右辺.

(2) $P = (\boldsymbol{p}_1, \ldots, \boldsymbol{p}_n)$ とおくと，$\mathcal{A}P = (\mathcal{A}\boldsymbol{p}_1, \ldots, \mathcal{A}\boldsymbol{p}_n)$ であるから，

$$左辺 = (f(\mathcal{A}\boldsymbol{p}_1), \ldots, f(\mathcal{A}\boldsymbol{p}_n)) \overset{(1)}{=} (f(\mathcal{A})\boldsymbol{p}_1, \ldots, f(\mathcal{A})\boldsymbol{p}_n) = 右辺.$$ □

定義 16.6. f を $\mathbb{R}^n$ の線形変換，$\mathcal{A} := (\boldsymbol{a}_1, \ldots, \boldsymbol{a}_n)$ を $\mathbb{R}^n$ の順序基底とする．

- このとき，$f(\mathcal{A}) = (f(\boldsymbol{a}_1), \ldots, f(\boldsymbol{a}_n))$ の $\mathcal{A}$ に関する座標の列

$$[\mathcal{A}\backslash f(\mathcal{A})] = ([\mathcal{A}\backslash f(\boldsymbol{a}_1)], \ldots, [\mathcal{A}\backslash f(\boldsymbol{a}_n)])$$

  を基底 $\mathcal{A}$ に関する f の**表現行列**とよぶ．

注意 16.7.

- 定理 15.27 より $f(\mathcal{A}) = \mathcal{A}[\mathcal{A}\backslash f(\mathcal{A})]$, $[\mathcal{A}\backslash f(\mathcal{A})] = \mathcal{A}^{-1}f(\mathcal{A})$ となる．
- $\mathcal{A}$ が標準基底 $\mathcal{E} := (\boldsymbol{e}_1, \ldots, \boldsymbol{e}_n)$ のときは，行列として $\mathcal{E} = E_n$ であるから，$[\mathcal{E}\backslash f(\mathcal{E})] = \mathcal{E}^{-1}f(\mathcal{E}) = (f(\boldsymbol{e}_1), \ldots, f(\boldsymbol{e}_n))$ となる．すなわち，標準基底による f の表現行列は，これまでに定義されていた f の行列に一致する．

定理 16.8. f を $\mathbb{R}^n$ の線形変換，$\mathcal{A} := (\boldsymbol{a}_1, \ldots, \boldsymbol{a}_n)$ を $\mathbb{R}^n$ の順序基底とすると，次が成り立つ．

$$[\mathcal{A}\backslash f(\boldsymbol{x})] = [\mathcal{A}\backslash f(\mathcal{A})]\,[\mathcal{A}\backslash \boldsymbol{x}] \quad (\boldsymbol{x} \in \mathbb{R}^n)$$

証明. 補題 16.5 より，

$$\text{左辺} = \mathcal{A}^{-1}f(\boldsymbol{x}) = \mathcal{A}^{-1}f(\mathcal{A}[\mathcal{A}\backslash\boldsymbol{x}]) = \mathcal{A}^{-1}f(\mathcal{A})[\mathcal{A}\backslash\boldsymbol{x}] = \text{右辺}. \qquad \square$$

注意 16.9. 上の定理は，ベクトル $\boldsymbol{x}, f(\boldsymbol{x})$ も線形変換 f も，基底 $\mathcal{A}$ に関する座標と表現行列で表しておけば，f の作用は，その表現行列の左倍写像となることを意味している．

定理 16.10 (基底の取り替え). f を $\mathbb{R}^n$ の線形変換，$\mathcal{A} := (\boldsymbol{a}_1, \ldots, \boldsymbol{a}_n)$ と $\mathcal{B} := (\boldsymbol{b}_1, \ldots, \boldsymbol{b}_n)$ を $\mathbb{R}^n$ の順序基底とし，$P := [\mathcal{A}\backslash\mathcal{B}]$ とおくと，次が成り立つ．

$$[\mathcal{B}\backslash f(\mathcal{B})] = P^{-1}[\mathcal{A}\backslash f(\mathcal{A})]P$$

証明.
$$\begin{aligned}\text{右辺} &= (\mathcal{A}^{-1}\mathcal{B})^{-1}\mathcal{A}^{-1}f(\mathcal{A})(\mathcal{A}^{-1}\mathcal{B}) \\ &= \mathcal{B}^{-1}\mathcal{A}\mathcal{A}^{-1}f(\mathcal{A}(\mathcal{A}^{-1}\mathcal{B})) = \text{左辺}.\end{aligned} \qquad \square$$

系 16.11. f を $\mathbb{R}^n$ の線形変換，A を f の行列，$P := (\boldsymbol{p}_1, \ldots, \boldsymbol{p}_n)$ を $\mathbb{R}^n$ の順序基底とすると，

$$[P\backslash f(P)] = P^{-1}AP.$$

証明. 定理 16.10 で $\mathcal{A}$ を標準基底 $\mathcal{E}$ ととると，$[\mathcal{E}\backslash f(\mathcal{E})] = A$, $[\mathcal{E}\backslash P] = P$. $\square$

例 16.12.

- $n = 2$ の場合を考え，$A := \begin{bmatrix} 1 & 3 \\ 3 & 1 \end{bmatrix}$ とおく．$\mathbb{R}^2$ の線形変換 f を，その行列が A となるように定める．すなわち，$f := \ell_A$.
- $P := (\boldsymbol{p}_1, \boldsymbol{p}_2)$ を例 15.22 の行列とする．
- すると，$P = \begin{bmatrix} 1 & -1 \\ 1 & 1 \end{bmatrix}$, $P^{-1} = \frac{1}{2}\begin{bmatrix} 1 & 1 \\ -1 & 1 \end{bmatrix}$.
- したがって，基底 $(\boldsymbol{p}_1, \boldsymbol{p}_2)$ に関する f の表現行列は，
$$[P\backslash f(P)] = P^{-1}AP = \frac{1}{2}\begin{bmatrix} 1 & 1 \\ -1 & 1 \end{bmatrix}\begin{bmatrix} 1 & 3 \\ 3 & 1 \end{bmatrix}\begin{bmatrix} 1 & -1 \\ 1 & 1 \end{bmatrix} = \begin{bmatrix} 4 & 0 \\ 0 & -2 \end{bmatrix}.$$
- これは対角行列であり，もとの A よりも扱いやすくなる．
- 例えば，上のことを利用して A^m $(m \in \mathbb{N})$ を求めてみよう．
- $(P^{-1}AP)^m = \begin{bmatrix} 4 & 0 \\ 0 & -2 \end{bmatrix}^m = \begin{bmatrix} 4^m & 0 \\ 0 & (-2)^m \end{bmatrix}$ (解説 17.2 参照).
- 他方，$(P^{-1}AP)^m = \overbrace{(P^{-1}AP)\cdots(P^{-1}AP)}^{m} = P^{-1}A^mP$.

- 以上より，$P^{-1}A^mP = \begin{bmatrix} 4^m & 0 \\ 0 & (-2)^m \end{bmatrix}$.
- したがって，

$$A^m = P\begin{bmatrix} 4^m & 0 \\ 0 & (-2)^m \end{bmatrix}P^{-1} = \frac{1}{2}\begin{bmatrix} 1 & -1 \\ 1 & 1 \end{bmatrix}\begin{bmatrix} 4^m & 0 \\ 0 & (-2)^m \end{bmatrix}\begin{bmatrix} 1 & 1 \\ -1 & 1 \end{bmatrix}$$
$$= \frac{1}{2}\begin{bmatrix} 4^m + (-2)^m & 4^m - (-2)^m \\ 4^m - (-2)^m & 4^m + (-2)^m \end{bmatrix}.$$

練習問題

問 16.1. $\boldsymbol{a}_1 := {}^t(1,0,1)$, $\boldsymbol{a}_2 := {}^t(0,1,1)$, $\boldsymbol{a}_3 := {}^t(1,1,0)$ とし，$\mathbb{R}^3$ の線形変換 f を $f(\boldsymbol{a}_1) := {}^t(2,1,1)$, $f(\boldsymbol{a}_2) := {}^t(-1,0,1)$, $f(\boldsymbol{a}_3) := {}^t(1,2,1)$ で定める．このとき，次の各問に答えよ．

(1) $\mathcal{A} := (\boldsymbol{a}_1, \boldsymbol{a}_2, \boldsymbol{a}_3)$ が $\mathbb{R}^3$ の基底であることを示せ．

(2) f の標準基底に関する表現行列を求めよ[1)]．

(3) f の $\mathcal{A}$ に関する表現行列を求めよ．

問 16.2. f と $\mathcal{A}$ は前問と同じとし，$\boldsymbol{b}_1 := {}^t(0,0,2)$, $\boldsymbol{b}_2 := {}^t(2,0,1)$, $\boldsymbol{b}_3 := {}^t(0,1,0)$ とする．このとき次の各問に答えよ．

(1) $\mathcal{B} := (\boldsymbol{b}_1, \boldsymbol{b}_2, \boldsymbol{b}_3)$ が $\mathbb{R}^3$ の基底であることを示せ．

(2) $\mathcal{A}$ から $\mathcal{B}$ への基底取り替えの行列 P を求めよ．

(3) f の $\mathcal{B}$ に関する表現行列を求めよ．

17. 対角化

この節では，n を自然数とし，A を n 次行列とする．

注意 17.1.

- これまでは考える数の集合を実数全体 $\mathbb{R}$ としてきたが，じつは一般論の証明のなかでは数の集合のもつ性質としては，$\mathbb{Q}$, $\mathbb{R}$, $\mathbb{C}$ のように，

  (a) 四則演算が自由にできる (0 で割ることを除いて) ことと，

  (b) 交換法則，結合法則，分配法則が成り立っていること

  しか使っていない．
- 上の性質 (a), (b) をもつ集合は**体**(たい)とよばれている．
- したがって，$\mathbb{R}$ をどのような体 K に取り替えても，これまでのすべての一般的な命題が成り立つ．この K を理論の**基礎体**とよぶ．

---

1) ヒント：$[\mathcal{E}\backslash f(\mathcal{E})] = f(\mathcal{E}) = f(\mathcal{A}[\mathcal{A}\backslash\mathcal{E}]) = f(\mathcal{A})[\mathcal{A}\backslash\mathcal{E}]$.

- この節では，考える数の集合，基礎体を複素数の全体 $\mathbb{C}$ まで拡げる．
- そのようにしておけば，どんな代数方程式も解をもつからである．

解説 17.2.
- 対角行列は掛け算しやすい．
- 例えば，A を対角行列 $A = \begin{bmatrix} 2 & 0 \\ 0 & 3 \end{bmatrix}$ とし，$B = \begin{bmatrix} a & b \\ c & d \end{bmatrix}$ とすると，

$$AB = \begin{bmatrix} 2a & 2b \\ 3c & 3d \end{bmatrix}, \qquad BA = \begin{bmatrix} 2a & 3b \\ 2c & 3d \end{bmatrix}.$$

- B も対角行列 $\begin{bmatrix} a & 0 \\ 0 & d \end{bmatrix}$ であれば，もっと計算しやすくなる：$AB = \begin{bmatrix} 2a & 0 \\ 0 & 3d \end{bmatrix}$.
- 特に，A の累乗は次のように簡単に計算できる：

$$A^2 = \begin{bmatrix} 2^2 & 0 \\ 0 & 3^2 \end{bmatrix},\ A^3 = \begin{bmatrix} 2^3 & 0 \\ 0 & 3^3 \end{bmatrix},\ \ldots,\ A^m = \begin{bmatrix} 2^m & 0 \\ 0 & 3^m \end{bmatrix}\ (m \in \mathbb{N}).$$

- したがって，$\mathbb{C}^n$ の線形変換 f を行列で計算するとき，その表現行列が対角行列になるような基底を選べば計算が楽になる．
- f の行列が A で，$\mathbb{C}^n$ の順序基底 $\mathcal{P}$ から得られる正則行列が P のとき，基底を $\mathcal{P}$ に換えると，$\mathcal{P}$ に関する f の表現行列は，$P^{-1}AP$ になる．
- したがって，$P^{-1}AP$ が対角行列になるような P を求めればよいことになる．

定義 17.3. A, B を正方行列とする．
- $B = P^{-1}AP$ となるような正則行列 P が存在するとき，A と B は**同値**であるという．
- A に同値な対角行列が存在するとき，すなわち，$P^{-1}AP$ が対角行列となるような正則行列 P が存在するとき，A は**対角化可能**であるといい，この P を**変換行列**とよぶ．
- A を**対角化する**とは，A に同値な対角行列を求めることである．

解説 17.4. 次の目標は，
- A が対角化可能かどうかを判定することと，
- 対角化可能な場合，その変換行列 P を求めること

である．

注意 17.5. 次は同値である.

- A は対角化可能である.
- ある正則行列 $P = (\boldsymbol{p}_1, \dots, \boldsymbol{p}_n)$ と，ある $\alpha_1, \dots, \alpha_n \in \mathbb{C}$ によって，

$$P^{-1}AP = \begin{bmatrix} \alpha_1 & & 0 \\ & \ddots & \\ 0 & & \alpha_n \end{bmatrix}$$

  となる．すなわち，

$$AP = P \begin{bmatrix} \alpha_1 & & 0 \\ & \ddots & \\ 0 & & \alpha_n \end{bmatrix}$$

  となる.
- $\mathbb{C}^n$ のある基底 $\boldsymbol{p}_1, \dots, \boldsymbol{p}_n$ とある $\alpha_1, \dots, \alpha_n \in \mathbb{C}$ によって，

$$A(\boldsymbol{p}_1, \dots, \boldsymbol{p}_n) = (\boldsymbol{p}_1, \dots, \boldsymbol{p}_n) \begin{bmatrix} \alpha_1 & & 0 \\ & \ddots & \\ 0 & & \alpha_n \end{bmatrix}$$

  となる．すなわち，

$$(A\boldsymbol{p}_1, \dots, A\boldsymbol{p}_n) = (\alpha_1\boldsymbol{p}_1, \dots, \alpha_n\boldsymbol{p}_n)$$

  となる.
- $\mathbb{C}^n$ のある基底 $\boldsymbol{p}_1, \dots, \boldsymbol{p}_n$ とある $\alpha_1, \dots, \alpha_n \in \mathbb{C}$ によって，

$$A\boldsymbol{p}_1 = \alpha_1\boldsymbol{p}_1, \quad \dots, \quad A\boldsymbol{p}_n = \alpha_n\boldsymbol{p}_n$$

  となる.

最後の式において，各 $\boldsymbol{p}_i$ は零ベクトルでなく，左から A を掛けると何倍かされる，という性質をもっている．このようなベクトルを A の**固有ベクトル**という.

定義 17.6.

- $A\boldsymbol{v} = \alpha\boldsymbol{v}$ となる $\boldsymbol{v}\,(\neq \boldsymbol{0})$ が存在するとき，α を A の**固有値**，そのような $\boldsymbol{v}$ を α に属する A の**固有ベクトル**とよぶ.
- n 次多項式 $\det(xE_n - A)$ を A の**固有多項式**とよび，
  方程式 $\det(xE_n - A) = 0$ を A の**固有方程式**とよぶ.

例 17.7. 例 16.12 の $A := \begin{bmatrix} 1 & 3 \\ 3 & 1 \end{bmatrix}$ と $\boldsymbol{p}_1 := {}^t(1, 1)$, $\boldsymbol{p}_2 := {}^t(-1, 1)$ を考える.

- このとき，

$$Ap_1 = \begin{bmatrix} 1 & 3 \\ 3 & 1 \end{bmatrix} \begin{bmatrix} 1 \\ 1 \end{bmatrix} = \begin{bmatrix} 4 \\ 4 \end{bmatrix} = 4p_1,\ Ap_2 = \begin{bmatrix} 1 & 3 \\ 3 & 1 \end{bmatrix} \begin{bmatrix} -1 \\ 1 \end{bmatrix} = \begin{bmatrix} 2 \\ -2 \end{bmatrix} = -2p_2.$$

- したがって，4 も -2 も A の固有値で，p_1, p_2 はそれぞれ固有値 4, -2 に属する A の固有ベクトルである．

定義 17.6 の用語を用いると，注意 17.5 から次の定理が得られる．

定理 17.8. 次は同値である．
(1) A は対角化可能である．
(2) A の固有ベクトルからなる，$\mathbb{C}^n$ の基底が存在する．

命題 17.9. $\alpha \in \mathbb{C}$ に対して次は同値である．
(1) α は A の固有値である．
(2) α は A の固有方程式の解である．
すなわち，固有値は，固有方程式を解くことによって求められる．

証明.

α は A の固有値である． $\iff$ $Av = \alpha v$ となる $v\,(\neq \mathbf{0})$ が存在する．
$\iff$ $\alpha v - Av = \mathbf{0}$ となる $v\,(\neq \mathbf{0})$ が存在する．
$\iff$ $(\alpha E_n - A)v = \mathbf{0}$ となる $v\,(\neq \mathbf{0})$ が存在する．
$\iff$ $\mathrm{rank}(\alpha E_n - A) \neq n$．($\because$ 定理 12.18)
$\iff$ $\alpha E_n - A$ は正則でない．($\because$ 定理 13.7)
$\iff$ $\det(\alpha E_n - A) = 0$．($\because$ 定理 10.11)
$\iff$ α は A の固有方程式 $\det(xE_n - A) = 0$ の解．

□

例 17.10. $A = \begin{bmatrix} 2 & -2 & -1 \\ 1 & -1 & -1 \\ -2 & 4 & 3 \end{bmatrix}$ の固有値を求める．

- A の固有多項式は，

$$\det(xE - A) = \begin{vmatrix} x-2 & 2 & 1 \\ -1 & x+1 & 1 \\ 2 & -4 & x-3 \end{vmatrix}$$

$$= \begin{vmatrix} x-1 & -x+1 & 0 \\ -1 & x+1 & 1 \\ x-1 & -(x+1)(x-3)-4 & 0 \end{vmatrix}$$

$$= -\begin{vmatrix} x-1 & -x+1 \\ x-1 & -(x-1)^2 \end{vmatrix} = (x-1)^2 \begin{vmatrix} 1 & 1 \\ 1 & x-1 \end{vmatrix} = (x-1)^2(x-2).$$

- したがって，A の固有値は $1, 2$ である．
- ここで，解 $x = 1$ が 2 重解であることに注意する．このとき固有値 1 の**重複度**は 2 であるという．

定義 17.11.

- A の固有多項式が相異なる複素数 $\alpha_1, \alpha_2, \ldots, \alpha_t$ によって，次のように因数分解されたとする．

$$\det(xE_n - A) = (x-\alpha_1)^{m_1}(x-\alpha_2)^{m_2}\cdots(x-\alpha_t)^{m_t} \qquad (17.1)$$
$$(m_1, \ldots, m_t \in \mathbb{N})$$

- このとき，A の固有値 α_i の**重複度**は m_i であるという $(i = 1, \ldots, t)$.

解説 17.12.

- 固有値が固有方程式の解として求まるように，次の命題により，固有ベクトルも，ある同次連立 1 次方程式の解として求められる．
- したがって，掃き出し法によって固有ベクトルの全体を求めることができる．

命題 17.13. α を A の固有値とする．ベクトル $\boldsymbol{v}\,(\neq \boldsymbol{0})$ に対して次は同値である．

(1) $\boldsymbol{v}$ は α に属する A の固有ベクトルである．

(2) $\boldsymbol{v}$ は方程式 $(\alpha E_n - A)\boldsymbol{x} = \boldsymbol{0}$ の解である．

証明. $A\boldsymbol{v} = \alpha\boldsymbol{v} \iff (\alpha E_n - A)\boldsymbol{v} = \boldsymbol{0}$. □

定義 17.14. 方程式 $(\alpha E_n - A)\boldsymbol{x} = \boldsymbol{0}$ の解空間を，固有値 α に属する A の**固有空間**とよび，V_α で表す．

注意 17.15.

- 命題 17.13 より

$$V_\alpha = \{\boldsymbol{v} \mid \boldsymbol{v} \text{ は } \alpha \text{ に属する } A \text{ の固有ベクトルまたは } \boldsymbol{v} = \boldsymbol{0}\}.$$

- 系 15.12 より

$$\dim V_\alpha = n - \operatorname{rank}(\alpha E_n - A). \qquad (17.2)$$

解説 17.16.

- 次の補題により，固有空間ごとの 1 次独立系を集めて，1 次独立系を作ることができる．

- このことは，対角化可能性の判定法を与える定理 17.20 の証明で用いる．

補題 17.17. $\alpha_1, \ldots, \alpha_s$ を A の相異なる固有値とし，$\boldsymbol{v}_i$ を α_i に属する固有ベクトル $(i = 1, \ldots, s)$ とすると，$\boldsymbol{v}_1, \ldots, \boldsymbol{v}_s$ は 1 次独立である．

証明. s に関する数学的帰納法で証明する．

- $s = 1$ ならば $\boldsymbol{v}_1 \neq \boldsymbol{0}$ より明らか.
- $s \geqq 2$ のとき，

$$\boldsymbol{v}_1, \ldots, \boldsymbol{v}_{s-1} \text{ が 1 次独立である} \tag{17.3}$$

 と仮定する．
- このとき，$\boldsymbol{v}_1, \ldots, \boldsymbol{v}_s$ が 1 次独立であることを示せばよい．そのために

$$k_1\boldsymbol{v}_1 + \cdots + k_s\boldsymbol{v}_s = \boldsymbol{0} \tag{17.4}$$

 となる $k_1, \ldots, k_s \in \mathbb{C}$ をとる．このとき，$k_1 = \cdots = k_s = 0$ を示せばよい．
- 式 (17.4) に左から A を掛けると，$A\boldsymbol{v}_i = \alpha_i\boldsymbol{v}_i$ $(i = 1, \ldots, s)$ より，

$$\alpha_1 k_1\boldsymbol{v}_1 + \cdots + \alpha_s k_s\boldsymbol{v}_s = \boldsymbol{0}. \tag{17.5}$$

- 式 (17.4) に α_s を掛けると，

$$\alpha_s k_1\boldsymbol{v}_1 + \cdots + \alpha_s k_s\boldsymbol{v}_s = \boldsymbol{0}. \tag{17.6}$$

- 式 (17.5) から式 (17.6) を引くと，$\boldsymbol{v}_s$ の項を消すことができる：

$$(\alpha_1 - \alpha_s)k_1\boldsymbol{v}_1 + \cdots + (\alpha_{s-1} - \alpha_s)k_{s-1}\boldsymbol{v}_{s-1} = \boldsymbol{0}.$$

- 仮定 (17.3) より，$(\alpha_1 - \alpha_s)k_1 = \cdots = (\alpha_{s-1} - \alpha_s)k_{s-1} = 0$.
- $\alpha_1, \ldots, \alpha_s$ は相異なるので，$\alpha_i - \alpha_s \neq 0$ $(i = 1, \ldots, s-1)$．したがって，$k_1 = \cdots = k_{s-1} = 0$.
- これと式 (17.4) より $k_s\boldsymbol{v}_s = \boldsymbol{0}$．したがって，$\boldsymbol{v}_s \neq \boldsymbol{0}$ より $k_s = 0$. □

命題 17.18. $\alpha_1, \ldots, \alpha_s$ を A の相異なる固有値とする．

- 各 $i = 1, \ldots, s$ に対して，

$$\boldsymbol{p}_1^{(i)}, \ldots, \boldsymbol{p}_{d_i}^{(i)} \text{ は，} V_{\alpha_i} \text{ の 1 次独立なベクトルの組とする．} \tag{17.7}$$

- このとき，ベクトルの組 $\boldsymbol{p}_1^{(1)}, \ldots, \boldsymbol{p}_{d_1}^{(1)}, \ldots, \boldsymbol{p}_1^{(s)}, \ldots, \boldsymbol{p}_{d_s}^{(s)}$ は 1 次独立である.
- したがって特に，$\dim V_{\alpha_1} + \cdots + \dim V_{\alpha_s} \leqq n$.

証明.

- $k_1^{(1)}, \ldots, k_{d_1}^{(1)}, \ldots, k_1^{(s)}, \ldots, k_{d_s}^{(s)} \in \mathbb{C}$ をとって，

$$k_1^{(1)}\boldsymbol{p}_1^{(1)} + \cdots + k_{d_1}^{(1)}\boldsymbol{p}_{d_1}^{(1)} + \cdots + k_1^{(s)}\boldsymbol{p}_1^{(s)} + \cdots + k_{d_s}^{(s)}\boldsymbol{p}_{d_s}^{(s)} = \boldsymbol{0}$$

 となったと仮定する.

- 次のようにおく.

$$\begin{cases} \boldsymbol{v}_1 := k_1^{(1)}\boldsymbol{p}_1^{(1)} + \cdots + k_{d_1}^{(1)}\boldsymbol{p}_{d_1}^{(1)}, \\ \quad \vdots \qquad\qquad\qquad \vdots \\ \boldsymbol{v}_s := k_1^{(s)}\boldsymbol{p}_1^{(s)} + \cdots + k_{d_s}^{(s)}\boldsymbol{p}_{d_s}^{(s)}. \end{cases} \tag{17.8}$$

  すると，$\boldsymbol{v}_i \in V_{\alpha_i}$ $(i = 1, \ldots, s)$ であり，$\boldsymbol{v}_1 + \cdots + \boldsymbol{v}_s = \boldsymbol{0}$.
- もしも $\boldsymbol{v}_1, \ldots, \boldsymbol{v}_s$ のなかに零ベクトルでないものがあれば，それらは相異なる固有値に属するのに，1次従属 (例えば $\boldsymbol{v}_1, \ldots, \boldsymbol{v}_s$ のうち，$\boldsymbol{v}_1, \boldsymbol{v}_2, \boldsymbol{v}_3$ が零ベクトルでないもの全体とすると，$\boldsymbol{v}_1 + \boldsymbol{v}_2 + \boldsymbol{v}_3 = \boldsymbol{0}$ より，これらは1次従属) となって，補題 17.17 に反する.
- したがって，$\boldsymbol{v}_1 = \cdots = \boldsymbol{v}_s = \boldsymbol{0}$.
- これを式 (17.8) に代入すると，$\boldsymbol{p}_j^{(i)}$ のとり方 (17.7) により，

$$k_1^{(1)} = \cdots = k_{d_1}^{(1)} = 0, \quad \ldots, \quad k_1^{(s)} = \cdots = k_{d_s}^{(s)} = 0.$$

- したがって，$\boldsymbol{p}_1^{(1)}, \ldots, \boldsymbol{p}_{d_1}^{(1)}, \ldots, \boldsymbol{p}_1^{(s)}, \ldots, \boldsymbol{p}_{d_s}^{(s)}$ は1次独立である.
- 特に，すべての $i = 1, \ldots, s$ について，$\boldsymbol{p}_1^{(i)}, \ldots, \boldsymbol{p}_{d_i}^{(i)}$ が V_{α_i} の基底である場合を考えれば，$\dim V_{\alpha_i} = d_i$ で，命題 15.17 より，$d_1 + \cdots + d_s \leqq n$. □

解説 17.19. 次の定理により，A が対角化可能かどうかを，

- 固有多項式の因数分解の式 (17.1) と，
- 各行列 $\alpha_i E_n - A$ の階数の計算

によって判定できるようになる.

定理 17.20. A の相異なる固有値の全体を $\alpha_1, \ldots, \alpha_t$ とし，それらの重複度をそれぞれ $m_1, \ldots, m_t$ とするとき (すなわち，式 (17.1) が成り立つとき)，次は同値である.

(1) A は対角化可能である.

(2) $\mathrm{rank}(\alpha_i E_n - A) = n - m_i \quad (i = 1, \ldots, t)$.

(3) $\dim V_{\alpha_i} = m_i \quad (i = 1, \ldots, t)$.

(4) $\dim V_{\alpha_1} + \cdots + \dim V_{\alpha_t} = n$.

証明.

- 対角成分が順に $a_1, \ldots, a_n$ であるような対角行列を，$\mathrm{diag}(a_1, \ldots, a_n)$ で表すことにする[2].

2) diagonal (対角) の最初の4文字.

- (1) ⇒ (2). (1) を仮定する．このとき，ある n 次正則行列 P によって，

$$P^{-1}AP = \mathrm{diag}(\overbrace{\alpha_1, \ldots, \alpha_1}^{m_1}, \ldots, \overbrace{\alpha_t, \ldots, \alpha_t}^{m_t})$$

とできる．この右辺の対角行列を D とおく．

- すると，各 $i = 1, \ldots, t$ に対して，

$$\begin{aligned} &\alpha_i E - D \\ &= \mathrm{diag}(\overbrace{\alpha_i - \alpha_1, \ldots, \alpha_i - \alpha_1}^{m_1}, \ldots, \overbrace{0, \ldots, 0}^{m_i}, \ldots, \overbrace{\alpha_i - \alpha_t, \ldots, \alpha_i - \alpha_t}^{m_t}) \end{aligned}$$

で $\alpha_i - \alpha_j \neq 0$ $(j \neq i)$ であるから，$\mathrm{rank}(\alpha_i E - D) = n - m_i$ となる．

- したがって，系 15.33(2) より，

$$\mathrm{rank}(\alpha_i E - A) = \mathrm{rank}(P^{-1}(\alpha_i E - A)P) = \mathrm{rank}(\alpha_i E - D) = n - m_i.$$

- (2) ⇒ (3). これは，式 (17.2) より明らか．
- (3) ⇒ (4). 式 (17.1) の両辺の次数を比べれば，$m_1 + \cdots + m_t = n$．これより明らか．
- (4) ⇒ (1). (4) を仮定する．$d_i := \dim V_{\alpha_i}$ とおき，$\boldsymbol{p}_1^{(i)}, \ldots, \boldsymbol{p}_{d_i}^{(i)}$ を V_{α_i} の基底とする $(i = 1, \ldots, t)$．
- ベクトルの組 $\boldsymbol{p}_1^{(1)}, \ldots, \boldsymbol{p}_{d_1}^{(1)}, \ldots, \boldsymbol{p}_1^{(t)}, \ldots, \boldsymbol{p}_{d_t}^{(t)}$ を $\mathcal{P}$ とおく．これらは A の固有ベクトルであるから，$\mathcal{P}$ が $\mathbb{C}^n$ の基底であることを示せば，定理 17.8 より，A が対角化可能であることがわかる．
- 命題 17.18 より，$\mathcal{P}$ は 1 次独立である．また，(4) より $d_1 + \cdots + d_t = n$ であるから，$\mathcal{P}$ の元の個数は n である．
- したがって，命題 15.15(3) より $\mathcal{P}$ は $\mathbb{C}^n$ の基底である． □

解説 17.21. n 次行列 A を対角化する手順を以下にまとめておく．

(1) $\det(xE_n - A)$ を因数分解する：

$$\det(xE_n - A) = (x - \alpha_1)^{m_1}(x - \alpha_2)^{m_2} \cdots (x - \alpha_t)^{m_t}.$$

ただし，$\alpha_1, \ldots, \alpha_t$ は相異なるとする．このとき，$\alpha_1, \ldots, \alpha_t$ が A の固有値の全体で，m_i が α_i の重複度 $(i = 1, \ldots, t)$ となる．

(2) 各 $i = 1, \ldots, t$ について，方程式 $(\alpha_i E_n - A)\boldsymbol{x} = \boldsymbol{0}$ を解く．
その解空間 V_{α_i} が α_i に属する固有空間であり，V_{α_i} から零ベクトルを取り除いたものが α_i に属する固有ベクトルの全体になる．$d_i := \dim V_{\alpha_i}$ とおくと，$d_i = n - \mathrm{rank}(\alpha_i E - A)$．$V_{\alpha_i}$ の基底 $\boldsymbol{p}_1, \ldots, \boldsymbol{p}_{d_i}$ を 1 組求める．

(3) A が対角化可能 $\iff$ すべての $i=1,\ldots,t$ について $m_i=d_i$. このとき,

$$P := (\boldsymbol{p}_1^{(1)},\ldots,\boldsymbol{p}_{m_1}^{(1)},\ldots,\boldsymbol{p}_1^{(t)},\ldots,\boldsymbol{p}_{m_t}^{(t)})$$

とおくと, これは正則であり, この変換行列 P によって, A は

$$P^{-1}AP = \mathrm{diag}(\overbrace{\alpha_1,\ldots,\alpha_1}^{m_1},\ldots,\overbrace{\alpha_t,\ldots,\alpha_t}^{m_t})$$

と対角化される.

例 17.22. 例 17.10 の行列 A について対角化可能かどうかを調べ, 可能な場合変換行列を求める.

$$A = \begin{bmatrix} 2 & -2 & -1 \\ 1 & -1 & -1 \\ -2 & 4 & 3 \end{bmatrix}$$

- $\det(xE-A)=(x-1)^2(x-2)$ より固有値は $1,2$ で, 重複度はそれぞれ $2,1$.
- したがって, A が対角化可能であるための条件は,
  $\mathrm{rank}(E-A)=3-2=1$, $\mathrm{rank}(2E-A)=3-1=2$ である.
- $E-A=\begin{bmatrix} -1 & 2 & 1 \\ -1 & 2 & 1 \\ 2 & -4 & -2 \end{bmatrix}$. この行標準形を計算すると, $\begin{bmatrix} 1 & -2 & -1 \\ 0 & 0 & 0 \\ 0 & 0 & 0 \end{bmatrix}$.
- したがって,
$$\mathrm{rank}(E-A)=1. \tag{17.9}$$
- また, $(E-A)\boldsymbol{x}=\boldsymbol{0}$ は方程式 $x_1-2x_2-x_3=0$ と同値. これより, V_1 の任意の元は $\boldsymbol{x}=\begin{bmatrix} 2k_2+k_3 \\ k_2 \\ k_3 \end{bmatrix} = k_2\begin{bmatrix} 2 \\ 1 \\ 0 \end{bmatrix} + k_3\begin{bmatrix} 1 \\ 0 \\ 1 \end{bmatrix}$ $(k_2,k_3\in\mathbb{C})$ と書ける.
- よって, V_1 の基底として, ${}^t(2,1,0), {}^t(1,0,1)$ がとれる.
- $2E-A=\begin{bmatrix} 0 & 2 & 1 \\ -1 & 3 & 1 \\ 2 & -4 & -1 \end{bmatrix}$. この行標準形を計算すると, $\begin{bmatrix} 1 & 0 & 1/2 \\ 0 & 1 & 1/2 \\ 0 & 0 & 0 \end{bmatrix}$.
- したがって,
$$\mathrm{rank}(2E-A)=2. \tag{17.10}$$
- また, V_2 の任意の元は, $\boldsymbol{x}=k_3{}^t(-\frac{1}{2},-\frac{1}{2},1)$ $(k_3\in\mathbb{C})$ と書ける.
- よって, V_2 の基底として, ${}^t(-1,-1,2)$ がとれる.

- 式 (17.9), (17.10) より，A は対角化可能であり，変換行列としては，$P = \begin{bmatrix} 2 & 1 & -1 \\ 1 & 0 & -1 \\ 0 & 1 & 2 \end{bmatrix}$ をとることができる．
- この P によって A は，対角行列 $P^{-1}AP = \begin{bmatrix} 1 & 0 & 0 \\ 0 & 1 & 0 \\ 0 & 0 & 2 \end{bmatrix}$ に変換される．

系 17.23. A の固有多項式が相異なる 1 次式の積に分解すれば，A は対角化可能である．

証明.

- この場合，$t = n$ で，$m_1 = \cdots = m_n = 1$ となっている．
- 各 $i = 1, \ldots, t$ に対して，$V_{\alpha_i} \neq 0$ より，$\dim V_{\alpha_i} \geqq 1$.
- よって，$\dim V_{\alpha_1} + \cdots + \dim V_{\alpha_n} \geqq n$.
- 他方，命題 17.18 より，$\dim V_{\alpha_1} + \cdots + \dim V_{\alpha_n} \leqq n$.
- ゆえに，$\dim V_{\alpha_1} + \cdots + \dim V_{\alpha_n} = n$.
- したがって，定理 17.20 より，A は対角化可能である． □

例 17.24. $A = \begin{bmatrix} 0 & -1 \\ 1 & 0 \end{bmatrix}$ の対角化を考える．

- $\det(xE - A) = \begin{vmatrix} x & 1 \\ -1 & x \end{vmatrix} = x^2 + 1$.
- 方程式 $x^2 + 1 = 0$ は実数の範囲内では解をもたないので，A は実数の範囲内では固有値をもたず，対角化できない．
- しかし複素数の範囲内では $\det(xE - A) = (x - i)(x + i)$ より，A の固有値は $i, -i$ となる．また，系 17.23 より A は対角化可能である．
- $iE - A = \begin{bmatrix} i & 1 \\ -1 & i \end{bmatrix}$ の行標準形は $\begin{bmatrix} 1 & -i \\ 0 & 0 \end{bmatrix}$ となるから，V_i の基底として $\begin{bmatrix} 1 \\ -i \end{bmatrix}$ がとれる．
- $-iE - A = \begin{bmatrix} -i & 1 \\ -1 & -i \end{bmatrix}$ の行標準形は $\begin{bmatrix} 1 & i \\ 0 & 0 \end{bmatrix}$ となるから，V_{-i} の基底として $\begin{bmatrix} -i \\ 1 \end{bmatrix}$ がとれる．

- したがって，$P = \begin{bmatrix} 1 & -i \\ -i & 1 \end{bmatrix}$ととると，$A$は$P^{-1}AP = \begin{bmatrix} i & 0 \\ 0 & -i \end{bmatrix}$と対角化される．

例 17.25. 対角化できない例をあげる．

- $A = \begin{bmatrix} 0 & 0 \\ 1 & 0 \end{bmatrix}$とする．この例では$n = 2$である．
- $\det(xE - A) = \begin{vmatrix} x & 0 \\ -1 & x \end{vmatrix} = x^2.$
- したがってAの固有値は0ただ1つで，その重複度は2である．
- $0E - A = \begin{bmatrix} 0 & 0 \\ -1 & 0 \end{bmatrix}$の行標準形は，$\begin{bmatrix} 1 & 0 \\ 0 & 0 \end{bmatrix}$であるから，
$$\mathrm{rank}(0E - A) = 1 \neq 0 = n - 2.$$
- したがって，Aは対角化できない．

練習問題

問 17.1. 次の行列の固有値と固有空間を求めよ．また，対角化可能かどうか判定し，可能ならば変換行列を求めて対角化せよ．(複素数の範囲で考える．)

(1) $\begin{bmatrix} 2 & 2 \\ 2 & 2 \end{bmatrix}$ (2) $\begin{bmatrix} 3 & -1 \\ 1 & 1 \end{bmatrix}$ (3) $\begin{bmatrix} 1 & 1 \\ -2 & -1 \end{bmatrix}$ (4) $\begin{bmatrix} -2 & 2 \\ 2 & 1 \end{bmatrix}$

(5) $\begin{bmatrix} 3 & -5 & 0 \\ 0 & -1 & 0 \\ -1 & 2 & 2 \end{bmatrix}$ (6) $\begin{bmatrix} 5 & -6 & 7 \\ 0 & 2 & 2 \\ -1 & 2 & 1 \end{bmatrix}$ (7) $\begin{bmatrix} 5 & 0 & -1 \\ -2 & 4 & 2 \\ 3 & 0 & 1 \end{bmatrix}$ (8) $\begin{bmatrix} 0 & -1 & 1 \\ 1 & -1 & 1 \\ 1 & -1 & 0 \end{bmatrix}$

問 17.2. 前問(4)の行列をAとおくとき，A^n $(n \in \mathbb{N})$を求めよ．

問 17.3. Aをn次行列とし，その固有値の全体を$\alpha_1, \ldots, \alpha_n$(各固有値はその重複度だけ現れている)とする．すなわち，
$$\det(xE - A) = (x - \alpha_1) \cdots (x - \alpha_n) \tag{17.11}$$
とする．Aの対角線成分の総和をAの**トレース**とよび$\mathrm{tr}(A)$で表す[3]．このとき，次を示せ[4]．

(1) $\det(A) = \alpha_1 \cdot \cdots \cdot \alpha_n$ (2) $\mathrm{tr}(A) = \alpha_1 + \cdots + \alpha_n$

問 17.4. 正方行列Aが正則であるためには，0がAの固有値ではないことが必要十分であることを示せ[5]．

---

3) trace (跡) の最初の2文字．
4) ヒント：(1) 式(17.11)に$x = 0$を代入する．(2) 式(17.11)の$(n-1)$次の係数を，左辺は定理8.13(1)の形にして比べる．
5) ヒント：問17.3(1)を使う．

6
内 積 空 間

この章では，基礎体 (注意 17.1) を実数の全体 $\mathbb{R}$ に戻し，n 次元数ベクトル空間 $\mathbb{R}^n$ $(n \in \mathbb{N})$ について考える．

18. 内　積

定義 18.1. ベクトル $\boldsymbol{a} = {}^t(a_1, \ldots, a_n)$, $\boldsymbol{b} = {}^t(b_1, \ldots, b_n) \in \mathbb{R}^n$ に対して，

$$(\boldsymbol{a}, \boldsymbol{b}) := {}^t\boldsymbol{a}\boldsymbol{b} = a_1 b_1 + \cdots + a_n b_n$$

を $\boldsymbol{a}$ と $\boldsymbol{b}$ との**内積**とよぶ．

例 18.2. $\left(\begin{bmatrix} -1 \\ 3 \end{bmatrix}, \begin{bmatrix} 5 \\ 2 \end{bmatrix} \right) = (-1, 3) \begin{bmatrix} 5 \\ 2 \end{bmatrix} = (-1) \times 5 + 3 \times 2 = 1.$

命題 18.3. ベクトル $\boldsymbol{a}, \boldsymbol{a}', \boldsymbol{b} \in \mathbb{R}^n$ と $c \in \mathbb{R}$, $A \in \mathrm{Mat}_n$ に対して次が成り立つ．

(1) $(\boldsymbol{a}, \boldsymbol{b}) = (\boldsymbol{b}, \boldsymbol{a})$.

(2) $(\boldsymbol{a} + \boldsymbol{a}', \boldsymbol{b}) = (\boldsymbol{a}, \boldsymbol{b}) + (\boldsymbol{a}', \boldsymbol{b})$.

(3) $(c\boldsymbol{a}, \boldsymbol{b}) = c(\boldsymbol{a}, \boldsymbol{b})$.

(4) $(\boldsymbol{a}, \boldsymbol{a}) \geqq 0$. 等号が成立するための条件は $\boldsymbol{a} = \boldsymbol{0}$ である．

(5) $(A\boldsymbol{a}, \boldsymbol{b}) = (\boldsymbol{a}, {}^tA\boldsymbol{b})$.

証明は練習問題とする (問 18.1 参照).

注意 18.4. 上の (1), (2), (3) より，次も成り立つ．

(2′) $(\boldsymbol{b}, \boldsymbol{a} + \boldsymbol{a}') = (\boldsymbol{b}, \boldsymbol{a}) + (\boldsymbol{b}, \boldsymbol{a}')$.

(3′) $(\boldsymbol{b}, c\boldsymbol{a}) = c(\boldsymbol{b}, \boldsymbol{a})$.

すなわち，ベクトルの対を実数に移す関数 (,) は，各成分に対して線形である．

定義 18.5. $\boldsymbol{a} = {}^t(a_1, \ldots, a_n) \in \mathbb{R}^n$ に対して，$(\boldsymbol{a}, \boldsymbol{a}) \geqq 0$ であるから，実数

$$\|a\| := \sqrt{(\boldsymbol{a}, \boldsymbol{a})} = \sqrt{a_1^2 + \cdots + a_n^2}$$

を考えることができる．これを $\boldsymbol{a}$ の**長さ**あるいは**ノルム**とよぶ．

例 18.6. $\boldsymbol{a} = \begin{bmatrix} -1 \\ 3 \end{bmatrix}$ のとき，$\|\boldsymbol{a}\| = \sqrt{(-1)^2 + 3^2} = \sqrt{10}$.

定理 18.7. $\boldsymbol{a}, \boldsymbol{b} \in \mathbb{R}^n$, $c \in \mathbb{R}$ とすると，次が成り立つ．

(1) $\|\boldsymbol{a}\| \geqq 0$. 等号が成立するための条件は $\boldsymbol{a} = \boldsymbol{0}$ である．

(2) $\|c\boldsymbol{a}\| = |c|\,\|\boldsymbol{a}\|$.

(3) $|(\boldsymbol{a}, \boldsymbol{b})| \leqq \|\boldsymbol{a}\|\,\|\boldsymbol{b}\|$ (**コーシー・シュヴァルツの不等式**).

(4) $\|\boldsymbol{a} + \boldsymbol{b}\| \leqq \|\boldsymbol{a}\| + \|\boldsymbol{b}\|$ (**三角不等式**).

証明.

(1) は定理 18.3(4) より明らか．

(2) $\|c\boldsymbol{a}\|^2 = (c\boldsymbol{a}, c\boldsymbol{a}) = c^2(\boldsymbol{a}, \boldsymbol{a}) = c^2\|\boldsymbol{a}\|^2$ より明らか．

(3) $\boldsymbol{a} = \boldsymbol{0}$ のときは両辺ともに 0 となって明らか．

- $\boldsymbol{a} \neq \boldsymbol{0}$ のとき，任意の $t \in \mathbb{R}$ に対して，

$$\begin{aligned} 0 \leqq (t\boldsymbol{a} - \boldsymbol{b}, t\boldsymbol{a} - \boldsymbol{b}) &= t^2\|\boldsymbol{a}\|^2 - 2t(\boldsymbol{a}, \boldsymbol{b}) + \|\boldsymbol{b}\|^2 \\ &= \|\boldsymbol{a}\|^2 \left(t - \frac{(\boldsymbol{a}, \boldsymbol{b})}{\|\boldsymbol{a}\|^2}\right)^2 - \frac{(\boldsymbol{a}, \boldsymbol{b})^2}{\|\boldsymbol{a}\|^2} + \|\boldsymbol{b}\|^2. \end{aligned}$$

$t = \dfrac{(\boldsymbol{a}, \boldsymbol{b})}{\|\boldsymbol{a}\|^2}$ のときの式から $(\boldsymbol{a}, \boldsymbol{b})^2 \leqq \|\boldsymbol{a}\|^2\|\boldsymbol{b}\|^2$ となり，(3) が得られる．

(4) (3) より，

$$\begin{aligned} \|\boldsymbol{a} + \boldsymbol{b}\|^2 &= \|\boldsymbol{a}\|^2 + 2(\boldsymbol{a}, \boldsymbol{b}) + \|\boldsymbol{b}\|^2 \\ &\leqq \|\boldsymbol{a}\|^2 + 2\|\boldsymbol{a}\|\|\boldsymbol{b}\| + \|\boldsymbol{b}\|^2 \\ &= (\|\boldsymbol{a}\| + \|\boldsymbol{b}\|)^2. \end{aligned}$$

これより明らか． □

定義 18.8. $\mathbf{0} \neq \boldsymbol{a}_1, \ldots, \boldsymbol{a}_t \in \mathbb{R}^n$ とする．

- $\boldsymbol{a}_1$ と $\boldsymbol{a}_2$ との角度 θ を，式

$$\cos\theta = \frac{(\boldsymbol{a}_1, \boldsymbol{a}_2)}{\|\boldsymbol{a}_1\| \|\boldsymbol{a}_2\|} \quad (0 \leqq \theta \leqq \pi) \tag{18.1}$$

  によって定める．コーシー・シュヴァルツの不等式によって右辺の値は -1 と 1 の間にあるから，$0 \leqq \theta \leqq \pi$ の範囲内で，そのような θ はただ 1 つに定まる．このとき，$\theta = \frac{\pi}{2}$ であることと $\cos\theta = 0$ とは同値であり，このことは式 (18.1) より $(\boldsymbol{a}_1, \boldsymbol{a}_2) = 0$ と同値である．このことから次のように定義する．
- $\boldsymbol{a}_1$ と $\boldsymbol{a}_2$ が**直交**するとは，$(\boldsymbol{a}_1, \boldsymbol{a}_2) = 0$ となることである．
- $\boldsymbol{a}_1, \ldots, \boldsymbol{a}_t$ が**直交系**であるとは，どの異なる i, j に対しても $\boldsymbol{a}_i$ と $\boldsymbol{a}_j$ が直交すること，すなわち，$(\boldsymbol{a}_i, \boldsymbol{a}_j) = 0$ となることである．
- $\boldsymbol{a}_1, \ldots, \boldsymbol{a}_t$ が**正規直交系**であるとは，これが直交系であり，どの $\boldsymbol{a}_i$ も長さ 1 となることである $(i = 1, \ldots, t)$．すなわち，すべての $i, j = 1, \ldots, t$ に対して，

$$(\boldsymbol{a}_i, \boldsymbol{a}_j) = \delta_{ij} := \begin{cases} 1 & (i = j) \\ 0 & (i \neq j) \end{cases}$$

  (記号 2.10 を参照) となることである．

例 18.9. 基本ベクトル $\boldsymbol{e}_1, \ldots, \boldsymbol{e}_n$ は正規直交系である．

定理 18.10. $\mathbf{0} \neq \boldsymbol{a}_1, \ldots, \boldsymbol{a}_t \in \mathbb{R}^n$ とする．$\boldsymbol{a}_1, \ldots, \boldsymbol{a}_t$ が直交系であれば，それらは 1 次独立である．

証明. $\boldsymbol{a}_1, \ldots, \boldsymbol{a}_t$ が直交系であるとする．

- これが 1 次独立であることを示すために，$k_1, \ldots, k_t \in \mathbb{R}$ が

$$k_1\boldsymbol{a}_1 + \cdots + k_t\boldsymbol{a}_t = \mathbf{0}$$

  をみたしたとする．このとき，$k_1 = \cdots = k_t = 0$ を示せばよい．
- $i = 1, \ldots, t$ とし，両辺と $\boldsymbol{a}_i$ との内積をとると，

$$k_1(\boldsymbol{a}_1, \boldsymbol{a}_i) + \cdots + k_t(\boldsymbol{a}_t, \boldsymbol{a}_i) = 0. \tag{18.2}$$

- $\boldsymbol{a}_1, \ldots, \boldsymbol{a}_t$ が直交系なので，$j \neq i$ ならば $(\boldsymbol{a}_j, \boldsymbol{a}_i) = 0$．これを上の式 (18.2) に代入すると，$k_i(\boldsymbol{a}_i, \boldsymbol{a}_i) = 0$．
- $\boldsymbol{a}_i \neq \mathbf{0}$ より $(\boldsymbol{a}_i, \boldsymbol{a}_i) \neq 0$．したがって，$k_i = 0$．すなわち，

$$k_1 = \cdots = k_t = 0.$$

□

練習問題

問 18.1. 命題 18.3 を証明せよ．

問 18.2. $\mathbb{R}^3$ のベクトル $\boldsymbol{a} := {}^t(1,1,0)$, $\boldsymbol{b} := {}^t(-2,-1,0)$ に対して，それぞれの長さと，内積の値を求めよ．

問 18.3. $\mathbb{R}^3$ のベクトル $\boldsymbol{a} := {}^t(1,1,a)$, $\boldsymbol{b} := {}^t(-2,-1,a)$ が直交するように a の値を定めよ．

19. 正規直交基底と直交行列

補題 19.1. $A = (\boldsymbol{a}_1, \dots, \boldsymbol{a}_n)$ と $B = (\boldsymbol{b}_1, \dots, \boldsymbol{b}_n)$ を n 次行列とすると，

$$
{}^tAB = \begin{bmatrix} (\boldsymbol{a}_1, \boldsymbol{b}_1) & \cdots & (\boldsymbol{a}_1, \boldsymbol{b}_n) \\ \vdots & \ddots & \vdots \\ (\boldsymbol{a}_n, \boldsymbol{b}_1) & \cdots & (\boldsymbol{a}_n, \boldsymbol{b}_n) \end{bmatrix}. \tag{19.1}
$$

証明.

$$
\text{左辺} = \begin{bmatrix} {}^t\boldsymbol{a}_1 \\ \vdots \\ {}^t\boldsymbol{a}_n \end{bmatrix} (\boldsymbol{b}_1, \dots, \boldsymbol{b}_n) = \begin{bmatrix} {}^t\boldsymbol{a}_1\boldsymbol{b}_1 & \cdots & {}^t\boldsymbol{a}_1\boldsymbol{b}_n \\ \vdots & \ddots & \vdots \\ {}^t\boldsymbol{a}_n\boldsymbol{b}_1 & \cdots & {}^t\boldsymbol{a}_n\boldsymbol{b}_n \end{bmatrix} = \text{右辺}. \qquad \square
$$

注意 19.2. 上の補題より，式 (19.1) の左辺の行列の積は，ベクトル $\boldsymbol{a}_i$ と $\boldsymbol{b}_j$ の内積の演算表になることがわかる．

定義 19.3. V を $\mathbb{R}^n$ の部分空間とし，$\boldsymbol{a}_1, \dots, \boldsymbol{a}_t \in V$ とする．このとき，$\boldsymbol{a}_1, \dots, \boldsymbol{a}_t$ が V の【正規】**直交基底**であるとは，これらが V の基底であり，【正規】直交系にもなっていることである．

定理 19.4. $\boldsymbol{a}_1, \dots, \boldsymbol{a}_n \in \mathbb{R}^n$ とし，$U = (\boldsymbol{a}_1, \dots, \boldsymbol{a}_n)$ とおくとき，次は同値である．

(1) $\boldsymbol{a}_1, \dots, \boldsymbol{a}_n$ は，$\mathbb{R}^n$ の正規直交基底である．

(2) ${}^tUU = E$.

証明. 以下は同値である．

- $\boldsymbol{a}_1, \dots, \boldsymbol{a}_n$ は，$\mathbb{R}^n$ の正規直交基底である．
- $\boldsymbol{a}_1, \dots, \boldsymbol{a}_n$ は，$\mathbb{R}^n$ の正規直交系である．($\because$ 定理 18.10 と $n = \dim \mathbb{R}^n$)
- 各 $i, j = 1, \dots, n$ に対して，$(\boldsymbol{a}_i, \boldsymbol{a}_j) = \delta_{ij}$.

- $\begin{bmatrix} (\boldsymbol{a}_1, \boldsymbol{a}_1) & \cdots & (\boldsymbol{a}_1, \boldsymbol{a}_n) \\ \vdots & \ddots & \vdots \\ (\boldsymbol{a}_n, \boldsymbol{a}_1) & \cdots & (\boldsymbol{a}_n, \boldsymbol{a}_n) \end{bmatrix} = E$
- ${}^tUU = E$. ($\because$ 補題 19.1) □

そこで，次のように定義する．

定義 19.5. 正方行列 U は，${}^tUU = E$ をみたすとき，**直交行列**であるという．

注意 19.6. 正方行列 U に対して，次は同値である．

(1) U は直交行列である．

(2) ${}^tU = U^{-1}$.

(3) $U{}^tU = E$.

実際，

- (1) $\Rightarrow$ (2). (1) が成り立てば，${}^tUU = E$ より，$\det({}^tU)\det(U) = 1$.
- よって特に，$\det(U) \neq 0$. すなわち，U^{-1} が存在する．
- これを式 ${}^tUU = E$ の両辺に右から掛けると，${}^tU = U^{-1}$.
- (3) $\Rightarrow$ (2). 上の (1)$\Rightarrow$(2) の証明と同様.
- (2) $\Rightarrow$ (1), (3). これは明らか. □

例 19.7. 2 次行列 U に対して，次は同値である．

(1) U は直交行列である．

(2) $U = \begin{bmatrix} \cos\theta & -\sin\theta \\ \sin\theta & \cos\theta \end{bmatrix}$ または $U = \begin{bmatrix} \cos\theta & \sin\theta \\ \sin\theta & -\cos\theta \end{bmatrix}$ $(\theta \in \mathbb{R})$ と書ける．

実際，

- (2) $\Rightarrow$ (1). 式 ${}^tUU = E$ は，$\cos^2\theta + \sin^2\theta = 1$ からすぐに確かめられる．
- (1) $\Rightarrow$ (2). $U = (\boldsymbol{a}_1, \boldsymbol{a}_2)$ とおき，これが直交行列とすると，$\boldsymbol{a}_1, \boldsymbol{a}_2$ が正規直交系であるから，

$$\|\boldsymbol{a}_1\| = \|\boldsymbol{a}_2\| = 1, \quad (\boldsymbol{a}_1, \boldsymbol{a}_2) = 0. \tag{19.2}$$

- 特に $\|\boldsymbol{a}_1\| = 1$ より，$\boldsymbol{a}_1$ は原点を中心とする単位円周上にあるから，$\boldsymbol{a}_1$ と x 軸のなす角を θ とおくと，

$$\boldsymbol{a}_1 = \begin{bmatrix} \cos\theta \\ \sin\theta \end{bmatrix}.$$

- 式 (19.2) より，$\boldsymbol{a}_2$ はこれに直交する長さ 1 のベクトルであるから，

$$\boldsymbol{a}_2 = \begin{bmatrix} \cos(\pm\frac{1}{2}\pi) & -\sin(\pm\frac{1}{2}\pi) \\ \sin(\pm\frac{1}{2}\pi) & \cos(\pm\frac{1}{2}\pi) \end{bmatrix} \begin{bmatrix} \cos\theta \\ \sin\theta \end{bmatrix} = \pm \begin{bmatrix} -\sin\theta \\ \cos\theta \end{bmatrix} \text{ (複号同順).}$$ □

例 19.8. 基本ベクトル $\boldsymbol{e}_1, \ldots, \boldsymbol{e}_n$ は，$\mathbb{R}^n$ の正規直交基底である．

次に，$\mathbb{R}^n$ の $\{\boldsymbol{0}\}$ でないどのような部分空間も正規直交基底をもつことを示す．以下，V を $\mathbb{R}^n$ の部分空間とし，$V \neq \{\boldsymbol{0}\}$ とする．

解説 19.9. $\boldsymbol{a}, \boldsymbol{b} \in \mathbb{R}^n$ とする．

(1) $\|\boldsymbol{a}\| = 1$ であるとき，ベクトル $\boldsymbol{b}$ の $\boldsymbol{a}$ 方向への "影" は，長さが $(\boldsymbol{b}, \boldsymbol{a})$ で方向が $\boldsymbol{a}$ であるから，

$$(\boldsymbol{b}, \boldsymbol{a})\boldsymbol{a}$$

で与えられる．

(2) 一般に $\boldsymbol{a} \neq \boldsymbol{0}$ であるとき，$\dfrac{\boldsymbol{a}}{\|\boldsymbol{a}\|}$ の長さは 1 であるから，ベクトル $\boldsymbol{b}$ の $\boldsymbol{a}$ 方向への影は，上のことから

$$\left(\boldsymbol{b}, \frac{\boldsymbol{a}}{\|\boldsymbol{a}\|}\right)\frac{\boldsymbol{a}}{\|\boldsymbol{a}\|} = (\boldsymbol{b}, \boldsymbol{a})\frac{\boldsymbol{a}}{\|\boldsymbol{a}\|^2} = \frac{(\boldsymbol{b}, \boldsymbol{a})}{(\boldsymbol{a}, \boldsymbol{a})}\boldsymbol{a}$$

で与えられる．

(3) $\boldsymbol{b}$ からその $\boldsymbol{a}$ 方向への影を引くと，これは次のように $\boldsymbol{a}$ と直交している．

$$\left(\boldsymbol{b} - \frac{(\boldsymbol{b}, \boldsymbol{a})}{(\boldsymbol{a}, \boldsymbol{a})}\boldsymbol{a}, \boldsymbol{a}\right) = (\boldsymbol{b}, \boldsymbol{a}) - \left(\frac{(\boldsymbol{b}, \boldsymbol{a})}{(\boldsymbol{a}, \boldsymbol{a})}\boldsymbol{a}, \boldsymbol{a}\right) = (\boldsymbol{b}, \boldsymbol{a}) - \frac{(\boldsymbol{b}, \boldsymbol{a})}{(\boldsymbol{a}, \boldsymbol{a})}(\boldsymbol{a}, \boldsymbol{a}) = 0$$

(4) したがって，"$\boldsymbol{a}$ への影を引けば"，$\boldsymbol{a}$ に直交させることができる．

(5) $\boldsymbol{a}_1$ への影，…，$\boldsymbol{a}_t$ への影を引くことで，$\boldsymbol{a}_1, \ldots, \boldsymbol{a}_t$ のすべてに直交するベクトルが得られる．

このアイデアを用いて次の補題が得られる．この補題を用いて，ベクトルの組を直交したものに変形する方法を，**シュミットの直交化法**とよぶ．

補題 19.10. $\boldsymbol{0} \neq \boldsymbol{a}_1, \ldots, \boldsymbol{a}_t \in V$ とし，これらが直交系であるとする．$\boldsymbol{b} \in V$ をとり，$\boldsymbol{b} \notin \langle \boldsymbol{a}_1, \ldots, \boldsymbol{a}_t \rangle$ とすると，次が成り立つ．

(1) $\boldsymbol{a}_{t+1}$ を次のようにとると，$\boldsymbol{a}_{t+1} \neq \boldsymbol{0}$.

$$\boldsymbol{a}_{t+1} := \boldsymbol{b} - \frac{(\boldsymbol{b}, \boldsymbol{a}_1)}{(\boldsymbol{a}_1, \boldsymbol{a}_1)}\boldsymbol{a}_1 - \cdots - \frac{(\boldsymbol{b}, \boldsymbol{a}_t)}{(\boldsymbol{a}_t, \boldsymbol{a}_t)}\boldsymbol{a}_t \qquad (19.3)$$

(2) $\boldsymbol{a}_1, \ldots, \boldsymbol{a}_t, \boldsymbol{a}_{t+1}$ は直交系である．

(3) $\langle \boldsymbol{a}_1, \ldots, \boldsymbol{a}_t, \boldsymbol{a}_{t+1} \rangle = \langle \boldsymbol{a}_1, \ldots, \boldsymbol{a}_t, \boldsymbol{b} \rangle$.

証明.

(1) $\boldsymbol{a}_{t+1} = \boldsymbol{0}$ とすると，

$$\boldsymbol{b} = \frac{(\boldsymbol{b}, \boldsymbol{a}_1)}{(\boldsymbol{a}_1, \boldsymbol{a}_1)}\boldsymbol{a}_1 + \cdots + \frac{(\boldsymbol{b}, \boldsymbol{a}_t)}{(\boldsymbol{a}_t, \boldsymbol{a}_t)}\boldsymbol{a}_t \in \langle \boldsymbol{a}_1, \ldots, \boldsymbol{a}_t \rangle$$

となって，矛盾が生じる．

(2) 各 $i, j = 1, \ldots, t+1$ $(i < j)$ に対して，$(\boldsymbol{a}_j, \boldsymbol{a}_i) = 0$ を示せばよい．

- $j \leqq t$ ならば，これは仮定から成り立っているので，あと $j = t+1$ の場合を計算すると，各 $i = 1, \ldots, t$ に対して，

$$
\begin{aligned}
(\boldsymbol{a}_{t+1}, \boldsymbol{a}_i) &= (\boldsymbol{b}, \boldsymbol{a}_i) - \frac{(\boldsymbol{b}, \boldsymbol{a}_1)}{(\boldsymbol{a}_1, \boldsymbol{a}_1)}(\boldsymbol{a}_1, \boldsymbol{a}_i) - \cdots - \frac{(\boldsymbol{b}, \boldsymbol{a}_t)}{(\boldsymbol{a}_t, \boldsymbol{a}_t)}(\boldsymbol{a}_t, \boldsymbol{a}_i) \\
&= (\boldsymbol{b}, \boldsymbol{a}_i) - \frac{(\boldsymbol{b}, \boldsymbol{a}_i)}{(\boldsymbol{a}_i, \boldsymbol{a}_i)}(\boldsymbol{a}_i, \boldsymbol{a}_i) \quad (\because\ \boldsymbol{a}_1, \ldots, \boldsymbol{a}_t \text{ は直交系}) \\
&= 0.
\end{aligned}
$$

(3) $\boldsymbol{a}_{t+1}$ の形から，$\boldsymbol{a}_{t+1} \in \langle \boldsymbol{a}_1, \ldots, \boldsymbol{a}_t, \boldsymbol{b} \rangle$．よって，

$$\langle \boldsymbol{a}_1, \ldots, \boldsymbol{a}_t, \boldsymbol{a}_{t+1} \rangle \subseteq \langle \boldsymbol{a}_1, \ldots, \boldsymbol{a}_t, \boldsymbol{b} \rangle.$$

- 逆に，$\boldsymbol{b} = \dfrac{(\boldsymbol{b}, \boldsymbol{a}_1)}{(\boldsymbol{a}_1, \boldsymbol{a}_1)}\boldsymbol{a}_1 + \cdots + \dfrac{(\boldsymbol{b}, \boldsymbol{a}_t)}{(\boldsymbol{a}_t, \boldsymbol{a}_t)}\boldsymbol{a}_t + \boldsymbol{a}_{t+1} \in \langle \boldsymbol{a}_1, \ldots, \boldsymbol{a}_t, \boldsymbol{a}_{t+1} \rangle$．よって，

$$\langle \boldsymbol{a}_1, \ldots, \boldsymbol{a}_t, \boldsymbol{b} \rangle \subseteq \langle \boldsymbol{a}_1, \ldots, \boldsymbol{a}_t, \boldsymbol{a}_{t+1} \rangle. \qquad \square$$

注意 19.11. 上の補題で，$\boldsymbol{a}_{t+1}$ の代わりに，その定数倍 $c\boldsymbol{a}_{t+1}$ $(0 \neq c \in \mathbb{R})$ をとっても主張 (2), (3) は成り立っている．

定理 19.12. $\boldsymbol{0} \neq \boldsymbol{a}_1, \ldots, \boldsymbol{a}_t \in V$ が直交系ならば，$\boldsymbol{a}_1, \ldots, \boldsymbol{a}_t, \ldots, \boldsymbol{a}_r$ $(t \leqq r)$ が V の直交基底となるようにできる．

証明. $r := \dim V$ とおく．

- 定理 18.10 より $\boldsymbol{a}_1, \ldots, \boldsymbol{a}_t$ は 1 次独立．よって命題 15.17 より $t \leqq r$.
- $t = r$ ならば $\boldsymbol{a}_1, \ldots, \boldsymbol{a}_t$ は何も追加しなくても V の直交基底になっている．
- $t < r$ のとき，命題 15.18 より，$\langle \boldsymbol{a}_1, \ldots, \boldsymbol{a}_t \rangle \subsetneq V$.
- すると，$\boldsymbol{b} \notin \langle \boldsymbol{a}_1, \ldots, \boldsymbol{a}_t \rangle$ となるベクトル $\boldsymbol{b} \in V$ がある．
- 式 (19.3) によって $\boldsymbol{a}_{t+1}$ を定めると，補題 19.10 より，$\boldsymbol{a}_1, \ldots, \boldsymbol{a}_t, \boldsymbol{a}_{t+1}$ は，V の直交系になる．
- これらは 1 次独立であるので，やはり $t+1 \leqq r$ をみたす．
- $t+1 = r$ ならば，これで証明が終わる．$t+1 < r$ ならば，同じ論法を全部で $(r-t)$ 回続けてベクトルを追加していくことができ，最後には，V の直交系 $\boldsymbol{a}_1, \ldots, \boldsymbol{a}_t, \boldsymbol{a}_{t+1}, \ldots, \boldsymbol{a}_r$ ができる．
- これらは V の 1 次独立系であり，ちょうど r $(= \dim V)$ 個からなるから，命題 15.15(3) より，これらは V の直交基底である． $\square$

注意 19.13. V の直交基底 $\boldsymbol{a}_1, \ldots, \boldsymbol{a}_r$ が得られれば，それらの長さで割ることにより，正規直交基底

$$\frac{\boldsymbol{a}_1}{\|\boldsymbol{a}_1\|}, \ \ldots, \ \frac{\boldsymbol{a}_r}{\|\boldsymbol{a}_r\|} \tag{19.4}$$

が得られる．このことから，次の系が得られる．

系 19.14. $\mathbf{0} \neq \boldsymbol{a}_1, \ldots, \boldsymbol{a}_t \in V$ が正規直交系ならば，$\boldsymbol{a}_1, \ldots, \boldsymbol{a}_t, \ldots, \boldsymbol{a}_r$ $(t \leqq r)$ が V の正規直交基底となるようにできる． □

解説 19.15 (シュミットの直交化法). V の基底 $\boldsymbol{b}_1, \ldots, \boldsymbol{b}_r$ から V の正規直交基底を作る手順を以下にまとめておく．これより特に，V は正規直交基底をもつことがわかる．

(1) $\boldsymbol{a}_1 := \boldsymbol{b}_1$ (あるいは，これの 0 でない定数倍：$\boldsymbol{a}_1 := c\boldsymbol{b}_1$ $(0 \neq c \in \mathbb{R})$).

(2) $\boldsymbol{a}_1, \ldots, \boldsymbol{a}_t$ $(1 \leqq t < r)$ まで V の直交系ができているとき，$\boldsymbol{b} := \boldsymbol{b}_{t+1}$ とおいて，式 (19.3) によって $\boldsymbol{a}_{t+1}$ を定める．すなわち，

$$\boldsymbol{a}_{t+1} := \boldsymbol{b}_{t+1} - \frac{(\boldsymbol{b}_{t+1}, \boldsymbol{a}_1)}{(\boldsymbol{a}_1, \boldsymbol{a}_1)}\boldsymbol{a}_1 - \cdots - \frac{(\boldsymbol{b}_{t+1}, \boldsymbol{a}_t)}{(\boldsymbol{a}_t, \boldsymbol{a}_t)}\boldsymbol{a}_t$$

(あるいは，これの 0 でない定数倍).

(3) 以上によって $\boldsymbol{a}_1, \ldots, \boldsymbol{a}_r$ を作ると，これらは V の直交基底になっているので，式 (19.4) が V の正規直交基底になる．

例 19.16.

- 行列 $B := \begin{bmatrix} 1 & 0 & 1 \\ 0 & 0 & 1 \\ 0 & 1 & 0 \\ 1 & 1 & 0 \end{bmatrix}$ の第 i 列を $\boldsymbol{b}_i$ とおく $(i = 1, 2, 3)$.
- $\mathrm{rank}(B) = 3$ より $\boldsymbol{b}_i, \boldsymbol{b}_2, \boldsymbol{b}_3$ は 1 次独立であるので，$V := \langle \boldsymbol{b}_i, \boldsymbol{b}_2, \boldsymbol{b}_3 \rangle$ の基底である．
- これらから上の手順にしたがって，V の正規直交基底を作る．
- $\boldsymbol{a}_1 := \boldsymbol{b}_1 = {}^t(1, 0, 0, 1)$.
- $\boldsymbol{b}_2 - \dfrac{(\boldsymbol{b}_2, \boldsymbol{a}_1)}{(\boldsymbol{a}_1, \boldsymbol{a}_1)}\boldsymbol{a}_1 = {}^t(0, 0, 1, 1) - \dfrac{1}{2}\,{}^t(1, 0, 0, 1) = \dfrac{1}{2}\,{}^t(-1, 0, 2, 1)$．そこで，$\boldsymbol{a}_2 := {}^t(-1, 0, 2, 1)$ とおく (注意 19.17 参照).
- $\boldsymbol{b}_3 - \dfrac{(\boldsymbol{b}_3, \boldsymbol{a}_1)}{(\boldsymbol{a}_1, \boldsymbol{a}_1)}\boldsymbol{a}_1 - \dfrac{(\boldsymbol{b}_3, \boldsymbol{a}_2)}{(\boldsymbol{a}_2, \boldsymbol{a}_2)}\boldsymbol{a}_2 = {}^t(1, 1, 0, 0) - \dfrac{1}{2}\,{}^t(1, 0, 0, 1) - \dfrac{-1}{6}\,{}^t(-1, 0, 2, 1)$ $= \dfrac{1}{3}\,{}^t(1, 3, 1, -1)$．そこで，$\boldsymbol{a}_3 := {}^t(1, 3, 1, -1)$ とおく．
- すると，$\boldsymbol{a}_1, \boldsymbol{a}_2, \boldsymbol{a}_3$ は V の直交基底になる．

- これらの長さはそれぞれ，$\sqrt{2}, \sqrt{6}, 2\sqrt{3}$ であるから，次は V の正規直交基底になる：　$\dfrac{1}{\sqrt{2}}\,{}^t(1,0,0,1)$，$\dfrac{1}{\sqrt{6}}\,{}^t(-1,0,2,1)$，$\dfrac{1}{2\sqrt{3}}\,{}^t(1,3,1,-1)$.

注意 19.17. 上では，数値が簡単に (整数に) なるように，$\boldsymbol{a}_2$ では計算ででてきたベクトルの 2 倍をとり，$\boldsymbol{a}_3$ では 3 倍をとった[1)]．最後に長さで割るので平方根の計算は最後まで行わなくてよくなる．

補題 19.18 (内積を長さから計算する公式). $\boldsymbol{a}, \boldsymbol{b} \in \mathbb{R}^n$ とすると，次が成り立つ．

$$(\boldsymbol{a}, \boldsymbol{b}) = \frac{1}{2}(\|\boldsymbol{a}+\boldsymbol{b}\|^2 - \|\boldsymbol{a}\|^2 - \|\boldsymbol{b}\|^2)$$

証明. 次の式から明らか．

$$\begin{aligned}\|\boldsymbol{a}+\boldsymbol{b}\|^2 &= (\boldsymbol{a}+\boldsymbol{b}, \boldsymbol{a}+\boldsymbol{b}) \\ &= (\boldsymbol{a}, \boldsymbol{a}) + 2(\boldsymbol{a}, \boldsymbol{b}) + (\boldsymbol{b}, \boldsymbol{b}) = \|\boldsymbol{a}\|^2 + 2(\boldsymbol{a}, \boldsymbol{b}) + \|\boldsymbol{b}\|^2\end{aligned}$$

□

定理 19.19. n 次行列 U に対して次は同値である．

(1) U は直交行列である．

(2) ℓ_U はベクトルの長さを保つ．すなわち，$\|U\boldsymbol{a}\| = \|\boldsymbol{a}\|$ $(\boldsymbol{a} \in \mathbb{R}^n)$.

(3) ℓ_U は内積を保つ．すなわち，$(U\boldsymbol{a}, U\boldsymbol{b}) = (\boldsymbol{a}, \boldsymbol{b})$ $(\boldsymbol{a}, \boldsymbol{b} \in \mathbb{R}^n)$.

証明. (1) ⇒ (2) ⇒ (3) ⇒ (1) を順に示す．

- (1) ⇒ (2). U を直交行列とし，$\boldsymbol{a} \in \mathbb{R}^n$ とすると，${}^tUU = E$ であるから，命題 18.3(5) を用いて

$$\|U\boldsymbol{a}\|^2 = (U\boldsymbol{a}, U\boldsymbol{a}) = (\boldsymbol{a}, {}^tUU\boldsymbol{a}) = (\boldsymbol{a}, \boldsymbol{a}) = \|\boldsymbol{a}\|^2.$$

- (2) ⇒ (3). (2) を仮定すると，各 $\boldsymbol{a}, \boldsymbol{b} \in \mathbb{R}^n$ に対して，$U\boldsymbol{a}+U\boldsymbol{b} = U(\boldsymbol{a}+\boldsymbol{b})$ であるから，上の公式を 2 回用いて，

$$\begin{aligned}(U\boldsymbol{a}, U\boldsymbol{b}) &= \frac{1}{2}(\|U\boldsymbol{a}+U\boldsymbol{b}\|^2 - \|U\boldsymbol{a}\|^2 - \|U\boldsymbol{b}\|^2) \\ &= \frac{1}{2}(\|\boldsymbol{a}+\boldsymbol{b}\|^2 - \|\boldsymbol{a}\|^2 - \|\boldsymbol{b}\|^2) = (\boldsymbol{a}, \boldsymbol{b}).\end{aligned}$$

- (3) ⇒ (1). (3) を仮定すると，この仮定を特に基本ベクトル $\boldsymbol{e}_1, \ldots, \boldsymbol{e}_n$ に用いると，$U = (U\boldsymbol{e}_1, \ldots, U\boldsymbol{e}_n)$ より，

$${}^tUU = \begin{bmatrix}(U\boldsymbol{e}_1, U\boldsymbol{e}_1) & \cdots & (U\boldsymbol{e}_1, U\boldsymbol{e}_n) \\ \vdots & \ddots & \vdots \\ (U\boldsymbol{e}_n, U\boldsymbol{e}_1) & \cdots & (U\boldsymbol{e}_n, U\boldsymbol{e}_n)\end{bmatrix}$$

---

1) $(c\boldsymbol{a}, \boldsymbol{b}) = c(\boldsymbol{a}, \boldsymbol{b})$ より，$c \neq 0$ のとき $(c\boldsymbol{a}, \boldsymbol{b}) = 0$ と $(\boldsymbol{a}, \boldsymbol{b}) = 0$ は同値であるから．

$$= \begin{bmatrix} (\boldsymbol{e}_1, \boldsymbol{e}_1) & \cdots & (\boldsymbol{e}_1, \boldsymbol{e}_n) \\ \vdots & \ddots & \vdots \\ (\boldsymbol{e}_n, \boldsymbol{e}_1) & \cdots & (\boldsymbol{e}_n, \boldsymbol{e}_n) \end{bmatrix} = E. \qquad \square$$

解説 19.20.

- 直交行列 U による線形写像 $\ell_U \colon \mathbb{R}^n \to \mathbb{R}^n$ を $\mathbb{R}^n$ の**直交変換**とよぶ.
- 上の定理 19.19 より，ℓ_U は内積を保つので，ℓ_U は正規直交基底を正規直交基底に移す.
- これは，$n = 2, 3$ の場合，平面，空間の直交座標系を直交座標系に移すことに相当する.

例 19.21. $A = \begin{bmatrix} 0 & 2 & 1 \\ 1 & -1 & 1 \\ 1 & 1 & -1 \end{bmatrix}$ の第 i 列を $\boldsymbol{a}_i$ $(i = 1, 2, 3)$ とおく．どの 2 つも直交していることはすぐにわかるので，これらは $\mathbb{R}^3$ の直交基底になっている．長さはそれぞれ，$\sqrt{2}, \sqrt{6}, \sqrt{3}$ であるから，

$$\left(\frac{\boldsymbol{a}_1}{\sqrt{2}}, \frac{\boldsymbol{a}_2}{\sqrt{6}}, \frac{\boldsymbol{a}_3}{\sqrt{3}} \right) = \begin{bmatrix} 0 & \frac{2}{\sqrt{6}} & \frac{1}{\sqrt{3}} \\ \frac{1}{\sqrt{2}} & -\frac{1}{\sqrt{6}} & \frac{1}{\sqrt{3}} \\ \frac{1}{\sqrt{2}} & \frac{1}{\sqrt{6}} & -\frac{1}{\sqrt{3}} \end{bmatrix}$$

は，定理 19.4 より直交行列になる．

注意 19.22.

(1) U が直交行列ならば，$\det(U) = \pm 1$ である．

(2) 直交行列の全体は転置，逆，積について閉じている．すなわち，

- U が直交行列ならば，${}^tU$ も U^{-1} も直交行列である．
- U, V がともに直交行列ならば，UV も直交行列である．

実際，U, V を上のとおりとすると，

(1) ${}^tUU = E$ であり，$\det({}^tU) = \det(U)$ であるから，

$$\det(U)^2 = \det({}^tU)\det(U) = \det({}^tUU) = \det(E) = 1.$$

(2) 注意 19.6 より ${}^t({}^tU){}^tU = U\,{}^tU = E$ となるから，${}^tU$ も直交行列である．

- また，${}^tU = U^{-1}$ より，${}^t(U^{-1})U^{-1} = {}^t({}^tU)U^{-1} = UU^{-1} = E$．よって U^{-1} も直交行列である．
- ${}^t(UV)(UV) = {}^tV\,{}^tUUV = {}^tVEV = E$ より，UV も直交行列である． $\square$

練 習 問 題

問 19.1. 次の $\mathbb{R}^3$ の順序基底からシュミットの直交化法で正規直交基底を作れ．また，それらの正規直交基底を順に並べて直交行列を作れ．

(1) $\begin{bmatrix}1\\0\\0\end{bmatrix}, \begin{bmatrix}1\\1\\0\end{bmatrix}, \begin{bmatrix}1\\1\\1\end{bmatrix}$　　(2) $\begin{bmatrix}1\\1\\0\end{bmatrix}, \begin{bmatrix}1\\1\\1\end{bmatrix}, \begin{bmatrix}1\\0\\0\end{bmatrix}$

問 19.2. 次の $\mathbb{R}^4$ の順序基底からシュミットの直交化法で正規直交基底を作れ．

(1) $\begin{bmatrix}1\\0\\0\\0\end{bmatrix}, \begin{bmatrix}1\\1\\0\\0\end{bmatrix}, \begin{bmatrix}1\\1\\1\\0\end{bmatrix}, \begin{bmatrix}1\\1\\1\\1\end{bmatrix}$　　(2) $\begin{bmatrix}1\\1\\1\\1\end{bmatrix}, \begin{bmatrix}1\\1\\1\\0\end{bmatrix}, \begin{bmatrix}1\\1\\0\\0\end{bmatrix}, \begin{bmatrix}1\\0\\0\\0\end{bmatrix}$

20. 対称行列の対角化と 2 次形式

- 最初の定理 20.4 の証明のところだけ，第 17 節の結果を使うために，考える数の集合を $\mathbb{C}$ にまで拡げる必要があるが，あとはすべて実数の範囲内で考えることができる．
- 成分がすべて実数【複素数】である行列を**実行列【複素行列】**とよぶ．

20a 対称行列の対角化

定義 20.1. 正方行列 A は，${}^tA = A$ となるとき，**対称行列**であるという．

注意 20.2. 複素数について以下の事項を復習しておく．

(1) 複素数 $z = x + iy \in \mathbb{C}$ $(x, y \in \mathbb{R})$ に対して，$\overline{z} := x - iy$ を z の**共役**とよぶ．また，z の**絶対値**

$$|z| := \sqrt{x^2 + y^2} \qquad (\geqq 0)$$

は実数で，次が成り立つ．

$$z\overline{z} = x^2 + y^2 = |z|^2 \text{ であり，} \quad z = 0 \iff |z| = 0.$$

(2) $z, w \in \mathbb{C}$ ならば，$\overline{z \pm w} = \overline{z} \pm \overline{w}$ (複号同順), $\overline{zw} = \overline{z}\overline{w}$.

(3) $z \in \mathbb{C}$ とするとき，$z \in \mathbb{R} \iff \overline{z} = z$.

(4) 複素行列 $B = \begin{bmatrix} b_{ij} \end{bmatrix}$ に対して，$\overline{B} := \begin{bmatrix} \overline{b_{ij}} \end{bmatrix}$, $B^* := {}^t(\overline{B}) = \overline{{}^tB}$ とおく．

(5) B, C が複素行列ならば，$\overline{B \pm C} = \overline{B} \pm \overline{C}$ (複号同順), $\overline{BC} = \overline{B}\,\overline{C}$.

(6) B を複素行列とするとき，B が実行列 $\iff \overline{B} = B$.

次の補題は，基礎体 (注意 17.1) を $\mathbb{C}$ として考える．

補題 20.3. A を実対称行列，α, β を A の固有値，$\boldsymbol{u}, \boldsymbol{v}$ をそれぞれに属する A の固有ベクトルとすると，次が成り立つ．

$$(\overline{\alpha} - \beta)(\boldsymbol{u}^* \boldsymbol{v}) = 0 \tag{20.1}$$

証明.

- 仮定より，$A\boldsymbol{u} = \alpha\boldsymbol{u}$ かつ $A\boldsymbol{v} = \beta\boldsymbol{v}$.
- A は実対称行列であるから，注意 20.2(6) と定義より，$A^* = A$.
- 主張は，$(A\boldsymbol{u})^*\boldsymbol{v}$ に対する次の 2 通りの計算から得られる．

$$(A\boldsymbol{u})^*\boldsymbol{v} = (\alpha\boldsymbol{u})^*\boldsymbol{v} = \overline{\alpha}(\boldsymbol{u}^*\boldsymbol{v}) \quad (\in \mathbb{C}),$$
$$(A\boldsymbol{u})^*\boldsymbol{v} = \boldsymbol{u}^* A^* \boldsymbol{v} = \boldsymbol{u}^*(A\boldsymbol{v}) = \boldsymbol{u}^*(\beta\boldsymbol{v}) = \beta(\boldsymbol{u}^*\boldsymbol{v}). \qquad \square$$

定理 20.4. 実対称行列 A の固有値はすべて実数である．

証明. A を n 次 $(n \in \mathbb{N})$ とし，この証明では，基礎体を $\mathbb{C}$ とする．

- α を A の固有値，$\boldsymbol{u}$ をそれに属する A の固有ベクトルとする．
- 補題 20.3 で，$\alpha = \beta$, $\boldsymbol{u} = \boldsymbol{v} = {}^t(u_1, \ldots, u_n)$ の場合を考えると，

$$0 = (\overline{\alpha} - \alpha)(\boldsymbol{u}^*\boldsymbol{u}) = (\alpha - \overline{\alpha})(|u_1|^2 + \cdots + |u_n|^2).$$

- ここで，$\boldsymbol{u} \neq \boldsymbol{0}$ より $|u_1|^2 + \cdots + |u_n|^2 \neq 0$. よって $\overline{\alpha} = \alpha$. ゆえに $\alpha \in \mathbb{R}$. $\square$

以下，基礎体を $\mathbb{R}$ に戻し，考える行列はすべて実行列とする．

定理 20.5. 対称行列の異なる固有値に属する固有ベクトルは互いに直交する．

証明.

- A を対称行列，α, β を A の固有値，$\boldsymbol{u}, \boldsymbol{v}$ をそれぞれに属する A の固有ベクトルとする．
- 定理 20.4 より $\alpha, \beta \in \mathbb{R}$ であり，$\boldsymbol{u}, \boldsymbol{v} \in \mathbb{R}^n$ であるから，$\overline{\alpha} = \alpha$, $\boldsymbol{u}^* = {}^t\boldsymbol{u}$.
- よって特に，$\boldsymbol{u}^*\boldsymbol{v} = {}^t\boldsymbol{u}\boldsymbol{v} = (\boldsymbol{u}, \boldsymbol{v})$. ゆえに式 (20.1) は次のようになる．

$$(\alpha - \beta)(\boldsymbol{u}, \boldsymbol{v}) = 0$$

- よって，$\alpha \neq \beta$ ならば $(\boldsymbol{u}, \boldsymbol{v}) = 0$ となり，$\boldsymbol{u}$ と $\boldsymbol{v}$ は直交する． $\square$

定理 20.6. 対称行列 A は，ある直交行列 U によって対角化される：

$${}^tUAU = U^{-1}AU = \mathrm{diag}(\alpha_1, \ldots, \alpha_n) \quad (\alpha_1, \ldots, \alpha_n \in \mathbb{R},\ n \text{ は } A \text{ の次数}).$$

証明. A の次数 n に関する数学的帰納法で示す．

- $n = 1$ のとき，$A = \begin{bmatrix} a_{11} \end{bmatrix}$ より，$U = \begin{bmatrix} 1 \end{bmatrix}$ ととれば，${}^tUAU = \begin{bmatrix} a_{11} \end{bmatrix}$.

- $n \geqq 2$ のとき．α_1 を A の固有値とすると，定理 20.4 より，$\alpha_1 \in \mathbb{R}$.
- $\boldsymbol{u} \in \mathbb{R}^n$ を α_1 に属する A の固有ベクトルとすると，$\boldsymbol{u}_1 := \dfrac{\boldsymbol{u}}{\|\boldsymbol{u}\|}$ も α_1 に属する A の固有ベクトルで，その長さは 1 である．
- 系 19.14 より，$\mathbb{R}^n$ の正規直交基底 $\boldsymbol{u}_1, \ldots, \boldsymbol{u}_n$ がとれる．
- $U_1 := (\boldsymbol{u}_1, \ldots, \boldsymbol{u}_n)$ とおくと，これは直交行列になる．
- ${}^tU_1AU_1$ を計算すると，

$$ {}^tU_1AU_1 = \begin{bmatrix} {}^t\boldsymbol{u}_1 \\ \vdots \\ {}^t\boldsymbol{u}_n \end{bmatrix} (A\boldsymbol{u}_1, \ldots, A\boldsymbol{u}_n) = \begin{bmatrix} {}^t\boldsymbol{u}_1A\boldsymbol{u}_1 & \cdots & {}^t\boldsymbol{u}_1A\boldsymbol{u}_n \\ \vdots & \ddots & \vdots \\ {}^t\boldsymbol{u}_nA\boldsymbol{u}_1 & \cdots & {}^t\boldsymbol{u}_nA\boldsymbol{u}_n \end{bmatrix}. $$

- ここで，第 1 行と第 1 列をみると，

$$ \begin{aligned} {}^t\boldsymbol{u}_1A\boldsymbol{u}_i &= {}^t\boldsymbol{u}_1{}^tA\boldsymbol{u}_i = {}^t(A\boldsymbol{u}_1)\boldsymbol{u}_i = {}^t(\alpha_1\boldsymbol{u}_1)\boldsymbol{u}_i = \alpha_1(\boldsymbol{u}_1, \boldsymbol{u}_i) = \alpha_1\delta_{1i}, \\ {}^t\boldsymbol{u}_iA\boldsymbol{u}_1 &= {}^t\boldsymbol{u}_i\alpha_1\boldsymbol{u}_1 = \alpha_1(\boldsymbol{u}_i, \boldsymbol{u}_1) = \alpha_1\delta_{i1}. \end{aligned} $$

- したがって，

$$ {}^tU_1AU_1 = \left[\begin{array}{c|c} \alpha_1 & O \\ \hline O & B \end{array}\right] $$

  となる $(n-1)$ 次行列 B がある．
- ${}^t({}^tU_1AU_1) = {}^tU_1{}^tA{}^t({}^tU_1) = {}^tU_1AU_1$ より ${}^tU_1AU_1$ も対称行列であるから，B も対称行列である．
- すなわち，B は $(n-1)$ 次対称行列であるから，帰納法の仮定により，

$$ {}^tVBV = \mathrm{diag}(\alpha_2, \ldots, \alpha_n) $$

  となる直交行列 V が存在する．
- このとき，次も直交行列になる．

$$ V_1 := \left[\begin{array}{c|c} 1 & O \\ \hline O & V \end{array}\right] $$

  したがって注意 19.22 より，$U := U_1V_1$ も直交行列になる．
- このとき ${}^tUAU = \mathrm{diag}(\alpha_1, \ldots, \alpha_n)$ となる．実際，

$$ 左辺 = {}^tV_1{}^tU_1AU_1V_1 = \left[\begin{array}{c|c} 1 & O \\ \hline O & {}^tV \end{array}\right] \left[\begin{array}{c|c} \alpha_1 & O \\ \hline O & B \end{array}\right] \left[\begin{array}{c|c} 1 & O \\ \hline O & V \end{array}\right] = 右辺. $$

□

解説 20.7. n 次対称行列 A の直交行列による対角化の手順を以下にまとめる．

(1) A の固有値を求める．すなわち，方程式 $\det(xE-A)=0$ を解く．

- 定理 20.4 より，

$$\det(xE-A)=(x-\alpha_1)^{m_1}\cdots(x-\alpha_r)^{m_r}$$

の形になる．ただし，$\alpha_1,\ldots,\alpha_r\in\mathbb{R}$ は相異なり，$m_1,\ldots,m_r\in\mathbb{N}$ は，$m_1+\cdots+m_r=n$ をみたす．

- このとき，A の固有値の全体は $\alpha_1,\ldots,\alpha_r$.
- 対角化した形だけを知りたいときは (3) へとぶ．

(2) A の固有ベクトルからなる $\mathbb{R}^n$ の正規直交基底を求めて，U を定める．

- 各 $i=1,\ldots,r$ に対して，方程式 $(\alpha_iE-A)\boldsymbol{x}=\boldsymbol{0}$ を解き，その解空間を V_{α_i} とおく．
- 定理 20.6 より，A は対角化可能なので，$\dim V_{\alpha_i}=m_i$ となっている．すなわち，m_i 個のベクトルからなる V_{α_i} の基底がとれる．
- シュミットの直交化法 (解説 19.15) で，これらから V_{α_i} の正規直交基底 $\boldsymbol{u}_{i1},\ldots,\boldsymbol{u}_{im_i}$ を作る．
- 定理 20.5 より，これらを全部集めたものは，$\mathbb{R}^n$ の正規直交基底となり，

$$U:=(\boldsymbol{u}_{11},\ldots,\boldsymbol{u}_{1m_1},\ldots,\boldsymbol{u}_{r1},\ldots,\boldsymbol{u}_{rm_r})$$

は n 次直交行列になる．

(3) このとき，${}^tUAU=\mathrm{diag}(\overbrace{\alpha_1,\ldots,\alpha_1}^{m_1},\ldots,\overbrace{\alpha_r,\ldots,\alpha_r}^{m_r})$.

例 20.8. 次の対称行列 A を直交行列で対角化する．

$$A=\begin{bmatrix}1&-1&-1\\-1&1&-1\\-1&-1&1\end{bmatrix}$$

(1) A の固有値を求める．

$$\det(xE-A)=\begin{vmatrix}x-1&1&1\\1&x-1&1\\1&1&x-1\end{vmatrix}=\begin{vmatrix}x+1&1&1\\x+1&x-1&1\\x+1&1&x-1\end{vmatrix}$$

$$=(x+1)\begin{vmatrix}1&1&1\\1&x-1&1\\1&1&x-1\end{vmatrix}$$

$$= (x+1)\begin{vmatrix} 1 & 0 & 0 \\ 1 & x-2 & 0 \\ 1 & 0 & x-2 \end{vmatrix} = (x+1)(x-2)^2.$$

よって，A の固有値は，$x = -1, 2$.

(2) U を定める．

- $x = -1$ のとき，$xE - A$ の行標準形を求めると，

$$-E - A = \begin{bmatrix} -2 & 1 & 1 \\ 1 & -2 & 1 \\ 1 & 1 & -2 \end{bmatrix} \to \begin{bmatrix} 1 & 0 & -1 \\ 0 & 1 & -1 \\ 0 & 0 & 0 \end{bmatrix}.$$

$\therefore\ {}^t(x_1, x_2, x_3) \in V_{-1} \iff {}^t(x_1, x_2, x_3) = {}^t(k, k, k) = k\,{}^t(1, 1, 1)\ (k \in \mathbb{R})$.

よって V_{-1} の基底として ${}^t(1,1,1)$ がとれるので，その正規直交基底として $\boldsymbol{u}_1 := \dfrac{1}{\sqrt{3}}{}^t(1,1,1)$ をとることができる．

- $x = 2$ のとき，$xE - A$ の行標準形を求めると，

$$2E - A = \begin{bmatrix} 1 & 1 & 1 \\ 1 & 1 & 1 \\ 1 & 1 & 1 \end{bmatrix} \to \begin{bmatrix} 1 & 1 & 1 \\ 0 & 0 & 0 \\ 0 & 0 & 0 \end{bmatrix}.$$

$\therefore\ {}^t(x_1, x_2, x_3) \in V_2 \iff {}^t(x_1, x_2, x_3) = {}^t(-k-l, k, l)\ (k, l \in \mathbb{R})$.

よって V_2 の基底として，$\boldsymbol{b}_1 := {}^t(-1,1,0)$, $\boldsymbol{b}_2 := {}^t(-1,0,1)$ がとれる．これらからシュミットの直交化法で V_2 の正規直交基底を作る．

– まず，$\boldsymbol{a}_1 := \boldsymbol{b}_1$ ととる．

– 次に，$\boldsymbol{b}_2 - \dfrac{(\boldsymbol{b}_2, \boldsymbol{a}_1)}{(\boldsymbol{a}_1, \boldsymbol{a}_1)}\boldsymbol{a}_1 = {}^t(-1,0,1) - \dfrac{1}{2}{}^t(-1,1,0) = -\dfrac{1}{2}{}^t(1,1,-2)$.

– そこで，$\boldsymbol{a}_2 := {}^t(1,1,-2)$ とおくと，$\boldsymbol{a}_1, \boldsymbol{a}_2$ は，V_2 の直交基底となる．

– よって，V_2 の正規直交基底として $\boldsymbol{u}_2 := \dfrac{1}{\sqrt{2}}{}^t(-1,1,0)$, $\boldsymbol{u}_3 := \dfrac{1}{\sqrt{6}}{}^t(1,1,-2)$ がとれる．

- そこで $U := (\boldsymbol{u}_1, \boldsymbol{u}_2, \boldsymbol{u}_3) = \begin{bmatrix} \frac{1}{\sqrt{3}} & -\frac{1}{\sqrt{2}} & \frac{1}{\sqrt{6}} \\ \frac{1}{\sqrt{3}} & \frac{1}{\sqrt{2}} & \frac{1}{\sqrt{6}} \\ \frac{1}{\sqrt{3}} & 0 & -\frac{2}{\sqrt{6}} \end{bmatrix}$ ととる．

(3) すると U は直交行列であり，${}^tUAU = \begin{bmatrix} -1 & 0 & 0 \\ 0 & 2 & 0 \\ 0 & 0 & 2 \end{bmatrix}$ となる．

20b 2次形式

定義 20.9.

(1) 変数 $x_1, \ldots, x_n$ に関する同次2次式

$$Q(\boldsymbol{x}) = \sum_{i=1}^{n} a_{ii}x_i^2 + 2\sum_{i<j} a_{ij}x_ix_j \tag{20.2}$$

(すべての $a_{ij} \in \mathbb{R}$) を**2次形式**とよぶ (ただし，$\boldsymbol{x} := {}^t(x_1, \ldots, x_n)$).

(2) $a_{ji} := a_{ij}$ $(i < j)$ とおくと，対称行列 $A := \begin{bmatrix} a_{ij} \end{bmatrix}_{i,j}^{(n,n)}$ が得られるが，これを，この2次形式の**係数対称行列**とよぶ.

例 20.10.

- 交換法則 $x_1x_2 = x_2x_1$ が成り立つので，2次同次式

$$Q_1(\boldsymbol{x}) := x_1^2 + x_2^2 + x_1x_2 + 4x_2x_1,$$
$$Q_2(\boldsymbol{x}) := x_1^2 + x_2^2 + 2x_1x_2 + 3x_2x_1$$

は，どちらも2次形式 $Q(\boldsymbol{x}) = x_1^2 + x_2^2 + 5x_1x_2$ に等しい.

- これは，次のようにも表せる.

$$x_1^2 + x_2^2 + 5x_1x_2 = x_1^2 + x_2^2 + \frac{5}{2}x_1x_2 + \frac{5}{2}x_2x_1 = (x_1, x_2)\begin{bmatrix} 1 & \frac{5}{2} \\ \frac{5}{2} & 1 \end{bmatrix}\begin{bmatrix} x_1 \\ x_2 \end{bmatrix}$$

- その係数対称行列は $\begin{bmatrix} 1 & \frac{5}{2} \\ \frac{5}{2} & 1 \end{bmatrix}$ である.

注意 20.11.

- 任意の同次2次式 $\sum_{i,j=1}^{n} b_{ij}x_ix_j$ は，$a_{ij} := \dfrac{b_{ij} + b_{ji}}{2}$ $(i, j = 1, \ldots, n)$ とおくことにより，一意的に式 (20.2) の形に表される.
- 定義 20.9 のように，$a_{ji} := a_{ij}$ $(i < j)$ とおくと，$Q(\boldsymbol{x}) = \sum_{i,j=1}^{n} a_{ij}x_ix_j$.
- 係数対称行列を用いると，これはさらに次のように表せる.

$$Q(\boldsymbol{x}) = {}^t\boldsymbol{x}A\boldsymbol{x}$$

実際，

$${}^t\boldsymbol{x}A\boldsymbol{x} = (x_1, \ldots, x_n)\begin{bmatrix} \sum_{j=1}^{n} a_{1j}x_j \\ \vdots \\ \sum_{j=1}^{n} a_{nj}x_j \end{bmatrix} = \sum_{i,j=1}^{n} a_{ij}x_ix_j. \qquad \square$$

- 逆に，対称行列 B に対して，2 次形式

$$Q_B(\boldsymbol{x}) := {}^t\boldsymbol{x}B\boldsymbol{x}$$

が定まり，その係数対称行列はもとの B になる．
- したがって対応 $B \mapsto Q_B$ は，対称行列全体から 2 次形式全体への 1 対 1 対応になる．

定理 20.12. $Q(\boldsymbol{x})$ を 2 次形式，A をその係数対称行列とする．
- このとき，ある直交行列 U によって，変数変換 $\boldsymbol{x} = U\boldsymbol{X}, \boldsymbol{X} := {}^t(X_1, \ldots, X_n)$ を行うと，次の形にできる．

$$Q(U\boldsymbol{X}) = \alpha_1 X_1^2 + \cdots + \alpha_n X_n^2$$

- ただし，$\alpha_1, \ldots, \alpha_n$ は A の固有値の全体 (重複度の分だけ繰り返す) である．

証明.
- 定理 20.6 より，A はある直交行列 U によって対角化される：

$${}^tUAU = \mathrm{diag}(\alpha_1, \ldots, \alpha_n).$$

ここで $\alpha_1, \ldots, \alpha_n$ は，A の固有値の全体 (重複度の分だけ繰り返す) である．
- そこで，変数変換 $\boldsymbol{x} = U\boldsymbol{X}$, $\boldsymbol{X} := {}^t(X_1, \ldots, X_n)$ を行うと，

$$Q(U\boldsymbol{X}) = {}^t(U\boldsymbol{X})A(U\boldsymbol{X}) = {}^t\boldsymbol{X}({}^tUAU)\boldsymbol{X} = \alpha_1 X_1^2 + \cdots + \alpha_n X_n^2. \qquad \square$$

定義 20.13. 上の $Q(U\boldsymbol{X})$ を $Q(\boldsymbol{x})$ の**標準形**とよぶ．形を一意的に決めるために $\alpha_1 \geqq \alpha_2 \geqq \cdots \geqq \alpha_n$ の順に並べることにする．

注意 20.14.
- $\det(A) = \det(U^{-1}AU) = \det({}^tUAU) = \alpha_1 \cdots \alpha_n$ (問 17.3 参照) であるから，$\det(A) = 0$ ならば，$\alpha_i = 0$ となる i がある．
- 例えば，$\alpha_n = 0$ とすると，

$$Q(U\boldsymbol{X}) = \alpha_1 X_1^2 + \cdots + \alpha_{n-1} X_{n-1}^2$$

となり，n より少ない変数の 2 次形式として表される．このようなとき，$Q(\boldsymbol{x})$ は**退化する**という．

例 20.15. 2 次形式 $Q(\boldsymbol{x}) = 2x_1x_2 + 2x_2x_3 - 2x_1x_3$ の標準形を求める．
- $Q(\boldsymbol{x})$ の係数対称行列は $A = \begin{bmatrix} 0 & 1 & -1 \\ 1 & 0 & 1 \\ -1 & 1 & 0 \end{bmatrix}$ である．

- $\det(xE-A) = \begin{vmatrix} x & -1 & 1 \\ -1 & x & -1 \\ 1 & -1 & x \end{vmatrix} = (x-1)^2(x+2)$ より，A の固有値は重複度も込めて大きい順に書くと，$1, 1, -2$.
- したがって，標準形は次のようになる．

$$X_1^2 + X_2^2 - 2X_3^2$$

次に以上の応用として，2 次曲線の形状を調べる．

定義 20.16. x, y に関する 2 次方程式

$$ax^2 + 2fxy + by^2 + cx + dy + e = 0$$

によって表される図形を **2 次曲線**という．

例 20.17. 2 次曲線 $x^2 + 4xy + y^2 + 3\sqrt{2}x + 3\sqrt{2}y + 2 = 0$ の形状を調べる．

- まず同次 2 次式の部分を簡単にする．すなわち，$\boldsymbol{x} := {}^t(x, y)$ として，$Q(\boldsymbol{x}) = x^2 + 4xy + y^2$ の標準形を求める．
- $Q(\boldsymbol{x})$ の係数対称行列 A とその固有多項式は，

$$A = \begin{bmatrix} 1 & 2 \\ 2 & 1 \end{bmatrix},\ \det(xE-A) = \begin{vmatrix} x-1 & -2 \\ -2 & x-1 \end{vmatrix} = x^2-2x-3 = (x-3)(x+1).$$

- よって，A の固有値は $x = 3, -1$.
- $x = 3$ のとき，$3E - A = \begin{bmatrix} 2 & -2 \\ -2 & 2 \end{bmatrix}$. 固有ベクトルとして $\begin{bmatrix} 1 \\ 1 \end{bmatrix}$ がとれる．
- $x = -1$ のとき，$-E - A = \begin{bmatrix} -2 & -2 \\ -2 & -2 \end{bmatrix}$. 固有ベクトルとして $\begin{bmatrix} -1 \\ 1 \end{bmatrix}$ がとれる．これらは異なる固有値に属しているので直交している．
- したがって，直交行列 $U = \dfrac{1}{\sqrt{2}}\begin{bmatrix} 1 & -1 \\ 1 & 1 \end{bmatrix}$ によって，変数変換

$$\begin{bmatrix} x \\ y \end{bmatrix} = \frac{1}{\sqrt{2}}\begin{bmatrix} 1 & -1 \\ 1 & 1 \end{bmatrix}\begin{bmatrix} X \\ Y \end{bmatrix} \tag{20.3}$$

を行えば，$x^2 + 4xy + y^2 = 3X^2 - Y^2$ となる．

- 定理 19.19 より，直交変換によっては長さも内積も (したがって角度も) 不変であるから，形状は変わらないことに注意する．また，U は 45° 回転の行列であることにも注意.

- 式 (20.3) をもとの 2 次曲線の式に代入すると，

$$\begin{aligned} x^2+4xy+y^2+3\sqrt{2}x+3\sqrt{2}y+2 &= 3X^2-Y^2+3\sqrt{2}\cdot\frac{1}{\sqrt{2}}\cdot 2X+2 \\ &= 3X^2-Y^2+6X+2 \\ &= 3(X^2+2X+1)-Y^2-1 \\ &= 3(X+1)^2-Y^2-1. \end{aligned}$$

- よって，これは曲線 $3(X+1)^2-Y^2=1$ になる．すなわち双曲線である．

定義 20.18. $Q(\boldsymbol{x})$ を 2 次形式，A を対称行列とする．
- $Q(\boldsymbol{x})$ が**正定値**であるとは，すべての $\boldsymbol{x}\neq\boldsymbol{0}$ に対して，$Q(\boldsymbol{x})>0$ となることである．
- A が**正定値**であるとは，2 次形式 $Q_A(\boldsymbol{x}) := {}^t\boldsymbol{x}A\boldsymbol{x}$ が正定値であることである．

定理 20.19. $Q(\boldsymbol{x})$ を 2 次形式，A をその係数対称行列とすると，次は同値である．
(1) $Q(\boldsymbol{x})$ は正定値である．
(2) A の固有値はすべて正である．

証明.
- A の固有値の全体を重複度も込めて $\alpha_1,\cdots,\alpha_n$ とおく．
- ある直交行列 U によって変数変換 $\boldsymbol{x}=U\boldsymbol{X}$，$\boldsymbol{X}={}^t(X_1,\ldots,X_n)$ を行うと，

$$Q(U\boldsymbol{X})=\alpha_1X_1^2+\cdots+\alpha_nX_n^2.$$

- ここで U は正則なので，$\boldsymbol{x}=\boldsymbol{0} \iff \boldsymbol{X}=\boldsymbol{0}$.
- したがって，

$$\begin{aligned} Q(\boldsymbol{x})\text{ は正定値である．} &\iff \boldsymbol{x}\neq\boldsymbol{0}\text{ ならば，}Q(\boldsymbol{x})>0. \\ &\iff \boldsymbol{X}\neq\boldsymbol{0}\text{ ならば，}Q(U\boldsymbol{X})>0. \\ &\iff \alpha_1X_1^2+\cdots+\alpha_nX_n^2\text{ は正定値である．} \\ &\iff \alpha_1>0,\ \ldots,\ \alpha_n>0. \end{aligned}$$

□

命題 20.20. $\boldsymbol{a}_1,\ldots,\boldsymbol{a}_t\in\mathbb{R}^n$, $A:=(\boldsymbol{a}_1,\ldots,\boldsymbol{a}_t)$ とする．t 次行列

$$G := {}^tAA = \begin{bmatrix} (\boldsymbol{a}_1,\boldsymbol{a}_1) & \cdots & (\boldsymbol{a}_1,\boldsymbol{a}_t) \\ \vdots & \ddots & \vdots \\ (\boldsymbol{a}_t,\boldsymbol{a}_1) & \cdots & (\boldsymbol{a}_t,\boldsymbol{a}_t) \end{bmatrix}$$

を $\boldsymbol{a}_1,\ldots,\boldsymbol{a}_t$ の**グラム行列**とよぶ．このとき，次が成り立つ．

(1) $\det(G) \geqq 0$.

(2) $\boldsymbol{a}_1, \ldots, \boldsymbol{a}_t$ が 1 次独立 $\iff$ $\det(G) \neq 0$.

証明.

(1) G は対称行列である．実際，${}^tG = {}^t({}^tAA) = {}^tAA = G$.

- G の固有値の全体を重複も込めて $\alpha_1, \ldots, \alpha_t$ とおく．
- ある直交行列 U によって変数変換 $\boldsymbol{x} = U\boldsymbol{X}, \boldsymbol{X} := {}^t(X_1, \ldots, X_t)$ を行うと，$Q_G(U\boldsymbol{X}) = \alpha_1 X_1^2 + \cdots + \alpha_t X_t^2$ の形にできる．
- ところが，

$$Q_G(\boldsymbol{x}) = {}^t\boldsymbol{x}\,{}^tAA\boldsymbol{x} = (A\boldsymbol{x}, A\boldsymbol{x}) \geqq 0 \quad (\boldsymbol{x} \in \mathbb{R}^t)$$

であるから，

$$\alpha_1 \geqq 0, \ldots, \alpha_t \geqq 0.$$

- よって，$\det(G) = \alpha_1 \cdot \cdots \cdot \alpha_t \geqq 0$.

(2) $\det(G) = 0 \iff G$ は正則でない

$\iff G\boldsymbol{x} = \boldsymbol{0}$ となる $\boldsymbol{0} \neq \boldsymbol{x} \in \mathbb{R}^t$ がある．

- $\boldsymbol{a}_1, \ldots, \boldsymbol{a}_t$ が 1 次従属 $\iff$ $A\boldsymbol{x} = \boldsymbol{0}$ となる $\boldsymbol{0} \neq \boldsymbol{x} \in \mathbb{R}^t$ がある．
- したがって，$G\boldsymbol{x} = \boldsymbol{0} \iff A\boldsymbol{x} = \boldsymbol{0}$ を示せばよい．
- $(\Rightarrow)$．$(A\boldsymbol{x}, A\boldsymbol{x}) = {}^t\boldsymbol{x}G\boldsymbol{x}$ より，$G\boldsymbol{x} = \boldsymbol{0}$ ならば，$(A\boldsymbol{x}, A\boldsymbol{x}) = 0$．よって，$A\boldsymbol{x} = \boldsymbol{0}$.
- $(\Leftarrow)$. $G = {}^tAA$ より，$A\boldsymbol{x} = \boldsymbol{0}$ ならば，$G\boldsymbol{x} = \boldsymbol{0}$. □

注意 20.21. 上の命題により，$t \neq n$ であっても，グラム行列の行列式で $\boldsymbol{a}_1, \ldots, \boldsymbol{a}_t$ の 1 次独立性が判定できる．

例 20.22. 例 19.16 のベクトルで計算してみる．

- 行列 $A := \begin{bmatrix} 1 & 0 & 1 \\ 0 & 0 & 1 \\ 0 & 1 & 0 \\ 1 & 1 & 0 \end{bmatrix}$ の第 i 列を $\boldsymbol{a}_i$ とおく $(i = 1, 2, 3)$.
- これらのグラム行列 G とその行列式は，

$$G = \begin{bmatrix} 2 & 1 & 1 \\ 1 & 2 & 0 \\ 1 & 0 & 2 \end{bmatrix}, \quad \det(G) = \begin{vmatrix} 2 & 1 & -3 \\ 1 & 2 & -2 \\ 1 & 0 & 0 \end{vmatrix} = \begin{vmatrix} 1 & -3 \\ 2 & -2 \end{vmatrix} = 4 \neq 0.$$

- よって，$\boldsymbol{a}_1, \boldsymbol{a}_2, \boldsymbol{a}_3$ は 1 次独立である．

練 習 問 題

問 20.1. 次の行列を直交行列によって対角化せよ．

(1) $\begin{bmatrix} 1 & -2 \\ -2 & 1 \end{bmatrix}$ (2) $\begin{bmatrix} 5 & -1 & -1 \\ -1 & 5 & -1 \\ -1 & -1 & 5 \end{bmatrix}$ (3) $\begin{bmatrix} 1 & -1 & -1 \\ -1 & 1 & 1 \\ -1 & 1 & 1 \end{bmatrix}$ (4) $\begin{bmatrix} 4 & 0 & 6 \\ 0 & 7 & 0 \\ 6 & 0 & -5 \end{bmatrix}$

問 20.2. 次の 2 次形式の標準形を求めよ．また，正定値かどうか判定せよ．

(1) $2x_1x_2 + 2x_1x_3$ (2) $2x_1^2 + 2x_2^2 + 2x_3^2 - 2x_1x_2 - 2x_1x_3 + 2x_2x_3$

(3) $x_1^2 + 2x_1x_2 - 2x_1x_3 + 2x_2x_3$ (4) $x_1^2 - x_2^2 + x_3^2 + 2x_1x_3$

問 20.3. 次の 2 次曲線の形状を調べよ．

(1) $x^2 - 3xy + 5y^2 - 1 = 0$ (2) $2x^2 - 4\sqrt{3}xy - 2y^2 + 16x + 7 = 0$

(3) $x^2 - 2xy + y^2 - 2x - 2y - 1 = 0$ (4) $x^2 - 2\sqrt{3}xy - y^2 + 4y - 2 = 0$

A
付　　録

21. 一般のベクトル空間と線形写像

- 本文では，数ベクトル空間 $\mathbb{R}^n$ を扱ってきたが，これと同じように扱える集合は，他にも $\mathbb{R}$ 上の連続関数全体など例 21.3 であげるようにたくさんある．
- 同じように扱えるのは，それらに共通する性質を定め，それらしか使わないで議論するからである．
- そのようにしておけば，同じ性質をもつ他のどんなものにも応用できて便利である．
- 以下に共通して使用する性質を明確にしておき，それらの性質をもつ集合のことを，**ベクトル空間**とよぶ．

定義 21.1. 本文では，$V = \mathbb{R}^n$ のみたす次の事柄を用いた．すなわち，それは次の 4 個のものからなり，以下の 8 個の性質をもっている．

(1) 空でない集合 V.

(2) V の元の対 $(\boldsymbol{x}, \boldsymbol{y})$ に対して，$\boldsymbol{x}$ と $\boldsymbol{y}$ の**和**とよばれる V の元 $\boldsymbol{x}+\boldsymbol{y}$ を対応させる演算 (**加法**とよぶ).

(3) 実数 $\mathbb{R}$ の元 a と V の元 $\boldsymbol{x}$ に対して，$\boldsymbol{x}$ の $\boldsymbol{a}$ **倍**とよばれる V の元 $a\boldsymbol{v}$ を対応させる演算 (**スカラー乗法**とよぶ).

(4) V の特別の元 $\mathbf{0}$ (**零**とよぶ).

以上の (2)～(4) を V の**ベクトル空間の構造**とよぶ．

性質：

(V1) $(\boldsymbol{x}+\boldsymbol{y})+\boldsymbol{z} = \boldsymbol{x}+(\boldsymbol{y}+\boldsymbol{z}) \quad (\boldsymbol{x}, \boldsymbol{y}, \boldsymbol{z} \in V)$.

(V2) $\boldsymbol{x}+\mathbf{0} = \boldsymbol{x} = \mathbf{0}+\boldsymbol{x} \quad (\boldsymbol{x} \in V)$.

(V3) $\boldsymbol{x}+\boldsymbol{y} = \boldsymbol{y}+\boldsymbol{x} \quad (\boldsymbol{x}, \boldsymbol{y} \in V)$.

(V4) $0\boldsymbol{x} = \mathbf{0} \quad (\boldsymbol{x} \in V)$.

(V5) $1\boldsymbol{x} = \boldsymbol{x} \quad (\boldsymbol{x} \in V)$.

(V6) $(ab)\boldsymbol{v} = a(b\boldsymbol{v}) \quad (a, b \in \mathbb{R},\ \boldsymbol{x} \in V)$.

(V7) $a(\boldsymbol{x}+\boldsymbol{y}) = a\boldsymbol{x}+a\boldsymbol{y} \quad (a \in \mathbb{R},\ \boldsymbol{x}, \boldsymbol{y} \in V)$.

(V8) $(a+b)\boldsymbol{x} = a\boldsymbol{x} + b\boldsymbol{x} \quad (a, b \in \mathbb{R},\ \boldsymbol{x} \in V)$.
そこで，以上の 4 個のものからなり，8 個の性質 (V1)～(V8) をもつものを，**ベクトル空間**とよぶ．

注意 21.2. V がベクトル空間ならば，(V4) から $\boldsymbol{x} + (-1)\boldsymbol{x} = (1-1)\boldsymbol{x} = \boldsymbol{0}$ $(\boldsymbol{x} \in V)$ となる．このことから，$-\boldsymbol{x} := (-1)\boldsymbol{x}$ とおける．

例 21.3. $\mathbb{R}^n$ 以外のベクトル空間の例をあげる．
- $\mathbb{R}^n$ の部分空間．$\mathbb{R}^n$ と同じ構造を用いる．
- $V = \mathrm{Mat}_{m,n}$ $(m, n \in \mathbb{N})$．$\mathrm{Mat}_{m,n}$ の普通の加法とスカラー乗法と $\boldsymbol{0} := O = [0]_{i,j}^{(m,n)}$ がベクトル空間の構造を与える．
- $V = \mathbb{R}[x]_n$ $(n \in \mathbb{N})$ (変数 x の実数係数の n 次以下の多項式全体)．多項式の普通の加法とスカラー乗法と $\boldsymbol{0} := 0$ がベクトル空間の構造を与える．
- 以上は**有限生成**である，すなわち有限個の元からなる生成系をもつ．したがって，その次元は有限である．以下，構造は省略する．
- $\mathbb{R}[x]$ (変数 x の実数係数の多項式全体)．
- 実数列 $(a_n)_{n=1}^{\infty}$ の全体．
- 連続関数 $\mathbb{R} \to \mathbb{R}$ の全体．
- 無限回微分可能関数 $\mathbb{R} \to \mathbb{R}$ の全体．

解説 21.4. V をベクトル空間とする．
- V の部分空間の定義，1 次結合，1 次独立，有限生成，基底，ベクトル空間からベクトル空間へ線形写像などの概念は，加法とスカラー乗法しか用いていないので，一般のベクトル空間にも適用できる．
- 第 14, 15, 16 節の定理はすべて一般のベクトル空間でも成り立つ．
- ただし，基底の存在定理 (定理 15.6) については，本文で与えた証明をそのまま適用するためには，V が有限生成という条件を追加する必要がある．
- $\mathbb{R}^n$ の特殊事情として，そのベクトルの組 $\mathcal{A}$ がそのまま行列とみなせるということがある．
- その際，本文でその逆行列をとった議論では，注意 15.24(3) に書いたように，逆行列 $\mathcal{A}^{-1}$ の代わりに $\ell_{\mathcal{A}}^{-1}$ を用いれば，まったく同じように証明できる．
- 例えば，定理 16.10 の証明をこの形で書くと，次のようになる：補題 16.5 より，$\ell_{\mathcal{A}}^{-1}(\mathcal{B}) \cdot \ell_{\mathcal{B}}^{-1}(\mathcal{A}) = \ell_{\mathcal{A}}^{-1}(\mathcal{B}\ell_{\mathcal{B}}^{-1}(\mathcal{A})) = \ell_{\mathcal{A}}^{-1}(\mathcal{A}) = E$ となるから，$P = \ell_{\mathcal{A}}^{-1}(\mathcal{B})$ の逆行列は，$P^{-1} = \ell_{\mathcal{B}}^{-1}(\mathcal{A})$ ということに注意して，
$$\begin{aligned} P^{-1}[\mathcal{A}\backslash f(\mathcal{A})]P &= \ell_{\mathcal{B}}^{-1}(\mathcal{A})[\mathcal{A}\backslash f(\mathcal{A})]\ell_{\mathcal{A}}^{-1}(\mathcal{B}) = \ell_{\mathcal{B}}^{-1}(\mathcal{A}[\mathcal{A}\backslash f(\mathcal{A})])\ell_{\mathcal{A}}^{-1}(\mathcal{B}) \\ &= \ell_{\mathcal{B}}^{-1}(f(\mathcal{A}))\ell_{\mathcal{A}}^{-1}(\mathcal{B}) = \ell_{\mathcal{B}}^{-1}(f(\mathcal{A}\ell_{\mathcal{A}}^{-1}(\mathcal{B}))) = \ell_{\mathcal{B}}^{-1}(f(\mathcal{B})) \\ &= [\mathcal{B}\backslash f(\mathcal{B})]. \end{aligned}$$
- 行列と異なり，ベクトルの組 $\mathcal{A}$ には行列式が定義されていないので，定理 15.27(2) では，行列式を使わない証明を与えておいた．

解説 21.5. 実生活に近い例も少しあげておく.

- 長さの全体に負の長さも考え合わせたもの L は, メートル (m) やキロメートル (km) などの単位を基底とする 1 次元ベクトル空間になる. この場合の基底取り替えの行列は $[\mathrm{m}\backslash\mathrm{km}] = 1000$ となり単位の換算率を表す.
- 時間の全体 T は, 秒 (sec) や時間 (h) などの単位を基底とする 1 次元ベクトル空間になる. 原点を時刻 0 に出発した等速度で直線上を動く質点の, 時刻 t における原点からの距離 x は, 速度という線形写像 $f\colon T \to L$, $f(t) := x$ $(t \in T)$ を与え, T の基底 h と L の基底 km に関する f の表現行列 $[\mathrm{km}\backslash f(\mathrm{h})]$ がその質点の km による時速の値である. $[\mathrm{km}\backslash f(\mathrm{h})] = 1$ となる速度を km/h と書くと, これは速度全体のベクトル空間の基底となり, 例えば, $[\mathrm{km}\backslash f(\mathrm{h})] = 30$ ならば, $f = 30(\mathrm{km/h})$ となる. すなわち, $[(\mathrm{km/h})\backslash f] = [\mathrm{km}\backslash f(\mathrm{h})]$.

22. 補足と付録

22a 行標準形の一意性

以下, m, n は自然数とし, $A = (\boldsymbol{a}_1, \ldots, \boldsymbol{a}_n)$ を (m, n) 型行列とする.

定義 22.1. $\mathrm{Rank}(A)$ を次で定義し, これを A の**階数型**(かいすうがた)とよぶ:

$$\mathrm{Rank}(A) := \{i \in \{1, \ldots, n\} \mid \boldsymbol{a}_i \notin \langle \boldsymbol{a}_1, \ldots, \boldsymbol{a}_{i-1} \rangle\}.$$

ただし, $i = 1$ のとき $\langle \boldsymbol{a}_1, \ldots, \boldsymbol{a}_{i-1} \rangle = \langle \emptyset \rangle = \{\boldsymbol{0}\}$ とする.

例 22.2. 次の場合を考える.

$$A := \begin{bmatrix} 0 & 1 & -4 & 3 & 0 & -1 & 1 & 0 \\ 0 & 0 & 0 & 0 & 0 & 0 & 0 & 0 \\ 0 & 1 & -4 & 3 & 1 & 4 & 0 & 8 \\ 0 & 0 & 0 & 0 & 1 & 5 & 0 & 6 \\ 0 & 1 & -4 & 3 & 0 & -1 & 0 & 2 \\ 0 & 0 & 0 & 0 & 0 & 0 & 1 & -2 \end{bmatrix}$$

$$\begin{cases} \boldsymbol{a}_1 \in \{\boldsymbol{0}\}, \boldsymbol{a}_2 \notin \langle \boldsymbol{a}_1 \rangle, \boldsymbol{a}_3 \in \langle \boldsymbol{a}_1, \boldsymbol{a}_2 \rangle, \boldsymbol{a}_4 \in \langle \boldsymbol{a}_1, \boldsymbol{a}_2, \boldsymbol{a}_3 \rangle, \boldsymbol{a}_5 \notin \langle \boldsymbol{a}_1, \ldots, \boldsymbol{a}_4 \rangle, \\ \boldsymbol{a}_6 \in \langle \boldsymbol{a}_1, \ldots, \boldsymbol{a}_5 \rangle, \boldsymbol{a}_7 \notin \langle \boldsymbol{a}_1, \ldots, \boldsymbol{a}_6 \rangle, \boldsymbol{a}_8 \in \langle \boldsymbol{a}_1, \ldots, \boldsymbol{a}_7 \rangle. \end{cases} \tag{22.1}$$

この場合には,

$$\mathrm{Rank}(\boldsymbol{a}_1, \ldots, \boldsymbol{a}_8) = \{2, 5, 7\}.$$

次は, 命題 15.18 を精密化したものである.

系 22.3. $V = \langle \boldsymbol{a}_1, \ldots, \boldsymbol{a}_n \rangle$ とする. $\mathrm{Rank}(\boldsymbol{a}_1, \ldots, \boldsymbol{a}_n) = \{i_1, \ldots, i_s\}$ $(s \leqq n,\ i_1 < \cdots < i_s)$ ならば, $\boldsymbol{a}_{i_1}, \ldots, \boldsymbol{a}_{i_s}$ は V の基底である. したがって, $\dim V = s$.

証明. わかりやすいように, 例 22.2 の場合について証明する. 一般の場合も同様に示すことができる.

- この場合，$i_1 = 2, i_2 = 5, i_3 = 7, n = 8$ となっている．
- 式 (22.1) より，$\boldsymbol{a}_1 = \boldsymbol{0}$, $\boldsymbol{a}_2 \neq \boldsymbol{0}$, $\boldsymbol{a}_3 \in \langle \boldsymbol{a}_2 \rangle$, $\boldsymbol{a}_4 \in \langle \boldsymbol{a}_2 \rangle$, $\boldsymbol{a}_5 \notin \langle \boldsymbol{a}_2 \rangle$, $\boldsymbol{a}_6 \in \langle \boldsymbol{a}_2, \boldsymbol{a}_5 \rangle$, $\boldsymbol{a}_7 \notin \langle \boldsymbol{a}_2, \boldsymbol{a}_5 \rangle$, $\boldsymbol{a}_8 \in \langle \boldsymbol{a}_2, \boldsymbol{a}_5, \boldsymbol{a}_7 \rangle$.
- 結局，$\boldsymbol{a}_1, \ldots, \boldsymbol{a}_8 \in \langle \boldsymbol{a}_2, \boldsymbol{a}_5, \boldsymbol{a}_7 \rangle$ より，$V = \langle \boldsymbol{a}_2, \boldsymbol{a}_5, \boldsymbol{a}_7 \rangle$.
- また，命題 15.8 より，$\boldsymbol{a}_2, \boldsymbol{a}_5, \boldsymbol{a}_7$ は 1 次独立である．
- 以上より，$\boldsymbol{a}_2, \boldsymbol{a}_5, \boldsymbol{a}_7$ は V の基底である． □

例 22.4.

- 例 22.2 では，$\boldsymbol{a}_2, \boldsymbol{a}_5, \boldsymbol{a}_7$ は $V := \langle \boldsymbol{a}_1, \ldots, \boldsymbol{a}_8 \rangle$ の基底である．
- 各 $\boldsymbol{a}_i$ $(i \notin \mathrm{Rank}(A))$ をこの基底の 1 次結合で表すと，

$$\boldsymbol{a}_3 = -4\boldsymbol{a}_2, \quad \boldsymbol{a}_4 = 3\boldsymbol{a}_2, \quad \boldsymbol{a}_6 = -\boldsymbol{a}_2 + 5\boldsymbol{a}_5, \quad \boldsymbol{a}_8 = 2\boldsymbol{a}_2 + 6\boldsymbol{a}_5 - 2\boldsymbol{a}_7.$$

- したがって，$A = (\boldsymbol{a}_2, \boldsymbol{a}_5, \boldsymbol{a}_7) \begin{bmatrix} 0 & 1 & -4 & 3 & 0 & -1 & 0 & 2 \\ 0 & 0 & 0 & 0 & 1 & 5 & 0 & 6 \\ 0 & 0 & 0 & 0 & 0 & 0 & 1 & -2 \end{bmatrix}$.

定理 22.5. 行列の行標準形は，行変形の仕方によらずただ 1 つに定まる．

- 詳しく述べると，行列 A の行標準形 B が (12.2) の形であるとすると，これは A から次のようにして求まる：

$$\begin{cases} \mathrm{Rank}(A) = \{i_1, \ldots, i_r\} \ (i_1 < \cdots < i_r), \\ A = (\boldsymbol{a}_{i_1}, \ldots, \boldsymbol{a}_{i_r})C \quad (C \in \mathrm{Mat}_{r,n}) \end{cases} \quad \text{のとき,}$$

$$B = \begin{bmatrix} C \\ O \end{bmatrix} \quad (O \in \mathrm{Mat}_{(m-r),n}).$$

- したがって，特に $\mathrm{rank}(A)$ は，$\mathrm{Rank}(A)$ の元の個数として，A によってただ 1 つに定まる．

証明.

- B は A から行変形で得られているから，方程式 $A\boldsymbol{x} = \boldsymbol{0}$ と $B\boldsymbol{x} = \boldsymbol{0}$ とは，同じ解をもつ．すなわち，$V_A = V_B$.
- 各 $i = 1, \ldots, n$ に対して，

$$\begin{aligned} i \notin \mathrm{Rank}(A) &\iff \boldsymbol{a}_i \in \langle \boldsymbol{a}_1, \ldots, \boldsymbol{a}_{i-1} \rangle \\ &\iff \boldsymbol{a}_i = k_1\boldsymbol{a}_1 + \cdots + k_{i-1}\boldsymbol{a}_{i-1} \ (\text{ある } k_1, \ldots, k_{i-1} \in \mathbb{R} \text{ で}) \\ &\iff {}^t(k_1, \ldots, k_{i-1}, -1, 0, 0, \ldots, 0) \in V_A \ (\text{同上}) \\ &\iff {}^t(k_1, \ldots, k_{i-1}, -1, 0, 0, \ldots, 0) \in V_B \ (\text{同上}) \\ &\iff \boldsymbol{b}_i \in \langle \boldsymbol{b}_1, \ldots, \boldsymbol{b}_{i-1} \rangle \\ &\iff i \notin \mathrm{Rank}(B). \end{aligned}$$

  したがって，$\mathrm{Rank}(A) = \mathrm{Rank}(B) = \{i_1, \ldots, i_r\}$.

- 各 $i = 1, \ldots, n$ と $c_1, \ldots, c_r \in \mathbb{R}$ に対して，$\boldsymbol{c} := {}^t(c_1, \ldots, c_r)$ とおくと，

$$\begin{aligned} \boldsymbol{a}_i = (\boldsymbol{a}_{i_1}, \ldots, \boldsymbol{a}_{i_r})\boldsymbol{c} &\iff \boldsymbol{a}_i = c_1\boldsymbol{a}_{i_1} + \cdots + c_r\boldsymbol{a}_{i_r} \\ &\iff c_1\boldsymbol{a}_{i_1} + \cdots + c_r\boldsymbol{a}_{i_r} - \boldsymbol{a}_i = \boldsymbol{0} \end{aligned}$$

$$\Longleftrightarrow c_1\boldsymbol{b}_{i_1}+\cdots+c_r\boldsymbol{b}_{i_r}-\boldsymbol{b}_i=\boldsymbol{0}$$
$$\Longleftrightarrow \boldsymbol{b}_i=c_1\boldsymbol{b}_{i_1}+\cdots+c_r\boldsymbol{b}_{i_r}$$
$$\Longleftrightarrow \boldsymbol{b}_i=(\boldsymbol{b}_{i_1},\ldots,\boldsymbol{b}_{i_r})\boldsymbol{c}$$

が成り立つ．

- したがって，$A=(\boldsymbol{a}_{i_1},\ldots,\boldsymbol{a}_{i_r})C$ ならば，$C=(\boldsymbol{c}_1,\ldots,\boldsymbol{c}_n)$ とおくと，$\boldsymbol{a}_i=(\boldsymbol{a}_{i_1},\ldots,\boldsymbol{a}_{i_r})\boldsymbol{c}_i$ より，$\boldsymbol{b}_i=(\boldsymbol{b}_{i_1},\ldots,\boldsymbol{b}_{i_r})\boldsymbol{c}_i$ $(i=1,\ldots,n)$. すなわち，
$$B=(\boldsymbol{b}_{i_1},\ldots,\boldsymbol{b}_{i_r})C=(\boldsymbol{e}_1,\ldots,\boldsymbol{e}_r)C=\begin{bmatrix}E_r\\O\end{bmatrix}C=\begin{bmatrix}C\\O\end{bmatrix}.$$
- 系 22.3 より，上の C は A によってただ 1 つに定まる．
- したがって上の式により，B も A によってただ 1 つに定まる． □

注意 22.6.

(1) 定理 22.5 と系 22.3 より，$\operatorname{rank}(A)=\dim\langle\boldsymbol{a}_1,\ldots,\boldsymbol{a}_n\rangle$. これは定理 15.32 の別証明を与えている．

(2) また，定理 22.5 より m 次正則行列 P に対して，A と PA は同じ行標準形をもつことがわかるから，$\operatorname{rank}(A)=\operatorname{rank}(PA)$.

- したがって，
$$\dim\langle\boldsymbol{a}_1,\ldots,\boldsymbol{a}_n\rangle=\operatorname{rank}(A)=\operatorname{rank}(PA)=\dim\langle P\boldsymbol{a}_1,\ldots,P\boldsymbol{a}_n\rangle.$$
- これは命題 15.31 の別証明を与えている．

例 22.7. 例 22.2 では，A の行標準形は，例 22.4 の計算結果より，
$$\begin{bmatrix}0&1&-4&3&0&-1&0&2\\0&0&0&0&1&5&0&6\\0&0&0&0&0&1&-2\\0&0&0&0&0&0&0&0\\0&0&0&0&0&0&0&0\\0&0&0&0&0&0&0&0\end{bmatrix}.$$

22b 複素数の実現

- $\mathbb{1}:=\begin{bmatrix}1&0\\0&1\end{bmatrix}$, $\boldsymbol{i}:=A_{90^\circ}=\begin{bmatrix}0&-1\\1&0\end{bmatrix}$ とおく．
- $r_{90^\circ}r_{90^\circ}=r_{180^\circ}$ より $A_{90^\circ}A_{90^\circ}=A_{180^\circ}=\begin{bmatrix}-1&0\\0&-1\end{bmatrix}=-\mathbb{1}$.

  したがって，
$$\boldsymbol{i}^2=-\mathbb{1}.$$
- これを用いると，複素数全体の集合 $\mathbb{C}$ が次のように実現される．
$$\mathbb{C}\cong\left\{a\mathbb{1}+b\boldsymbol{i}=\begin{bmatrix}a&-b\\b&a\end{bmatrix}\middle|\, a,b\in\mathbb{R}\right\}$$
$$a+bi\leftrightarrow a\mathbb{1}+b\boldsymbol{i}\quad(a,b\in\mathbb{R})^{1)}$$

1) “$x\leftrightarrow y$” は，対応 “$x\mapsto y$” が全単射となることを表す．

- 特に，$\cos\alpha + i\sin\alpha \leftrightarrow (\cos\alpha)\mathbb{1} + (\sin\alpha)\boldsymbol{i} = \begin{bmatrix}\cos\alpha & -\sin\alpha \\ \sin\alpha & \cos\alpha\end{bmatrix} = A_\alpha$ より，角度 α に対して，複素数 $\cos\alpha + i\sin\alpha$ は，α 回転を表している．
- 以上のように，単なる虚構の数と考えられていた虚数単位 i は，**90° 回転の行列**として実現される．

22c 最大公約数を 1 次結合で表す

次のことが知られている．

定理 22.8. a, b を整数，d をその最小公倍数とすると，

$$d = sa + tb$$

となる整数 s, t が存在する．

ここでは，上の定理の証明とともに，これら s, t を掃き出し法で求める方法を与える．

定理 22.9. a, b を整数とする．

- このとき，行基本変形 (iii)，すなわち $[i\,行 \overset{c}{\curvearrowright} j\,行]$ $(c \in \mathbb{Z},\ i \neq j)$ を繰り返すことにより，行列

$$\left[\begin{array}{c|cc} a & 1 & 0 \\ b & 0 & 1 \end{array}\right] を \quad \left[\begin{array}{c|cc} d & s & t \\ 0 & u & v \end{array}\right] または \left[\begin{array}{c|cc} 0 & u & v \\ d & s & t \end{array}\right] \quad (d, s, t, u, v \in \mathbb{Z})$$

の形に変形できる．
- このとき d は a, b の最大公約数であり，$d = sa + tb$ が成り立つ．

証明のために補題を準備する．

補題 22.10. a, b を整数とし，$0 \neq |a| < |b|$ が成り立つとすると，$b = qa + r$ となる整数 q, r で $0 \leqq |r| < |a|$ となるものがとれる．そこで，$\begin{bmatrix} a \\ b \end{bmatrix}$ に行基本変形 $[1\,行 \overset{-q}{\curvearrowright} 2\,行]$ を行って $\begin{bmatrix} a \\ r \end{bmatrix}$ と変形する．このとき次が成り立つ．

(1) a, b の最大公約数と a, r の最大公約数とは等しい．

(2) $\min\{|a|, |b|\} > \min\{|a|, |r|\} \geqq 0$.

証明.

- (2) は明らかなので (1) を示す．
- a, b の公約数の全体と，a, r の公約数の全体とが等しいことを示せばよい．
- それには，a の任意の約数 d に対して，d が b の約数であることと，d が r の約数であることとが同値であることを示せばよい．
- d が a の約数とすると，$a = du$ となる整数 u がとれる．
- ここで，d が b の約数であるとすると，$b = dv$ となる整数 v がとれ，$r = b - qa = dv - qdu = d(v - qu)$ より d は r の約数となる．

- 逆に，d が r の約数とすると，$r = dv$ となる整数 v がとれ，$b = qa + r = qdu + dv = d(qu + v)$ より d は b の約数となる．□

定理 22.9 の証明

- 上の補題から，$\begin{bmatrix} a \\ b \end{bmatrix}$ に行基本変形 (iii) を何度か繰り返すと，最後にはどちらかの成分が 0 となって，$\begin{bmatrix} d \\ 0 \end{bmatrix}$ または $\begin{bmatrix} 0 \\ d \end{bmatrix}$ の形にできる．
- 補題より，a, b の最大公約数と $d, 0$ の最大公約数とは一致し，後者は d に等しい[2)]．すなわち a, b の最大公約数は d である．
- $\begin{bmatrix} d \\ 0 \end{bmatrix}$ の形になったときに $d = sa + tb$ であることを示す．残りの場合も同様である．
- このときに行った行変形を，単位行列 E_2 に行って得られる行列を P とおくと，これは正則行列であり，

$$P \left[\begin{array}{c|cc} a & 1 & 0 \\ b & 0 & 1 \end{array}\right] = \left[\begin{array}{c|cc} d & s & t \\ 0 & u & v \end{array}\right].$$

すなわち，$P \begin{bmatrix} a \\ b \end{bmatrix} = \begin{bmatrix} d \\ 0 \end{bmatrix}$, $P \begin{bmatrix} 1 & 0 \\ 0 & 1 \end{bmatrix} = \begin{bmatrix} s & t \\ u & v \end{bmatrix}$.

- 第 2 式より $P = \begin{bmatrix} s & t \\ u & v \end{bmatrix}$ で，第 1 式より $\begin{bmatrix} d \\ 0 \end{bmatrix} = \begin{bmatrix} s & t \\ u & v \end{bmatrix} \begin{bmatrix} a \\ b \end{bmatrix}$.
- したがって，$d = sa + tb$. □

例 22.11. $a = 21, b = 56$ について計算すると，

$$\left[\begin{array}{c|cc} 21 & 1 & 0 \\ 56 & 0 & 1 \end{array}\right] \to \left[\begin{array}{c|cc} 21 & 1 & 0 \\ 14 & -2 & 1 \end{array}\right] \to \left[\begin{array}{c|cc} 7 & 3 & -1 \\ 14 & -2 & 1 \end{array}\right] \to \left[\begin{array}{c|cc} 7 & 3 & -1 \\ 0 & -8 & 3 \end{array}\right]$$

より，21 と 56 の最大公約数は 7 であり，$7 = 3 \times 21 + (-1) \times 56$ となる．

注意 22.12. 同様のことは (複素数係数の) 多項式についても成り立つ．すなわち，$f(x), g(x)$ を多項式とするとき，

- 行基本変形 (iii)，すなわち [i 行 $\overset{c(x)}{\curvearrowright}$ j 行] ($c(x)$ は多項式，$i \neq j$) を繰り返すことにより，行列

$$\left[\begin{array}{c|cc} f(x) & 1 & 0 \\ g(x) & 0 & 1 \end{array}\right] \text{ を } \left[\begin{array}{c|cc} d(x) & s(x) & t(x) \\ 0 & u(x) & v(x) \end{array}\right] \text{ または } \left[\begin{array}{c|cc} 0 & u(x) & v(x) \\ d(x) & s(x) & t(x) \end{array}\right]$$

($d(x), s(x), t(x), u(x), v(x)$ は多項式) の形に変形できる．

- このとき $d(x)$ は $f(x), g(x)$ の最大公約式であり，$d(x) = s(x)a(x) + t(x)b(x)$ が成り立つ．

2) 任意の整数 u に対して $0 = 0u$ より，どの整数も 0 の約数であるから．

練習問題の略解

問 0.1 写像は (2) のみ．(1) では 1 の移り先が 2 つある．(3) では 2 の移り先がない．(4) では 2 の移り先が 2 つあり，3 の移り先がない．

問 2.1 (1) $\begin{bmatrix} 2 & 2 & 2 \\ 2 & 2 & 2 \end{bmatrix}$ (2) $\begin{bmatrix} 1 & 1 & 1 & 1 \\ 2 & 2 & 2 & 2 \\ 3 & 3 & 3 & 3 \end{bmatrix}$ (3) $\begin{bmatrix} 1 & 2 & 3 & 4 \\ 1 & 2 & 3 & 4 \\ 1 & 2 & 3 & 4 \end{bmatrix}$

(4) $\begin{bmatrix} 0 & -1 & -2 \\ 1 & 0 & -1 \end{bmatrix}$ (5) と (6) $\begin{bmatrix} 0 & 1 & 2 \\ -1 & 0 & 1 \end{bmatrix}$ (7) $\begin{bmatrix} i & i+1 \\ i-1 & i \end{bmatrix}$

(8) $\begin{bmatrix} i & i-1 \\ i+1 & i \end{bmatrix}$ (9) $\begin{bmatrix} 0 & 1 \\ 2 & 1 \end{bmatrix}$

問 2.2 (1) $\begin{bmatrix} 2 & 3 \\ -3 & -1 \\ 1 & 3 \end{bmatrix}$ (2) $\begin{bmatrix} 6 & -9 & 3 \\ 9 & -3 & 9 \end{bmatrix}$ (3) と (4) $\begin{bmatrix} 6 & 9 \\ -9 & -3 \\ 3 & 9 \end{bmatrix}$

問 2.3 (1) $\begin{bmatrix} 1 & 0 \\ -1 & 1 \\ 2 & -1 \end{bmatrix}$ (2) $\begin{bmatrix} 3 & -4 & 3 \\ 3 & 0 & 2 \end{bmatrix}$ (3) と (4) $\begin{bmatrix} 3 & 3 \\ -4 & 0 \\ 3 & 2 \end{bmatrix}$

問 2.4 $x = \frac{7}{2}, y = \frac{3}{2}$

問 2.5 (1) $\begin{bmatrix} -3 \\ 2 \end{bmatrix}$ (2) $\begin{bmatrix} 9 \\ 12 \end{bmatrix}$ (3) $\begin{bmatrix} -4 \\ 23 \end{bmatrix}$ (4) $\begin{bmatrix} a \\ b \end{bmatrix}$

問 2.6 (1) $\begin{bmatrix} 6 & -3 & 9 \\ 0 & 6 & 3 \end{bmatrix}$ (2) $\begin{bmatrix} 0 & -2 & -4 \\ 2 & -2 & 0 \end{bmatrix}$ (3) $\begin{bmatrix} 6 & -5 & 5 \\ 2 & 4 & 3 \end{bmatrix}$

(4) $\begin{bmatrix} 10 & -1 & 23 \\ -4 & 14 & 5 \end{bmatrix}$

問 3.1 (1) $\frac{1}{2}\begin{bmatrix} \sqrt{3} & -1 \\ 1 & \sqrt{3} \end{bmatrix}$ (2) $\frac{1}{2}\begin{bmatrix} \sqrt{3}-2 \\ 1+2\sqrt{3} \end{bmatrix}$ (3) $\frac{1}{2}\begin{bmatrix} 1-2\sqrt{3} \\ 2+\sqrt{3} \end{bmatrix}$

問 3.2 (1) $\begin{bmatrix} 0 & 1 \\ 1 & 0 \end{bmatrix}$ (2) $\begin{bmatrix} 0 & -1 \\ -1 & 0 \end{bmatrix}$ (3) $\begin{bmatrix} 1 & 0 \\ 0 & -1 \end{bmatrix}$ (4) $\begin{bmatrix} -1 & 0 \\ 0 & 1 \end{bmatrix}$

問 4.1 (1) (3,3) 型 $\begin{bmatrix} 2a-b & 2c-d & 2e-f \\ a & c & e \\ a+3b & c+3d & e+3f \end{bmatrix}$ (2) (1,1) 型 $2a+3b+4c$

(3) (3,3) 型 $\begin{bmatrix} 2a & 2b & 2c \\ 3a & 3b & 3c \\ 4a & 4b & 4c \end{bmatrix}$ (4) (3,1) 型 $\begin{bmatrix} 2 \\ 4 \\ 1 \end{bmatrix}$ (5) (3,2) 型 $\begin{bmatrix} 0 & 3 \\ 0 & 3 \\ 0 & 1 \end{bmatrix}$

(6) (2,3) 型 $\begin{bmatrix} 0 & 0 & 0 \\ -1 & 2 & 3 \end{bmatrix}$

(7) (3,1) 型 $\begin{bmatrix} -x_1+2x_2+3x_3+4x_4 \\ 5x_1+4x_2+3x_3+2x_4 \\ 2x_1+x_3-3x_4 \end{bmatrix}$ (8) と (8′) (1,1) 型 $ax^2+2bxy+cy^2$

(9), (9′) と (9″) (2,3) 型 $\begin{bmatrix} 2a & 2b & 2c \\ 2d & 2e & 2f \end{bmatrix}$

問 4.2 (1) $\begin{bmatrix} 3 & 4 \\ 8 & 4 \end{bmatrix}$ (2) $\begin{bmatrix} 1 & 0 & 1 \\ 0 & -1 & 1 \end{bmatrix}$ (3) と (4) $\begin{bmatrix} 3 & 8 \\ 4 & 4 \end{bmatrix}$

問 4.3 (1) と (2) $\begin{bmatrix} 6a-9b+3c \\ 15a-3b+9c \end{bmatrix}$ (3) と (4) $\begin{bmatrix} 2a-3b+c+2d-3e+f \\ 5a-b+3c+5d-e+3f \end{bmatrix}$

問 4.4 $AB=\begin{bmatrix} 1 & 0 \\ 0 & 0 \end{bmatrix}$, $BA=\begin{bmatrix} 0 & 0 \\ 0 & 1 \end{bmatrix}$

問 4.5 A, B, AB の分割型はそれぞれ $(2+2, 2+2), (2+2, 2+2+1), (2+2, 2+2+1)$

$$AB=\left[\begin{array}{cc|cc|c} 1 & 2 & 1 & 1 & 1 \\ 11 & 7 & 3 & 4 & 9 \\ \hline 0 & 0 & 1 & 2 & 1 \\ 0 & 0 & 1 & 2 & 1 \end{array}\right]$$

問 4.6 (1) $\boldsymbol{a}_1-\boldsymbol{a}_2+2\boldsymbol{a}_3+3\boldsymbol{a}_4$

(2) $(\boldsymbol{a}_2+\boldsymbol{a}_3, \boldsymbol{a}_1+\boldsymbol{a}_3+2\boldsymbol{a}_4, \boldsymbol{a}_1-2\boldsymbol{a}_2-\boldsymbol{a}_4, 2\boldsymbol{a}_1+\boldsymbol{a}_2+\boldsymbol{a}_3)$

(3) $\begin{bmatrix} 2E_3 & 3E_3 & O_{3,2} \\ O_{2,3} & O_{2,3} & O_{2,2} \end{bmatrix}$

問 5.1 (1) 10 (2) 5 (3) $\frac{11}{2}$

問 6.1 (1) 2 (2) 120

問 7.1 (1) -4 (2) -24 (3) 33 (4) $(x+6)(x-2)^3$

(5) $(a-b)(b-c)(c-a)$ (6) $(a-b)(b-c)(c-a)$

問 8.1 (1) 1 (2) 例えば $t=2$ (3) $(-1)^t=1$

問 8.2 (1) $\begin{bmatrix} 1 & 0 & 0 & c \\ 1 & 1 & 0 & 0 \\ 0 & 1 & 1 & 0 \\ 0 & 0 & 1 & 1 \end{bmatrix}$ (2) $(1-c)\det(A)$ (3) $c=1$

問 8.5 -6

問 9.1 $(a_{32}a_{13}-a_{12}a_{33})x_1+(a_{11}a_{33}-a_{31}a_{13})x_2+(a_{31}a_{12}-a_{11}a_{32})x_3$

問 9.2 (1) 33 (2) $(a-b)(b-c)(c-a)$ (3) $(x-y)(y-z)(z-x)(x+y+z)$

問 10.1 (1) $a_0x^2+a_1x+a_2$ (2) $a_0x^3+a_1x^2+a_2x+a_3$ (3) -44

問 10.2 (1) $\begin{bmatrix} -2 & 0 & 4 \\ 5 & -3 & -1 \\ -1 & 3 & -1 \end{bmatrix}$ (2) 6 (3) $6E_3$ (4) $\frac{1}{6}\begin{bmatrix} -2 & 0 & 4 \\ 5 & -3 & -1 \\ -1 & 3 & -1 \end{bmatrix}$

問 10.3 (1) $\frac{1}{5}\begin{bmatrix} 3 & 1 \\ -2 & 1 \end{bmatrix}$ (2) $\begin{bmatrix} -1 & 2 \\ 1 & -1 \end{bmatrix}$

問 10.5 (1) $\begin{bmatrix} \frac{1}{2} & -\frac{5}{2} \\ 0 & 1 \end{bmatrix}$ (2) $\begin{bmatrix} 1 & -1 & 1 \\ 0 & \frac{1}{2} & -\frac{5}{2} \\ 0 & 0 & 1 \end{bmatrix}$ (3) $\begin{bmatrix} -1 & 3 & -2 & 1 \\ 0 & 1 & -1 & 1 \\ 0 & 0 & \frac{1}{2} & -\frac{5}{2} \\ 0 & 0 & 0 & 1 \end{bmatrix}$

(4) $\begin{bmatrix} 1 & 0 & 1 & -1 \\ -1 & 1 & -3 & 2 \\ 0 & 0 & 2 & -1 \\ 0 & 0 & -1 & 1 \end{bmatrix}$

問 11.1 $\begin{bmatrix} 1 & 1 & -1 & 0 \\ 0 & 1 & -2 & 1 \\ 0 & 0 & 2 & -1 \\ 0 & 0 & -1 & 1 \end{bmatrix}$

問 11.2 ${}^t(0, 0, 3, -1)$

問 11.3 (1) ${}^t(-9, 13)$　(2) $\frac{1}{11}{}^t(14, 9)$　(3) $\frac{1}{6}{}^t(-1, 3, 5)$　(4) $\frac{1}{3}{}^t(-1, 0, 2)$

(5) $\frac{1}{7}{}^t(7, 3, 2)$　(6) $-\frac{1}{5}{}^t(5, 1, 2)$

問 12.1 (1) $\begin{bmatrix} 1 & 0 & 0 \\ 0 & 1 & 0 \\ 0 & 0 & 1 \end{bmatrix}$ 階数 3　(2) $\begin{bmatrix} 1 & 0 & -2 \\ 0 & 1 & -4 \\ 0 & 0 & 0 \end{bmatrix}$ 階数 2

(3) $\begin{bmatrix} 1 & 0 & -1 & 1 \\ 0 & 1 & -2 & -1 \\ 0 & 0 & 0 & 0 \end{bmatrix}$ 階数 2　(4) $\begin{bmatrix} 1 & -1 & 0 & 0 \\ 0 & 0 & 1 & -2 \\ 0 & 0 & 0 & 0 \\ 0 & 0 & 0 & 0 \end{bmatrix}$ 階数 2

問 12.2 (1) ${}^t(x, y, z) = {}^t(1, 2, 3)$　(2) ${}^t(x, y, z) = {}^t(1, 2, 0) + k\,{}^t(2, 4, 1)$ $(k \in \mathbb{R})$

(3) 解なし

(4) ${}^t(x_1, x_2, x_3, x_4) = \frac{1}{3}{}^t(1, 1, 0, 0) + k_3{}^t(1, 2, 1, 0) + k_4{}^t(-1, 1, 0, 1)$ $(k_3, k_4 \in \mathbb{R})$

(5) ${}^t(x_1, x_2, x_3, x_4) = {}^t(1, 0, -2, 0) + k_2{}^t(1, 1, 0, 0) + k_4{}^t(0, 0, 2, 1)$ $(k_2, k_4 \in \mathbb{R})$

問 12.3 ${}^t(x_1, x_2, x_3, x_4) = k_2{}^t(1, 1, 0, 0) + k_4{}^t(0, 0, 2, 1)$ $(k_2, k_4 \in \mathbb{R})$

問 12.4 $a = -1$ のとき，${}^t(x_1, x_2, x_3, x_4) = k_3{}^t(-2, -1, 1, 0) + k_4{}^t(0, 1, 0, 1)$
$(k_3, k_4 \in \mathbb{R})$
$a \neq -1$ のとき，${}^t(x_1, x_2, x_3, x_4) = k_3{}^t(-2, -1, 1, 0)$ $(k_3 \in \mathbb{R})$

問 13.3 (1) 一例 $\begin{bmatrix} 0 & 1 \\ 1 & 0 \end{bmatrix} \begin{bmatrix} 1 & 0 \\ 3 & 1 \end{bmatrix} \begin{bmatrix} 1 & 0 \\ 0 & -1 \end{bmatrix} \begin{bmatrix} 1 & 2 \\ 0 & 1 \end{bmatrix}$

(2) 一例 $\begin{bmatrix} 1 & 0 & 0 \\ 1 & 1 & 0 \\ 0 & 0 & 1 \end{bmatrix} \begin{bmatrix} 1 & 0 & 0 \\ 0 & 1 & 0 \\ 2 & 0 & 1 \end{bmatrix} \begin{bmatrix} 1 & 0 & 0 \\ 0 & 1 & 0 \\ 0 & 1 & 1 \end{bmatrix} \begin{bmatrix} 1 & 0 & 0 \\ 0 & 1 & 0 \\ 0 & 0 & -3 \end{bmatrix} \begin{bmatrix} 1 & 0 & 0 \\ 0 & 1 & 2 \\ 0 & 0 & 1 \end{bmatrix}$

問 13.4 行列式の値 (1) -1　(2) 3　(3) 1　(4) 1

問 13.5 行列式の値 (1) -1　(2) 2　(3) 1　(4) 1

問 13.6 (1) $A^{-1} = \frac{1}{2}\begin{bmatrix} 1 & 0 & -1 \\ 0 & 2 & 0 \\ 1 & 0 & 1 \end{bmatrix}$　(2) 階数が 2 なので正則でない.

(3) $A^{-1} = \begin{bmatrix} -1 & -1 & 1 \\ -2 & -1 & 2 \\ 6 & 3 & -5 \end{bmatrix}$

問 14.1 (1), (6), (7), (8)

問 14.2 $\operatorname{Ker} f = \langle {}^t(1, 1) \rangle$, $\operatorname{Im} f = \langle {}^t(1, 0, -1) \rangle$

問 14.3 $2\boldsymbol{a}_1 - \boldsymbol{a}_2 + 3\boldsymbol{a}_3$

問 14.4 (1) 1 次従属　(2) 1 次独立　(3) 1 次従属

問 14.5 $a = 0, -1$

問 15.1 (3) $x_1 = 2a_1 - a_2,\ x_2 = -a_1 + a_2,\ x_3 = -5a_1 + 3a_2 + a_3$

問 15.2 (2) $\frac{1}{10}\,{}^t(3,1,1)$

問 15.3 $\dim V = 3$

問 15.4 (2) $[\mathcal{A}\backslash \boldsymbol{b}_1] = {}^t(-1,0,1),\ [\mathcal{A}\backslash \boldsymbol{b}_2] = {}^t(1,-1,1),\ [\mathcal{A}\backslash \boldsymbol{b}_3] = {}^t(0,1,0)$

(3) $P = \begin{bmatrix} -1 & 1 & 0 \\ 0 & -1 & 1 \\ 1 & 1 & 0 \end{bmatrix}$　(5) 両辺ともに ${}^t(0,0,1)$

問 15.5 2 次元

問 16.1 (2) $[\mathcal{E}\backslash f(\mathcal{E})] = \frac{1}{2}\begin{bmatrix} 4 & -2 & 0 \\ 3 & 1 & -1 \\ 1 & 1 & 1 \end{bmatrix}$　(3) $[\mathcal{A}\backslash f(\mathcal{A})] = \begin{bmatrix} 1 & 0 & 0 \\ 0 & 1 & 1 \\ 1 & -1 & 1 \end{bmatrix}$

問 16.2 (2) $\frac{1}{2}\begin{bmatrix} 2 & 3 & -1 \\ 2 & -1 & 1 \\ -2 & 1 & 1 \end{bmatrix}$　(3) $\frac{1}{8}\begin{bmatrix} 4 & -2 & 4 \\ 0 & 16 & -4 \\ -8 & 20 & 4 \end{bmatrix}$

問 17.1 (1) 固有値 $0, 4$. $V_0 = \left\langle \begin{bmatrix} 1 \\ -1 \end{bmatrix} \right\rangle,\ V_4 = \left\langle \begin{bmatrix} 1 \\ 1 \end{bmatrix} \right\rangle$. $\begin{bmatrix} 1 & 1 \\ -1 & 1 \end{bmatrix}$ で $\begin{bmatrix} 0 & 0 \\ 0 & 4 \end{bmatrix}$ に対角化される.

(2) 固有値 2. $V_2 = \left\langle \begin{bmatrix} 1 \\ 1 \end{bmatrix} \right\rangle$. 対角化不可能.

(3) 固有値 $\pm i$. $V_i = \left\langle \begin{bmatrix} 1 \\ i-1 \end{bmatrix} \right\rangle,\ V_{-i} = \left\langle \begin{bmatrix} -1 \\ i+1 \end{bmatrix} \right\rangle$. $\begin{bmatrix} 1 & -1 \\ i-1 & i+1 \end{bmatrix}$ で $\begin{bmatrix} i & 0 \\ 0 & -i \end{bmatrix}$ に対角化される.

(4) 固有値 $-3, 2$. $V_{-3} = \left\langle \begin{bmatrix} 2 \\ -1 \end{bmatrix} \right\rangle,\ V_2 = \left\langle \begin{bmatrix} 1 \\ 2 \end{bmatrix} \right\rangle$. $\begin{bmatrix} 2 & 1 \\ -1 & 2 \end{bmatrix}$ で $\begin{bmatrix} -3 & 0 \\ 0 & 2 \end{bmatrix}$ に対角化される.

(5) 固有値 $-1, 2, 3$. $V_{-1} = \left\langle \begin{bmatrix} 5 \\ 4 \\ -1 \end{bmatrix} \right\rangle,\ V_2 = \left\langle \begin{bmatrix} 0 \\ 0 \\ 1 \end{bmatrix} \right\rangle,\ V_3 = \left\langle \begin{bmatrix} 1 \\ 0 \\ -1 \end{bmatrix} \right\rangle$. $\begin{bmatrix} 5 & 0 & 1 \\ 4 & 0 & 0 \\ -1 & 1 & -1 \end{bmatrix}$ で $\mathrm{diag}(-1,2,3)$ に対角化される.

(6) 固有値 $2, 2, 4$. $V_2 = \left\langle \begin{bmatrix} 2 \\ 1 \\ 0 \end{bmatrix} \right\rangle,\ V_4 = \left\langle \begin{bmatrix} -1 \\ 1 \\ 1 \end{bmatrix} \right\rangle$. 対角化不可能.

(7) 固有値 $2, 4, 4$. $V_2 = \left\langle \begin{bmatrix} 1 \\ -2 \\ 3 \end{bmatrix} \right\rangle,\ V_4 = \left\langle \begin{bmatrix} 1 \\ 0 \\ 1 \end{bmatrix}, \begin{bmatrix} 0 \\ 1 \\ 0 \end{bmatrix} \right\rangle$. $\begin{bmatrix} 1 & 1 & 0 \\ -2 & 0 & 1 \\ 3 & 1 & 0 \end{bmatrix}$ で $\begin{bmatrix} 2 & 0 & 0 \\ 0 & 4 & 0 \\ 0 & 0 & 4 \end{bmatrix}$ に対角化される.

(8) 固有値 $\pm i, -1$. $V_{-1} = \left\langle \begin{bmatrix} 1 \\ 0 \\ -1 \end{bmatrix} \right\rangle,\ V_i = \left\langle \begin{bmatrix} 1 \\ 1-i \\ 1 \end{bmatrix} \right\rangle,\ V_{-i} = \left\langle \begin{bmatrix} 1 \\ i+1 \\ 1 \end{bmatrix} \right\rangle$.

$\begin{bmatrix} 1 & 1 & 1 \\ 0 & 1-i & i+1 \\ -1 & 1 & 1 \end{bmatrix}$ で $\begin{bmatrix} -1 & 0 & 0 \\ 0 & i & 0 \\ 0 & 0 & -i \end{bmatrix}$ に対角化される.

問 17.2 $\frac{1}{5}\begin{bmatrix} 4(-3)^n+2^n & -2(-3)^n+2^{n+1} \\ -2(-3)^n+2^{n+1} & (-3)^n+2^{n+2} \end{bmatrix}$

問 18.2 $|\boldsymbol{a}|=\sqrt{2}$, $|\boldsymbol{b}|=\sqrt{5}$, $(\boldsymbol{a},\boldsymbol{b})=-3$

問 18.3 $a=\pm\sqrt{3}$

問 19.1 (1) $\begin{bmatrix}1\\0\\0\end{bmatrix}, \begin{bmatrix}0\\1\\0\end{bmatrix}, \begin{bmatrix}0\\0\\1\end{bmatrix}, \begin{bmatrix}1&0&0\\0&1&0\\0&0&1\end{bmatrix}$

(2) $\frac{1}{\sqrt{2}}\begin{bmatrix}1\\1\\0\end{bmatrix}, \begin{bmatrix}0\\0\\1\end{bmatrix}, \frac{1}{\sqrt{2}}\begin{bmatrix}1\\-1\\0\end{bmatrix}, \begin{bmatrix}\frac{1}{\sqrt{2}}&0&\frac{1}{\sqrt{2}}\\\frac{1}{\sqrt{2}}&0&-\frac{1}{\sqrt{2}}\\0&1&0\end{bmatrix}$

問 19.2 (1) $\begin{bmatrix}1\\0\\0\\0\end{bmatrix}, \begin{bmatrix}0\\1\\0\\0\end{bmatrix}, \begin{bmatrix}0\\0\\1\\0\end{bmatrix}, \begin{bmatrix}0\\0\\0\\1\end{bmatrix}$ (2) $\frac{1}{2}\begin{bmatrix}1\\1\\1\\1\end{bmatrix}, \frac{1}{2\sqrt{3}}\begin{bmatrix}1\\1\\1\\-3\end{bmatrix}, \frac{1}{\sqrt{6}}\begin{bmatrix}1\\1\\-2\\0\end{bmatrix}, \frac{1}{\sqrt{2}}\begin{bmatrix}1\\-1\\0\\0\end{bmatrix}$

問 20.1 (1) $\frac{1}{\sqrt{2}}\begin{bmatrix}1&1\\1&-1\end{bmatrix}$ で $\begin{bmatrix}-1&0\\0&3\end{bmatrix}$ に対角化される.

(2) $\begin{bmatrix}\frac{1}{\sqrt{3}}&\frac{1}{\sqrt{2}}&\frac{1}{\sqrt{6}}\\\frac{1}{\sqrt{3}}&-\frac{1}{\sqrt{2}}&\frac{1}{\sqrt{6}}\\\frac{1}{\sqrt{3}}&0&-\frac{2}{\sqrt{6}}\end{bmatrix}$ で $\begin{bmatrix}3&0&0\\0&6&0\\0&0&6\end{bmatrix}$ に対角化される.

(3) $\begin{bmatrix}\frac{1}{\sqrt{2}}&\frac{1}{\sqrt{6}}&-\frac{1}{\sqrt{3}}\\\frac{1}{\sqrt{2}}&-\frac{1}{\sqrt{6}}&\frac{1}{\sqrt{3}}\\0&\frac{2}{\sqrt{6}}&\frac{1}{\sqrt{3}}\end{bmatrix}$ で $\begin{bmatrix}0&0&0\\0&0&0\\0&0&3\end{bmatrix}$ に対角化される.

(4) $\begin{bmatrix}-\frac{1}{\sqrt{5}}&\frac{2}{\sqrt{5}}&0\\0&0&1\\\frac{2}{\sqrt{5}}&\frac{1}{\sqrt{5}}&0\end{bmatrix}$ で $\begin{bmatrix}-8&0&0\\0&7&0\\0&0&7\end{bmatrix}$ に対角化される.

問 20.2 (1) $\sqrt{2}X_1^2-\sqrt{2}X_3^2$ 正値でない. (2) $4X_1^2+x_2^2+X_3^2$ 正値.
(3) $\sqrt{3}X_1^2+X_2^2-\sqrt{3}X_3^2$ 正値でない. (4) $2X_1^2-X_3^2$ 正値でない.

問 20.3 (1) 楕円 (2) 双曲線 (3) 放物線 (4) 双曲線

索　　引

た　行

な　行

は　行

著者略歴

浅芝秀人(あさしばひでと)

1984年　大阪市立大学大学院理学研究科後期博士課程修了
大阪市立大学助手，講師，助教授，Universität Bielefeld 客員研究員，大阪市立大学大学院理学研究科助教授，静岡大学理学部教授を経て

現　在　静岡大学名誉教授
理学博士

2013年4月12日　初版発行
2025年4月28日　初版第7刷発行

基礎課程 線形代数

著　者　浅芝秀人
発行者　山本　格

発行所　株式会社 培風館
東京都千代田区九段南4-3-12・郵便番号 102-8260
電話(03)3262-5256(代表)・振替 00140-7-44725

中央印刷・牧 製本

PRINTED IN JAPAN

ISBN978-4-563-00473-6　C3041